수학 좀 한다면

디딤돌 초등수학 기본+유형 4-1

펴낸날 [초판 1쇄] 2024년 10월 18일 [초판 2쇄] 2025년 1월 8일 | **펴낸이** 이기열 | **펴낸곳** (주)디딤돌 교육 | **주소** (03972) 서울특별시 마포구 월드컵북로 122 청원선와이즈타워 | **대표전화** 02-3142-9000 | **구입문의** 02-322-8451 | **내용문의** 02-323-9166 | **팩시밀리** 02-338-3231 | **홈페이지** www.didimdol.co.kr | **등록번호** 제10-718호 | 구입한 후에는 철회되지 않으며 잘못 인쇄된 책은 바꾸어 드립니다. 이 책에 실린 모든 삽화 및 편집 형태에 대한 저작권은 (주)디딤돌 교육에 있으므로 무단으로 복사 복제할 수 없습니다. Copyright © Didimdol Co. [2502860]

내 실력에 딱!
최상위로 가는 '맞춤 학습 플랜'

STEP 1 On-line
나에게 맞는 공부법은?
맞춤 학습 가이드를 만나요.

교재 선택부터 공부법까지! 디딤돌에서 제공하는 시기별
맞춤 학습 가이드를 통해 아이에게 맞는 학습 계획을 세워 주세요.
(학습 가이드는 디딤돌 학부모카페 '맘이가'를 통해 상시 공지합니다.
cafe.naver.com/didimdolmom)

STEP 2 Book
맞춤 학습 스케줄표
계획에 따라 공부해요.

교재에 첨부된 '맞춤 학습 스케줄표'에 맞춰 공부 목표를
달성합니다.

STEP 3 On-line
이럴 땐 이렇게!
'맞춤 Q&A'로 해결해요.

궁금하거나 모르는 문제가 있다면,
'맘이가' 카페를 통해 질문을 남겨 주세요.
디딤돌 수학쌤 및 선배맘님들이 친절히 답변해 드립니다.

STEP 4 Book
다음에는 뭐 풀지?
다음 교재를 추천받아요.

학습 결과에 따라 후속 학습에 사용할 교재를 제시해 드립니다.
(교재 마지막 페이지 수록)

 ★ 디딤돌 플래너 만나러 가기

디딤돌 초등수학 기본＋유형 4-1

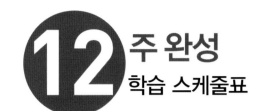

12주 완성 학습 스케줄표

여유를 가지고 깊이 있게 한 학기 과정을 완성할 수 있도록 설계하였습니다.
학기 중 교과서와 함께 공부하고 싶다면 주 5일 12주 완성 과정을 이용해요.

공부한 날짜를 쓰고 하루 분량 학습을 마친 후, 부모님께 확인 check ☑를 받으세요.

1 큰 수

1주

월 일	월 일	월 일	월 일	월 일
6~9쪽	10~11쪽	12~15쪽	16~17쪽	18~21쪽

2주

월 일	월 일	월 일	월 일	월 일
22~25쪽	26~28쪽	29~30쪽	31~32쪽	33~35쪽

2 각도

3주

월 일	월 일	월 일	월 일	월 일
36~38쪽	40~43쪽	44~45쪽	46~49쪽	50~52쪽

4주

월 일	월 일	월 일	월 일	월 일
53~55쪽	56~58쪽	59~60쪽	61~62쪽	63~65쪽

3 곱셈과 나눗셈

5주

월 일	월 일	월 일	월 일	월 일
66~68쪽	70~73쪽	74~75쪽	76~79쪽	80~81쪽

6주

월 일	월 일	월 일	월 일	월 일
82~84쪽	85~87쪽	88~90쪽	91~92쪽	93~94쪽

4 평면도형의 이동

7주

월 일	월 일	월 일	월 일	월 일
95~97쪽	98~100쪽	102~105쪽	106~107쪽	108~111쪽

8주

월 일	월 일	월 일	월 일	월 일
112~113쪽	114~116쪽	117~119쪽	120~122쪽	123~125쪽

5 막대그래프

9주

월 일	월 일	월 일	월 일	월 일
126~128쪽	129~131쪽	134~137쪽	138~139쪽	140~142쪽

10주

월 일	월 일	월 일	월 일	월 일
143~144쪽	145~146쪽	147~148쪽	149~150쪽	151~153쪽

6 규칙 찾기

11주

월 일	월 일	월 일	월 일	월 일
154~156쪽	158~161쪽	162~163쪽	164~165쪽	166~168쪽

12주

월 일	월 일	월 일	월 일	월 일
169~171쪽	172~174쪽	175~177쪽	178~180쪽	181~183쪽

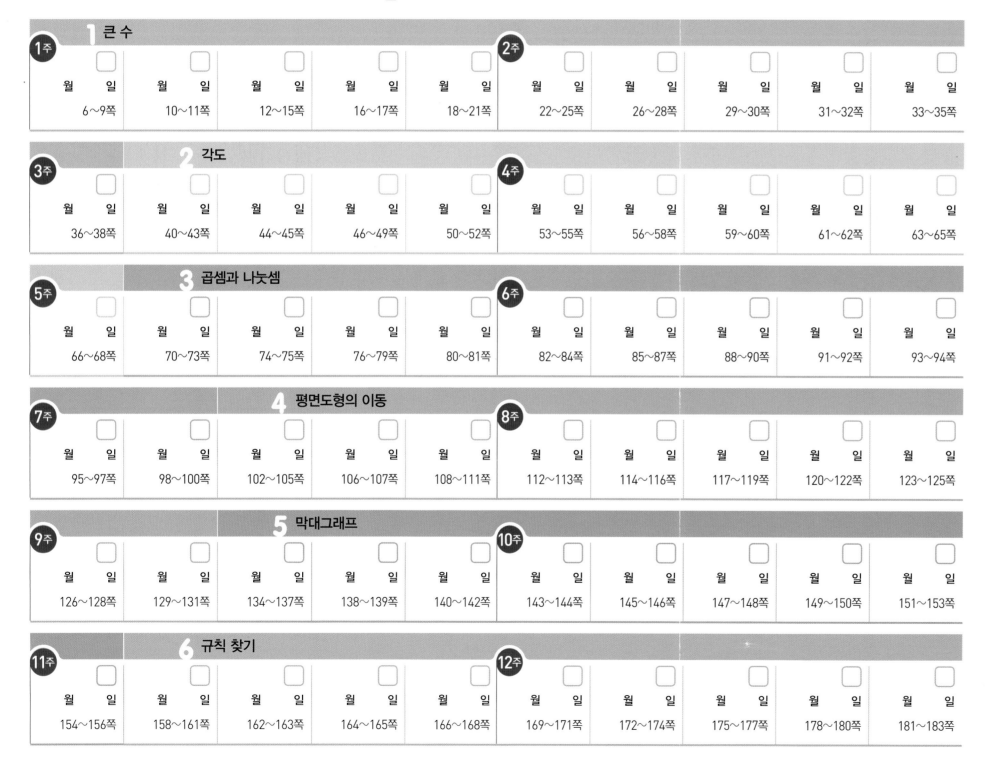

효과적인 수학 공부 비법

 시켜서 억지로 ✗

 내가 스스로 ○

억지로 하는 일과 즐겁게 하는 일은 결과가 달라요.
목표를 가지고 스스로 즐기면 능률이 배가 돼요.

 가끔 한꺼번에 ✗

 매일매일 꾸준히 ○

급하게 쌓은 실력은 무너지기 쉬워요.
조금씩이라도 매일매일 단단하게 실력을 쌓아가요.

 정답을 몰래 ✗

 개념을 꼼꼼히 ○

모든 문제는 개념을 바탕으로 출제돼요.
쉽게 풀리지 않을 땐, 개념을 펼쳐 봐요.

 채점하면 끝 ✗

 틀린 문제는 다시 ○

왜 틀렸는지 알아야 다시 틀리지 않겠죠?
틀린 문제와 어림짐작으로 맞힌 문제는
꼭 다시 풀어 봐요.

디딤돌 초등수학 기본 + 유형 4-1

8 주 완성 학습 스케줄표

짧은 기간에 집중력 있게 한 학기 과정을 완성할 수 있도록 설계하였습니다.
방학 때 미리 공부하고 싶다면 주 5일 8주 완성 과정을 이용해요.

공부한 날짜를 쓰고 하루 분량 학습을 마친 후, 부모님께 확인 check ☑를 받으세요.

1주 ─ 1 큰 수 / 2주 ─ 2 각도

월 일	월 일	월 일	월 일	월 일	월 일	월 일	월 일	월 일	월 일
6~11쪽	12~17쪽	18~23쪽	24~28쪽	29~32쪽	33~35쪽	36~38쪽	40~45쪽	46~49쪽	50~53쪽

3주 / 4주 ─ 3 곱셈과 나눗셈

월 일	월 일	월 일	월 일	월 일	월 일	월 일	월 일	월 일	월 일
54~58쪽	59~62쪽	63~65쪽	66~68쪽	70~75쪽	76~79쪽	80~85쪽	86~90쪽	91~94쪽	95~97쪽

5주 ─ 4 평면도형의 이동 / 6주 ─ 5 막대그래프

월 일	월 일	월 일	월 일	월 일	월 일	월 일	월 일	월 일	월 일
98~100쪽	102~107쪽	108~111쪽	112~116쪽	117~120쪽	121~125쪽	126~128쪽	129~131쪽	134~139쪽	140~143쪽

7주 / 8주 ─ 6 규칙 찾기

월 일	월 일	월 일	월 일	월 일	월 일	월 일	월 일	월 일	월 일
144~146쪽	147~150쪽	151~153쪽	154~156쪽	158~163쪽	164~169쪽	170~174쪽	175~177쪽	178~180쪽	181~183쪽

MEMO

효과적인 수학 공부 비법

 시켜서 억지로 ✕

 내가 스스로 ○

억지로 하는 일과 즐겁게 하는 일은 결과가 달라요.
목표를 가지고 스스로 즐기면 능률이 배가 돼요.

 가끔 한꺼번에 ✕

 매일매일 꾸준히 ○

급하게 쌓은 실력은 무너지기 쉬워요.
조금씩이라도 매일매일 단단하게 실력을 쌓아가요.

 정답을 몰래 ✕

 개념을 꼼꼼히 ○

모든 문제는 개념을 바탕으로 출제돼요.
쉽게 풀리지 않을 땐, 개념을 펼쳐 봐요.

 채점하면 끝 ✕

 틀린 문제는 다시 ○

왜 틀렸는지 알아야 다시 틀리지 않겠죠?
틀린 문제와 어림짐작으로 맞힌 문제는
꼭 다시 풀어 봐요.

수학 좀 한다면

초등수학
기본+유형

상위권으로 가는 유형반복 학습서

4
1

이 책의 **구성과 특징**

1 단계

교과서 **핵심 개념**을 자세히 살펴보고

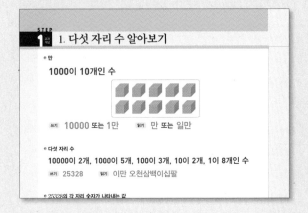

필수 문제를 반복 연습합니다.

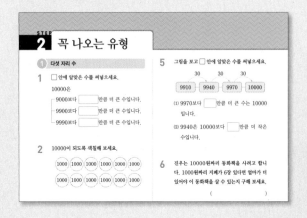

2 단계

문제를 이해하고 실수를 줄이는 연습을 통해

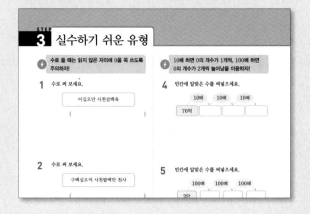

3단계

문제해결력과 사고력을
높일 수 있습니다.

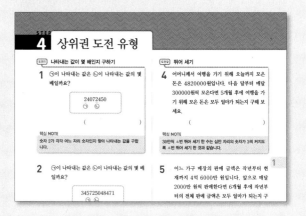

STEP
4 상위권 도전 유형

[도전1] 나타내는 값이 몇 배인지 구하기

1 ㉠이 나타내는 값은 ㉡이 나타내는 값의 몇 배일까요?

24072450
㉠ ㉡

(   )

핵심 NOTE
숫자 2가 각각 어느 자리 숫자인지 찾아 나타내는 값을 구합니다.

2 ㉠이 나타내는 값은 ㉡이 나타내는 값의 몇 배일까요?

345725048471
㉠ ㉡
(   )

[도전2] 뛰어 세기

4 어머니께서 여행을 가기 위해 오늘까지 모은 돈은 4820000원입니다. 다음 달부터 매달 300000원씩 모은다면 5개월 후에 여행을 가기 위해 모은 돈은 모두 얼마가 되는지 구해 보세요.

(   )

핵심 NOTE
30만씩 ▲번 뛰어 세기 한 수는 십만 자리의 숫자가 3씩 커지도록 ▲번 뛰어 세기 한 것과 같습니다.

5 어느 가구 매장의 판매 금액은 작년부터 현재까지 4억 6000만 원입니다. 앞으로 매달 2000만 원씩 판매한다면 6개월 후에 작년부터의 전체 판매 금액은 모두 얼마가 되는지 구

1

4단계

수시평가를
완벽하게 대비합니다.

수시 평가 대비 Level ❶

점수
확인

1. 큰 수

1 10000을 나타내는 수가 아닌 어느 것일까요? (   )
① 1000이 10개인 수
② 9000보다 1000만큼 더 큰 수
③ 9990보다 10만큼 더 큰 수
④ 9999보다 1만큼 더 큰 수
⑤ 1000의 100배인 수

2 ☐안에 알맞은 수를 써넣으세요.
억이 2100개, 만이 6850개, 일이 2137개이면
☐입니다.

3 보기 와 같이 나타내 보세요.

5 밑줄 친 숫자 3이 나타내는 값을 써 보세요.

537921081687

(   )

6 단추 50000개를 한 상자에 1000개씩 담으려고 합니다. 상자는 모두 몇 개 필요할까요?

(   )

1

수시 평가 대비 Level ❷

점수
확인

1. 큰 수

1 ☐안에 알맞은 수를 써넣으세요.
(1) 10000은 ☐보다 10만큼 더 큰 수입니다.
(2) 9500보다 ☐만큼 더 큰 수는 10000입니다.

2 두 수를 모으기하여 10000이 되도록 빈칸에 알맞은 수를 써넣으세요.

10000	
5000	5000
7000	
	6000

5 수를 읽어 보세요.
(1) 1650980
(   )
(2) 30769087
(   )

6 빈칸에 알맞은 수를 써넣으세요.

10000배 10000배 10000배
[1] — [1만] — [   ] — [   ]

이 책의 **차례**

1 큰 수

이번 단원에서 꼭 짚어야 할 **핵심 개념**을 알아보자.

핵심 1 다섯 자리 수 알아보기

10000이 6개, 1000이 3개, 100이 2개, 10이 4개, 1이 5개인 수는 ☐ 입니다.

핵심 2 십만, 백만, 천만 알아보기

10000이 10개인 수 •	• 1000만
10000이 100개인 수 •	• 100만
10000이 1000개인 수 •	• 10만

핵심 3 억, 조 알아보기

• 1000만이 10개이면 100000000 또는 1억이라 쓰고 억 또는 ☐ (이)라고 읽습니다.

• 1000억이 10개이면 1000000000000 또는 1조라 쓰고 조 또는 ☐ (이)라고 읽습니다.

핵심 4 뛰어 세기

10억씩 뛰어 세면 십억의 자리 수가 1씩 커집니다.

8910억	8920억	8930억
8940억		8960억

핵심 5 수의 크기 비교하기

• 자리 수가 다르면 자리 수가 많은 수가 더 큰 수입니다.

13490000 ◯ 8790000

• 자리 수가 같으면 높은 자리 수부터 차례로 비교하여 높은 자리 수가 큰 수가 더 큰 수입니다.

472580000 ◯ 472860000

1. 다섯 자리 수 알아보기

● 만

1000이 10개인 수

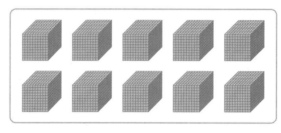

쓰기 **10000** 또는 **1만**   **읽기** **만** 또는 **일만**

● 다섯 자리 수

10000이 2개, 1000이 5개, 100이 3개, 10이 2개, 1이 8개인 수

쓰기 25328   **읽기** 이만 오천삼백이십팔

● 25328의 각 자리 숫자가 나타내는 값

만의 자리	천의 자리	백의 자리	십의 자리	일의 자리
2	5	3	2	8

↓

만의 자리	천의 자리	백의 자리	십의 자리	일의 자리
2	0	0	0	0
	5	0	0	0
		3	0	0
			2	0
				8

• 같은 숫자라도 나타내는 값이 다릅니다.

➡ **25328 = 20000 + 5000 + 300 + 20 + 8**

개념 자세히 보기

• **숫자가 0인 경우는 자리의 이름을 읽지 않아요!**

만의 자리	천의 자리	백의 자리	십의 자리	일의 자리
6	0	0	4	5
육만			사십	오

➡ 육만 사십오   • 천의 자리, 백의 자리 숫자가 0이므로 천, 백의 자리를 읽지 않습니다.

• **숫자가 1인 경우는 숫자가 나타내는 값만 읽어요!**

만의 자리	천의 자리	백의 자리	십의 자리	일의 자리
8	1	5	3	7
팔만	천	오백	삼십	칠

➡ 팔만 천오백삼십칠   • 천의 자리 숫자가 1이므로 천의 자리만 읽습니다.

1 10000만큼 색칠해 보세요.

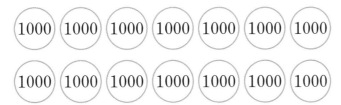

🔗 배운 것 연결하기   **2학년 2학기**

천 알아보기

100이 10개인 수는 1000입니다.

2 빈칸에 알맞은 수를 써넣으세요.

10000이 5개, 1000이 3개, 100이 8개, 10이 6개, 1이 2개인 수

만의 자리	천의 자리	백의 자리	십의 자리	일의 자리
		8	6	2

⬇

3 수를 읽거나 수로 써 보세요.

① 72483　　　　　　　(　　　　　　　　　　)

② 81605　　　　　　　(　　　　　　　　　　)

③ 삼만 오천구백육십이　(　　　　　　　　　　)

④ 육만 사천팔십칠　　　(　　　　　　　　　　)

몇만까지 끊어서 읽고 만 단위로 띄어 써야 해요.
2 1000 ➡ 이만 천
만

4 89674의 각 자리 숫자는 얼마를 나타내는지 빈칸에 알맞은 수를 써넣으세요.

만의 자리	천의 자리	백의 자리	십의 자리	일의 자리
8	9	6	7	4
	9000		70	4

$$89674 = \boxed{} + 9000 + \boxed{} + 70 + 4$$

수는 각 자리 숫자가 나타내는 값의 합으로 나타낼 수 있어요.

2. 십만, 백만, 천만 알아보기

● 십만, 백만, 천만

		쓰기		읽기
10000이				
10개인 수 →	**10**0000 또는	**10만**	십만
100개인 수 →	**100**0000 또는	**100만**	백만
1000개인 수 →	**1000**0000 또는	**1000만**	천만

● 천만 단위까지의 수

10000이 1243개인 수

쓰기 **1243**0000 또는 **1243만**   읽기 **천이백사십삼만**

● 12430000의 각 자리 숫자가 나타내는 값

천	백	십	일	천	백	십	일
		만				일	
1	2	4	3	0	0	0	0

→ **1243**0000 = **1000**0000 + **200**0000 + **40**0000 + **3**0000

개념 자세히 보기

● 일의 자리부터 네 자리씩 끊어 읽어요!

· 3274 1000 → 3274만 1000
  만
    → 삼천이백칠십사만 천

· 1052 4200 → 1052만 4200
  만
    → 천오십이만 사천이백

● 1만, 10만, 100만, 1000만의 관계를 알아보아요!

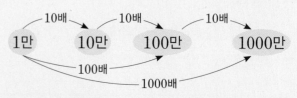

→ 10배가 될 때마다 수의 끝자리에 0이 한 개씩 붙습니다.

1 같은 수끼리 이어 보세요.

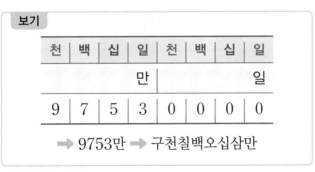

10000이 10개인 수 •	• 1000만 •	• 백만
10000이 100개인 수 •	• 10만 •	• 십만
10000이 1000개인 수 •	• 100만 •	• 천만

2 보기 와 같이 나타내 보세요.

숫자가 0인 자리는 읽지 않아요.

보기

천	백	십	일	천	백	십	일
			만				일
9	7	5	3	0	0	0	0

➡ 9753만 ➡ 구천칠백오십삼만

천	백	십	일	천	백	십	일
			만				일
2	6	0	8	0	0	0	0

➡ (　　　　　　　　) ➡ (　　　　　　　　　　)

3 수를 보고 ☐ 안에 알맞은 수를 써넣으세요.

같은 숫자라도 자리에 따라 나타내는 값이 달라요.

9129⫶0000

① 천만의 자리 숫자는 ☐이고 [　　　　　]을/를 나타냅니다.

② 만의 자리 숫자는 ☐이고 [　　　　　]을/를 나타냅니다.

4 7584⫶0000을 표로 나타낸 것입니다. 빈칸에 알맞은 수를 써넣으세요.

천	백	십	일	천	백	십	일
			만				일
7		8		0	0	0	0

7584⫶0000 = [　　　　　] + 500⫶0000 + [　　　　　] + 4⫶0000

3. 억 알아보기

● 억

1000만이 10개인 수

쓰기 **10000000** 또는 **1억**
└─ 0이 8개

읽기 **억 또는 일억**

● 천억 단위까지의 수

1억이 7284개인 수

쓰기 **728400000000** 또는 **7284억**
억

읽기 **칠천이백팔십사억**

● 7284억의 각 자리 숫자가 나타내는 값

천	백	십	일	천	백	십	일	천	백	십	일
			억				만				일
7	2	8	4	0	0	0	0	0	0	0	0

→ **728400000000 = 700000000000**
  + 20000000000
  + 8000000000
  + 400000000

개념 자세히 보기

● 1억, 10억, 100억, 1000억의 관계를 알아보아요!

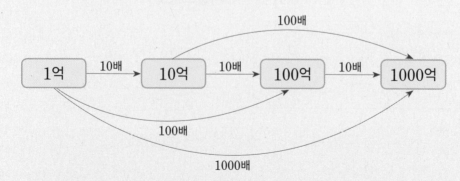

정답과 풀이 1쪽

1 같은 수끼리 이어 보세요.

1억의 10배인 수 •	• 1000억
1억의 100배인 수 •	• 10억
1억의 1000배인 수 •	• 100억

2 ☐ 안에 알맞은 수를 써넣으세요.

1억은 ┌ 9000만보다 [ ]만큼 더 큰 수입니다.
　　　├ 9900만보다 [ ]만큼 더 큰 수입니다.
　　　└ 9990만보다 [ ]만큼 더 큰 수입니다.

9000만 ➡ 1000만이 9개
1억 ➡ 1000만이 10개

3 보기 와 같이 나타내 보세요.

보기

3005⎮6800⎮7000 ➡ 3005억 6800만 7000
　　　　　　　　 ➡ 삼천오억 육천팔백만 칠천

9020⎮0537⎮0000 ➡ (　　　　　　　　　)
　　　　　　　 ➡ (　　　　　　　　　)

네 자리마다 수를 표현하는 단위가 바뀌므로 일의 자리부터 네 자리씩 끊어서 단위를 붙여요.

4 1845⎮0000⎮0000을 표로 나타낸 것입니다. 빈칸에 알맞게 써넣으세요.

천	백	십	일	천	백	십	일	천	백	십	일
		억				만					일
				0	0	0	0	0	0	0	0

① 8은 [ ]의 자리 숫자이고 [　　　　　　　]을/를 나타냅니다.

② 십억의 자리 숫자는 [ ]이고 [　　　　　　　]을/를 나타냅니다.

4. 조 알아보기

● 조

1000억이 10개인 수

쓰기 **100000000000** 또는 **1조**   읽기 **조 또는 일조**
└● 0이 12개

● 천조 단위까지의 수

1조가 2158개인 수

쓰기 **2158**0000000000000 또는 **2158조**
조

읽기 **이천백오십팔조**

● 2158조의 각 자리 숫자가 나타내는 값

천	백	십	일	천	백	십	일	천	백	십	일	천	백	십	일
		조				억				만					일
2	1	5	8	0	0	0	0	0	0	0	0	0	0	0	0

→ **2158**0000000000000 = **2**000000000000000
        + **1**00000000000000
        + **5**0000000000000
        + **8**000000000000

개념 **자세히 보기**

• 1조, 10조, 100조, 1000조의 관계를 알아보아요!

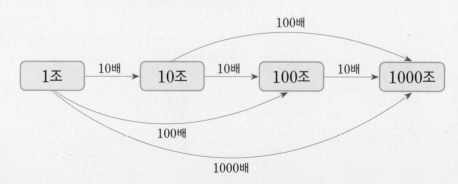

1 같은 수끼리 이어 보세요.

1조의 10배인 수	•	•	100조
1조의 100배인 수	•	•	10조
1조의 1000배인 수	•	•	1000조

2 ☐ 안에 알맞은 수를 써넣으세요.

1조는 ┌ 9999억보다 ☐ 만큼 더 큰 수입니다.
      ├ 9990억보다 ☐ 만큼 더 큰 수입니다.
      └ 9900억보다 ☐ 만큼 더 큰 수입니다.

3 빈칸에 알맞은 수를 써넣으세요.

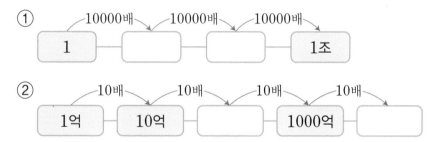

① 1 —10000배→ ☐ —10000배→ ☐ —10000배→ 1조

② 1억 —10배→ 10억 —10배→ ☐ —10배→ 1000억 —10배→ ☐

1부터 시작하여 10000배가 될 때마다 수를 나타내는 단위가 바뀌어요.

4 수를 보고 ☐ 안에 알맞게 써넣으세요.

4178|0254|0000|0000

천	백	십	일	천	백	십	일	천	백	십	일	천	백	십	일
		조				억				만				일	
4	1	7	8	0	2	5	4	0	0	0	0	0	0	0	0

① 7은 ☐ 의 자리 숫자이고 ☐ 을/를 나타냅니다.

② 수를 읽으면 ☐ 입니다.

천조 단위의 수는 일의 자리부터 네 자리씩 끊어서 조가 몇 개, 억이 몇 개, 만이 몇 개, 일이 몇 개인지 알아보고 읽어야 해요.

5. 뛰어 세기

● **10000씩 뛰어 세기**

| 2**4500** | — | 3**4500** | — | 4**4500** | — | 5**4500** | — | 6**4500** |

➔ **만**의 자리 수가 **1**씩 커집니다.

● **1000만씩 뛰어 세기**

| 3**357만** | — | 4**357만** | — | 5**357만** | — | 6**357만** | — | 7**357만** |

➔ **천만**의 자리 수가 **1**씩 커집니다.

● **10억씩 뛰어 세기**

| 4**2억 7만** | — | 5**2억 7만** | — | 6**2억 7만** | — | 7**2억 7만** | — | 8**2억 7만** |

➔ **십억**의 자리 수가 **1**씩 커집니다.

● **100억씩 뛰어 세기**

| 3**1**93억 | — | 3**2**93억 | — | 3**3**93억 | — | 3**4**93억 | — | 3**5**93억 |

➔ **백억**의 자리 수가 **1**씩 커집니다.

● **1조씩 뛰어 세기**

| 6**5조 8억** | — | 6**6조 8억** | — | 6**7조 8억** | — | 6**8조 8억** | — | 6**9조 8억** |

➔ **조**의 자리 수가 **1**씩 커집니다.

개념 다르게 보기

● **어느 자리 수가 변하는지 보면 몇씩 뛰어 세었는지 알 수 있어요!**

| 325|0000 | — | 326|0000 | — | 327|0000 | — | 328|0000 | — | 329|0000 |

➔ 만의 자리 수가 1씩 커지므로 10000씩 뛰어 세었습니다.

| 326|0000 | — | 426|0000 | — | 526|0000 | — | 626|0000 | — | 726|0000 |

➔ 백만의 자리 수가 1씩 커지므로 100만씩 뛰어 세었습니다.

1 뛰어 세기를 했습니다. ☐ 안에 알맞은 수나 말을 써넣으세요.

52|0000 ― 53|0000 ― 54|0000 ― 55|0000 ― ☐

① ☐ 의 자리 수가 1씩 커지므로 ☐ 씩 뛰어 세었습니다.

② 빈칸에 알맞은 수는 ☐ 입니다.

2 뛰어 세어 보세요.

① 100만씩

3463|0000 ― ☐ ― 3663|0000 ― ☐ ― 3863|0000

② 10억씩

1739억 ― 1749억 ― ☐ ― 1769억 ― ☐

> **배운 것 연결하기** **2학년 2학기**
>
> 뛰어 세기
>
> 4000 ― 5000 ― 6000 ― 7000 ― 8000 ― 9000
>
> ■씩 뛰어 세면 뛰어 센 자리의 수가 1씩 커집니다.

3 몇씩 뛰어 세었는지 써 보세요.

① 6508|0000 ― 6518|0000 ― 6528|0000 ― 6538|0000 ― 6548|0000

( )

② 5879억 ― 6879억 ― 7879억 ― 8879억 ― 9879억

( )

> 어느 자리 수가 변하고 있는지 알아봐요.

4 뛰어 센 규칙에 따라 빈칸에 알맞은 수를 써넣으세요.

① 1228|0000 ― 1328|0000 ― 1428|0000 ― ☐ ― ☐

② 543조 8만 ― 553조 8만 ― ☐ ― ☐ ― 583조 8만

> 변하는 자리의 수를 찾아서 규칙에 따라 뛰어 세면 돼요.

6. 수의 크기 비교하기

● 자리 수가 다른 두 수의 크기 비교

자리 수가 다를 때에는 **자리 수가 많은 쪽**이 더 큰 수입니다.

	일	천	백	십	일	천	백	십	일
	억				만				일
973291625 →	9	7	3	2	9	1	6	2	5
73291625 →		7	3	2	9	1	6	2	5

973291625 > 73291625
아홉 자리 수   여덟 자리 수

● 자리 수가 같은 두 수의 크기 비교

자리 수가 같을 때에는 **높은 자리 수**부터 차례로 비교합니다. → 높은 자리에 있는 수일수록 큰 수를 나타내기 때문입니다.

	일	천	백	십	일	천	백	십	일
	억				만				일
973291625 →	9	7	3	2	9	1	6	2	5
971999999 →	9	7	1	9	9	9	9	9	9

└─ 아랫자리 수는 비교하지 않아도 됩니다.

억, 천만의 자리 수가 같으므로 다음으로 높은 자리인 백만의 자리 수를 비교합니다.

973291625 > 971999999
· 3000000   · 1000000

개념 다르게 보기

● 수직선을 이용하여 두 수의 크기를 비교해 보아요!

수직선에서는 오른쪽에 있을수록 큰 수, 왼쪽에 있을수록 작은 수입니다.

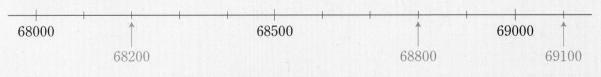

68000   68500   69000
68200   68800   69100

➡ 68200 < 68800 < 69100
부등호(>, <)를 사용하여 여러 수의 크기 비교를 한꺼번에 나타낼 수 있습니다.

1 두 수의 크기를 비교하려고 합니다. 물음에 답하세요.

큰 수의 크기를 비교할 때에는 두 수의 자리 수를 먼저 비교해요.

> 284910000　　7230000

① □ 안에 알맞은 수를 써넣으세요.

　　284910000은 9자리 수이고 7230000은 □자리 수입니다.

② 두 수의 크기를 비교하여 ○ 안에 >, =, < 중 알맞은 것을 써넣으세요.

　　284910000 ○ 7230000

2 수직선에 나타낸 수의 크기를 비교하여 알맞은 말에 ○표 하세요.

수직선에서는 오른쪽에 있을수록 큰 수예요.

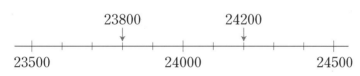

　　23800은 24200보다 (큽니다 , 작습니다).

3 두 수를 □ 안에 써넣고 크기를 비교하여 ○ 안에 >, =, < 중 알맞은 것을 써넣으세요.

🔗 배운 것 연결하기　**2학년 2학기**

네 자리 수의 크기 비교하기

네 자리 수의 크기는 천, 백, 십, 일의 자리 순서로 비교합니다.

3824 < 3901
　└ 8 < 9 ┘

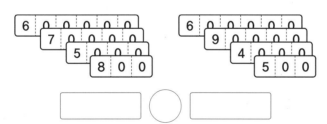

　　[　　] ○ [　　]

4 두 수의 크기를 비교하여 ○ 안에 >, =, < 중 알맞은 것을 써넣으세요.

네 자리씩 끊어서 자리 수를 비교하고 자리 수가 같으면 높은 자리 수부터 차례로 비교해요.

① 9274800 ○ 18270000

② 2945100000 ○ 2782500000

③ 724조 490억 ○ 724조 4900억

1 다섯 자리 수

1 ☐ 안에 알맞은 수를 써넣으세요.

10000은

- 9000보다 ☐ 만큼 더 큰 수입니다.
- 9900보다 ☐ 만큼 더 큰 수입니다.
- 9990보다 ☐ 만큼 더 큰 수입니다.

2 10000이 되도록 색칠해 보세요.

(1000) (1000) (1000) (1000) (1000) (1000)

(1000) (1000) (1000) (1000) (1000) (1000)

3 ☐ 안에 알맞은 수를 써넣으세요.

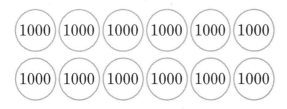

6000 ☐ 8000 9000 ☐

어느 자리 수가 변하는지 찾아봐.

준비 규칙에 따라 빈칸에 알맞은 수를 써넣으세요.

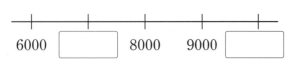

996 — 997 — ☐ — 999 — ☐

4 규칙에 따라 빈칸에 알맞은 수를 써넣으세요.

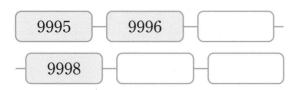

9995 — 9996 — ☐

9998 — ☐ — ☐

5 그림을 보고 ☐ 안에 알맞은 수를 써넣으세요.

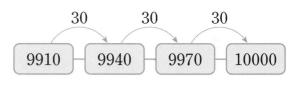

30   30   30

9910 — 9940 — 9970 — 10000

(1) 9970보다 ☐ 만큼 더 큰 수는 10000 입니다.

(2) 9940은 10000보다 ☐ 만큼 더 작은 수입니다.

6 진우는 10000원짜리 동화책을 사려고 합니다. 1000원짜리 지폐가 6장 있다면 얼마가 더 있어야 이 동화책을 살 수 있는지 구해 보세요.

(   )

😊 내가 만드는 문제

7 10000에 대해 자유롭게 써 보세요.

(1) ☐ 이/가 ☐ 개인 수

(2) ☐ 보다 ☐ 만큼 더 큰 수

서술형

8 클립 30000개를 한 상자에 1000개씩 담으려고 합니다. 상자는 모두 몇 개 필요한지 풀이 과정을 쓰고 답을 구해 보세요.

풀이 ....

....

....

답 ....

9 빈칸에 알맞은 수나 말을 써넣으세요.

81623	팔만 천육백이십삼
27805	
	사만 육천사십

10 빈칸에 알맞은 수를 써넣으세요.

$$56498$$

만의 자리	천의 자리	백의 자리	십의 자리	일의 자리

11 보기 와 같이 각 자리의 숫자가 나타내는 값의 합으로 나타내 보세요.

> **보기**
> 68145
> $=60000+8000+100+40+5$

47902
= ☐ + ☐ + ☐ + ☐

12 수를 보고 물음에 답하세요.

37694	76213	83765

(1) 숫자 6이 6000을 나타내는 수는 어느 것일까요?

( )

(2) 숫자 3이 나타내는 값이 가장 큰 수는 어느 것일까요?

( )

13 돈이 모두 얼마인지 써 보세요.

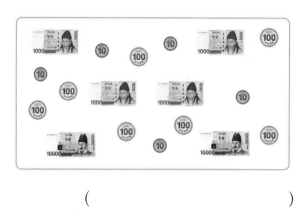

( )

14 구슬을 알맞게 그리고 빈칸에 알맞은 수를 써넣으세요.

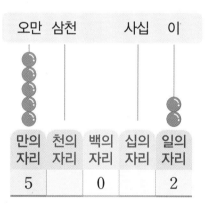

오만	삼천		사십	이

만의 자리	천의 자리	백의 자리	십의 자리	일의 자리
5		0		2

15 ☐ 안에 알맞은 수를 써넣으세요.

(1) $80000+$ ☐ $=87254$

(2) $87000+$ ☐ $=87254$

(3) $87200+$ ☐ $=87254$

(4) $87250+$ ☐ $=87254$

2 십만, 백만, 천만

16 □ 안에 알맞은 수를 써넣으세요.

100000은

- 90000보다 [   ]만큼 더 큰 수입니다.
- 99000보다 [   ]만큼 더 큰 수입니다.
- 99900보다 [   ]만큼 더 큰 수입니다.

17 나타내는 수가 다른 하나를 찾아 기호를 써 보세요.

> ⊙ 1000의 1000배인 수
> ⓛ 10000이 100개인 수
> ⓒ 990만보다 10만만큼 더 큰 수

(   )

18 수를 보고 □ 안에 알맞은 수나 말을 써넣으세요.

> 73590000

(1) 천만의 자리 숫자는 [   ]이고,

[   ]을/를 나타냅니다.

(2) 5는 [   ]의 자리 숫자이고,

[   ]을/를 나타냅니다.

19 설명하는 수를 써 보세요.

> 만이 630개, 일이 8200개인 수

(   )

20 수직선에서 수의 위치에 알맞은 것을 찾아 기호를 써 보세요.

(1) 306000 ➡ (   )

(2) 381250 ➡ (   )

21 각 물건의 가격을 읽어 보세요.

(1) 냉장고: (   ) 원

(2) 에어컨: (   ) 원

숫자만 보는 게 아니라 자리도 봐야지.

준비 밑줄 친 숫자 5가 나타내는 값을 써 보세요.

> ⊙ 5674   ⓛ 13568

⊙ (   ), ⓛ (   )

22 밑줄 친 숫자 7이 나타내는 값을 써넣으세요.

> ⊙ 49720000   ⓛ 57360000

	나타내는 값
⊙	
ⓛ	

23 56280000을 각 자리의 숫자가 나타내는 값의 합으로 나타내 보세요.

56280000

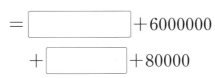

= ☐ +6000000
+ ☐ +80000

24 십만의 자리 숫자가 다른 하나는 어느 것일까요? ( )

① 8564128   ② 74530189
③ 29516402   ④ 35781029
⑤ 18539820

25 ㉠에서 ㉡을 지나 ㉢까지의 거리는 몇 m일까요?

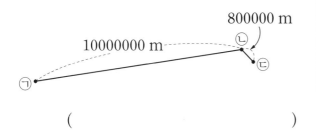

( )

26 1678094에 대해 잘못 설명한 사람의 이름을 써 보세요.

진아: 만이 167개, 일이 8094개인 수야.
유리: 십만의 자리 숫자는 7이야.
은주: 숫자 8이 나타내는 값은 8000이야.

( )

27 숫자가 생기기 이전의 고대 이집트에서는 다음과 같이 사물의 모양을 본떠 만든 상형문자를 사용했습니다. 보기 와 같이 고대 이집트 숫자를 수로 나타내 보세요.

보기

→ 2030400

( )

28 보기 와 같이 수로 나타낼 때 0의 개수가 가장 많은 것을 찾아 기호를 써 보세요.

보기
이천삼백십오만 칠천육백 ➡ 23157600

㉠ 사천육백오십만 구백
㉡ 이백사십만 삼천사백이
㉢ 오천이만 사천팔백육

( )

😊 내가 만드는 문제
29 수 카드 중 7장을 자유롭게 고른 후 고른 수 카드를 한 번씩만 사용하여 백만의 자리 숫자가 8인 일곱 자리 수를 만들어 보세요.

1 2 3 4 5 6 7 8 9

( )

30 □ 안에 알맞은 수를 써넣으세요.

1억은

- 9000만보다 [ ] 만큼 더 큰 수입니다.
- 9900만보다 [ ] 만큼 더 큰 수입니다.
- 9990만보다 [ ] 만큼 더 큰 수입니다.

일의 자리부터 네 자리씩 끊어 일, 만, 억이야.

준비 설명하는 수를 써 보세요.

> 만이 7개, 일이 1850개인 수

( )

31 설명하는 수를 써 보세요.

> 억이 1400개, 만이 2360개,
> 일이 1800개인 수

( )

32 수를 보고 □ 안에 알맞은 수나 말을 써넣으세요.

> 542397186000

(1) 백억의 자리 숫자는 [ ] 이고,

[ ] 을/를 나타냅니다.

(2) 5는 [ ] 의 자리 숫자이고,

[ ] 을/를 나타냅니다.

33 416005000을 각 자리의 숫자가 나타내는 값의 합으로 나타내 보세요.

416005000

$= 400000000 + \boxed{}$

$+ 6000000 + \boxed{}$

34 태양에서 행성까지의 거리를 나타낸 표입니다. 빈칸에 알맞게 써넣으세요.

행성	태양에서 행성까지의 거리(km)
금성	108000000
화성	2억 2800만
목성	778000000
토성	14억 2700만

35 밑줄 친 숫자 3이 나타내는 값을 써 보세요.

> 9<u>3</u>8621086574

( )

36 십억의 자리 숫자가 더 큰 수를 찾아 기호를 써 보세요.

> ㉠ 507348910000
> ㉡ 825705210000

( )

4 조

37 ☐ 안에 알맞은 수를 써넣으세요.

1조는
- 9999억보다 ☐ 만큼 더 큰 수입니다.
- 9990억보다 ☐ 만큼 더 큰 수입니다.
- 9900억보다 ☐ 만큼 더 큰 수입니다.

38 규칙에 따라 빈칸에 알맞은 수를 써넣으세요.

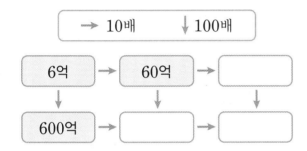

→ 10배 ↓ 100배

6억 → 60억 → ☐
↓
600억 → ☐ → ☐

39 옳은 설명을 찾아 기호를 써 보세요.

⊙ 1조는 10억의 10000배인 수입니다.
ⓛ 1000억이 10개인 수는 1조입니다.
ⓒ 1조는 9000억보다 1000억만큼 더 작은 수입니다.

(   )

40 숫자 7이 7000조를 나타내는 것을 찾아 기호를 써 보세요.

7175730789700000
⊙ⓛⓒ ⓡ ⓜ

(   )

41 2024년의 우리나라 분야별 예산을 나타낸 표입니다. 빈칸에 알맞게 써넣으세요.

분야	금액(원)	
교육	89조 8000억	
환경		12500000000000
R&D	26조 5000억	
국방		59400000000000

42 기사에 나타난 수출액의 수를 읽어 보세요.

> **"K-콘텐츠의 중심-게임 산업"**
> 지난 20년 동안 게임 산업의 규모가 점차 커지면서 국내 게임 산업의 지난해 수출액은 10795850000000원으로 전체 콘텐츠 산업 중 압도적 1위를 차지했습니다.

읽기

서술형
43 설명하는 수에서 숫자 8이 나타내는 값은 얼마인지 풀이 과정을 쓰고 답을 구해 보세요.

> 조가 173개, 억이 4876개, 만이 52개인 수

풀이 ....

....

....

답 ....

5 뛰어 세기

44 주어진 수만큼 뛰어 세어 보세요.

(1) 100만씩 뛰어 세기

5235만	5335만	
	5635만	

(2) 10억씩 뛰어 세기

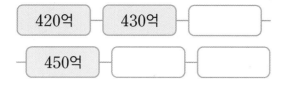

420억	430억	
450억		

45 뛰어 세기를 하여 빈칸에 알맞은 수를 써넣으세요.

(1)
1526조		1528조
1529조		

(2)
14억 62만	16억 62만	
20억 62만		

46 뛰어 세기를 하여 ★에 알맞은 수를 구해 보세요.

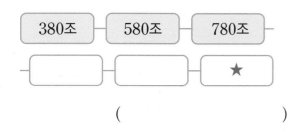

380조	580조	780조
		★

( )

47 ▶ 버튼을 눌러 입력한 명령어대로 뛰어 세기를 했을 때 나오는 수를 구해 보세요.

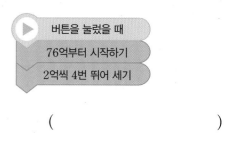

▶ 버튼을 눌렀을 때
76억부터 시작하기
2억씩 4번 뛰어 세기

( )

48 규칙에 따라 빈칸에 알맞은 수를 써넣으세요.

			61조 4억
	40조 4억	50조 4억	
29조 4억		49조 4억	59조 4억

49 뛰어 세는 규칙을 찾아 다음에 올 수를 차례로 2개 써 보세요.

366만	376만	386만	396만	⋯

( )

😊 내가 만드는 문제

50 주어진 수 중에서 4개를 골라 규칙적으로 뛰어 세기를 한 수가 되도록 만들어 보세요.

12억	15억	8억	10억	11억
18억	9억	5억	20억	17억

6 수의 크기 비교

51 57300과 57600을 수직선에 나타내고 □ 안에 알맞은 수를 써넣으세요.

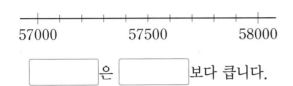

57000   57500   58000

[   ]은 [   ]보다 큽니다.

수가 커져도 수의 크기 비교 방법은 같아.

준비 두 수의 크기를 비교하여 ○ 안에 >, =, < 중 알맞은 것을 써넣으세요.

(1) 1467 ◯ 998

(2) 5681 ◯ 5880

52 두 수의 크기를 비교하여 ○ 안에 >, =, < 중 알맞은 것을 써넣으세요.

(1) 6075476 ◯ 805935

(2) 3674억 890만 ◯ 3674억 1045만

53 두 수씩 크기를 비교하여 빈칸에 알맞은 수를 써넣으세요.

76756, 94562		1억 8만, 8900만	

큰 수	작은 수

54 □ 안에 들어갈 수 있는 수가 아닌 것에 ×표 하세요.

$$400000 < \square < 600000$$

531008	1089001	499500
( )	( )	( )

😊 내가 만드는 문제

55 □ 안에 들어갈 수 있는 수를 자유롭게 써넣으세요.

$$5000000 + 40000 < \boxed{}$$

서술형
56 3600000보다 큰 수는 모두 몇 개인지 풀이 과정을 쓰고 답을 구해 보세요.

㉠ 963214	㉡ 4263000
㉢ 1504만	㉣ 569234

풀이

답

57 현서가 엄마 선물을 사기 위해 12만 원을 모았습니다. 현서가 살 수 있는 선물은 무엇일까요?

지갑   모자   시계
135000원   79000원   200000원

(   )

⚡ 수로 쓸 때는 읽지 않은 자리에 0을 꼭 쓰도록 주의하자!

1 수로 써 보세요.

> 이십오만 사천삼백육

( )

2 수로 써 보세요.

> 구백십오억 사천팔백만 천사

( )

3 보기 와 같이 수로 쓸 때 0은 모두 몇 개인지 구해 보세요.

> **보기**
> 이십사억 팔천만 ➡ 2480000000

> 오천육백억 삼천구만 십오

( )

⚡ 10배 하면 0의 개수가 1개씩, 100배 하면 0의 개수가 2개씩 늘어남을 이용하자!

4 빈칸에 알맞은 수를 써넣으세요.

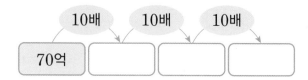

5 빈칸에 알맞은 수를 써넣으세요.

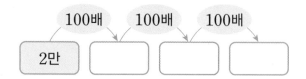

6 수를 10배씩 한 것입니다. ㉠에 알맞은 수는 얼마일까요?

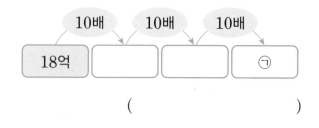

( )

⚡ 같은 숫자라도 자리에 따라 나타내는 값이 달라짐을 주의하자!

7 밑줄 친 숫자 3이 나타내는 값이 더 큰 수를 찾아 기호를 써 보세요.

> ㉠ 1<u>3</u>264   ㉡ 3<u>7</u>158

(   )

8 밑줄 친 숫자 7이 나타내는 값이 가장 큰 수를 찾아 기호를 써 보세요.

> ㉠ 248<u>7</u>63950
> ㉡ 5<u>7</u>63894
> ㉢ 867<u>2</u>54301

(   )

9 밑줄 친 숫자 8이 나타내는 값이 가장 작은 수를 찾아 기호를 써 보세요.

> ㉠ 1<u>8</u>6억 350만
> ㉡ 3<u>8</u>76540200
> ㉢ 억이 1<u>8</u>26개, 만이 1547개인 수

(   )

⚡ 수가 10개 모이면 한 자리 앞으로 간다는 것을 이용하자!

10 10000이 3개, 1000이 12개, 100이 5개, 10이 8개, 1이 4개인 수를 써 보세요.

(   )

11 10000이 5개, 1000이 2개, 100이 32개, 10이 9개, 1이 5개인 수를 써 보세요.

(   )

12 10000이 4개, 1000이 22개, 100이 8개, 10이 18개, 1이 3개인 수를 써 보세요.

(   )

⚡ **수직선에서 작은 눈금 한 칸의 크기를 구한 후 뛰어 세기 해 보자!**

13 수직선에서 ㉠에 알맞은 수는 얼마일까요?

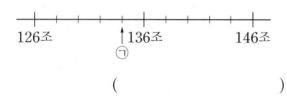

( )

14 수직선에서 ㉠에 알맞은 수는 얼마일까요?

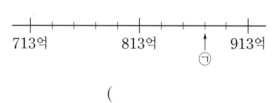

( )

15 수직선에서 ㉠에 알맞은 수는 얼마일까요?

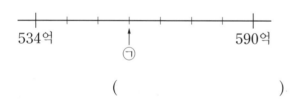

( )

⚡ **가장 왼쪽의 숫자가 크다고 큰 수가 아니라, 자리 수를 생각해야 함을 주의하자!**

16 더 큰 수를 찾아 기호를 써 보세요.

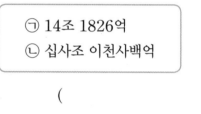

( )

17 더 큰 수를 찾아 기호를 써 보세요.

> ㉠ 14조 1826억
> ㉡ 십사조 이천사백억

( )

18 큰 수부터 차례로 기호를 써 보세요.

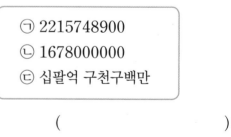

( )

나타내는 값이 몇 배인지 구하기

1 ㉠이 나타내는 값은 ㉡이 나타내는 값의 몇 배일까요?

24072450
㉠   ㉡

(   )

핵심 NOTE

숫자 2가 각각 어느 자리 숫자인지 찾아 나타내는 값을 구합니다.

2 ㉠이 나타내는 값은 ㉡이 나타내는 값의 몇 배일까요?

345725048471
㉠ ㉡

(   )

3 ㉠이 나타내는 값은 ㉡이 나타내는 값의 몇 배일까요?

638725326   723184705
㉠   ㉡

(   )

뛰어 세기

4 어머니께서 여행을 가기 위해 오늘까지 모은 돈은 4820000원입니다. 다음 달부터 매달 300000원씩 모은다면 5개월 후에 여행을 가기 위해 모은 돈은 모두 얼마가 되는지 구해 보세요.

(   )

핵심 NOTE

30만씩 ▲번 뛰어 세기 한 수는 십만 자리의 숫자가 3씩 커지도록 ▲번 뛰어 세기 한 것과 같습니다.

5 어느 가구 매장의 판매 금액은 작년부터 현재까지 4억 6000만 원입니다. 앞으로 매달 2000만 원씩 판매한다면 6개월 후에 작년부터의 전체 판매 금액은 모두 얼마가 되는지 구해 보세요.

(   )

6 올해 1월 민아의 통장에는 167000원이 들어 있었습니다. 2월부터 5월까지 똑같은 금액을 저금하였더니 통장에 들어 있는 돈이 327000원이 되었습니다. 민아는 매달 얼마씩 저금하였는지 구해 보세요. (단, 통장에 들어 있는 돈은 저금한 돈만 생각합니다.)

(   )

도전3 **어떤 수 구하기**

7 어떤 수에서 300만씩 10번 뛰어 세었더니 6385만이 되었습니다. 어떤 수는 얼마일까요?

( )

핵심 NOTE
뛰어 세기 한 수의 처음 수를 구하려면 거꾸로 뛰어 세기를 합니다.

8 어떤 수에서 2000억씩 10번 뛰어 세었더니 5조 6000억이 되었습니다. 어떤 수는 얼마일까요?

( )

9 어떤 수에서 100억씩 3번 뛰어 세어야 하는데 잘못하여 1000억씩 3번 뛰어 세었더니 3조 200억이 되었습니다. 바르게 뛰어 세면 얼마인지 구해 보세요.

( )

도전4 **크기 비교에서 ☐ 안에 알맞은 수 구하기**

10 0부터 9까지의 수 중에서 ☐ 안에 들어갈 수 있는 수를 모두 구해 보세요.

$$8653000 > 8\square57000$$

( )

핵심 NOTE
높은 자리부터 순서대로 비교하여 ☐ 안에 들어갈 수 있는 수를 알아봅니다.

11 0부터 9까지의 수 중에서 ☐ 안에 들어갈 수 있는 수를 모두 구해 보세요.

$$54168000 < 541\square7000$$

( )

12 0부터 9까지의 수 중에서 ㉠과 ㉡에 공통으로 들어갈 수 있는 수를 구해 보세요.

$$56749800 < 567㉠7000$$
$$735964000 > 7359㉡8000$$

( )

도전5 **수 카드로 수 만들기**

13 수 카드를 모두 한 번씩만 사용하여 만들 수 있는 일곱 자리 수 중 십만의 자리 숫자가 7인 가장 큰 수를 구해 보세요.

| 3 | 4 | 5 | 6 | 7 | 8 | 9 |

(   )

핵심 NOTE
• 가장 큰 수 만들기: 큰 수부터 차례로 높은 자리에 놓습니다.
• 가장 작은 수 만들기: 작은 수부터 차례로 높은 자리에 놓습니다.

14 수 카드를 모두 한 번씩만 사용하여 만들 수 있는 여덟 자리 수 중 백만의 자리 숫자가 5인 가장 작은 수를 구해 보세요.

| 0 | 1 | 2 | 3 | 4 | 5 | 6 | 7 |

(   )

15 수 카드를 모두 한 번씩만 사용하여 조건을 만족시키는 가장 작은 수를 구해 보세요.

| 2 | 5 | 0 | 7 | 3 | 9 | 1 | 4 | 8 |

• 아홉 자리 수입니다.
• 억의 자리 숫자는 5이고 백의 자리 숫자는 8입니다.

(   )

도전6 **조건을 만족시키는 수 구하기**

16 조건을 모두 만족시키는 수를 구해 보세요.

• 홀수입니다.
• 1부터 5까지의 수를 모두 한 번씩 사용하였습니다.
• 35000보다 크고 35400보다 작은 수입니다.

(   )

핵심 NOTE
자리 수에 맞게 □를 사용하여 나타낸 후 조건에 맞는 수를 구합니다.

17 조건을 모두 만족시키는 수를 구해 보세요.

• 짝수입니다.
• 0부터 4까지의 수를 모두 한 번씩 사용하였습니다.
• 42000보다 크고 42300보다 작은 수입니다.

(   )

18 조건을 모두 만족시키는 수를 구해 보세요.

• 짝수입니다.
• 1부터 6까지의 수를 모두 한 번씩 사용하였습니다.
• 364000보다 크고 364500보다 작은 수입니다.

(   )

도전7 지폐(수표)의 수 구하기

19 100만 원짜리 수표 15장과 5만 원짜리 지폐 20장을 가지고 은행에 가서 10만 원짜리 수표로 모두 바꾸려고 합니다. 10만 원짜리 수표 몇 장으로 바꿀 수 있을까요?

( )

핵심 NOTE
10만 원짜리 수표로 바꾸므로 10만이 몇 개인 수인지 구합니다.

20 100만 원짜리 수표 12장과 5만 원짜리 지폐 30장을 가지고 은행에 가서 10만 원짜리 수표로 모두 바꾸려고 합니다. 10만 원짜리 수표 몇 장으로 바꿀 수 있을까요?

( )

21 10만 원짜리 수표 150장과 5만 원짜리 지폐 40장, 만 원짜리 지폐 220장이 있습니다. 이 돈을 은행에 가서 100만 원짜리 수표로 바꾸려고 합니다. 100만 원짜리 수표로 몇 장까지 바꿀 수 있을까요?

( )

도전8 □가 있는 수의 크기 비교

22 □ 안에는 0부터 9까지 어느 수를 넣어도 됩니다. 더 큰 수를 찾아 기호를 써 보세요.

㉠ 79□8600   ㉡ 7□01900

( )

핵심 NOTE
□ 안에 0 또는 9를 넣어 크기를 비교해 봅니다.

23 □ 안에는 0부터 9까지 어느 수를 넣어도 됩니다. 더 큰 수를 찾아 기호를 써 보세요.

㉠ 48905□43800
㉡ 48□037□9000

( )

24 □ 안에는 0부터 9까지 어느 수를 넣어도 됩니다. 가장 큰 수를 찾아 기호를 써 보세요.

㉠ 54□4□289620
㉡ 549604□□602
㉢ 5496□6753□4

( )

1 10000을 나타내는 수가 아닌 것은 어느 것일까요? (   )

① 1000이 10개인 수
② 9000보다 1000만큼 더 큰 수
③ 9990보다 10만큼 더 큰 수
④ 9999보다 1만큼 더 큰 수
⑤ 1000의 100배인 수

2 □ 안에 알맞은 수를 써넣으세요.

억이 2100개, 만이 6850개, 일이 2137개이면

[   ] 입니다.

3 보기 와 같이 나타내 보세요.

> **보기**
> 72436580000
> ➡ 724억 3658만
> ➡ 칠백이십사억 삼천육백오십팔만

219406753800

➡ _____

➡ _____

4 작은 수부터 차례로 써 보세요.

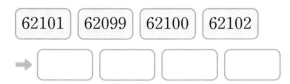

5 밑줄 친 숫자 3이 나타내는 값을 써 보세요.

5<u>3</u>7921081687

(   )

6 단추 50000개를 한 상자에 1000개씩 담으려고 합니다. 상자는 모두 몇 개 필요할까요?

(   )

7 십만의 자리 숫자가 다른 하나는 어느 것일까요? (   )

① 7564128   ② 47530189
③ 81516402   ④ 93781096
⑤ 60539820

8 뛰어 세기를 하여 빈칸에 알맞은 수를 써넣으세요.

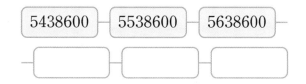

9 보기 와 같이 수로 나타낼 때 숫자 0을 모두 몇 번 써야 할까요?

> **보기**
> 이천사백십칠만 육천오백 ➡ 24176500

> 구천칠백억 삼천구만 십일

( )

10 빈칸에 알맞은 수를 써넣으세요.

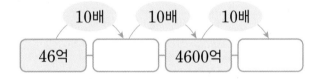

11 두 수끼리 비교하여 큰 수와 작은 수를 각각 빈칸에 써넣으세요.

> 41567, 41692

> 3억 2000만, 302900000

큰 수		
작은 수		

12 더 큰 수를 찾아 기호를 써 보세요.

> ㉠ 억이 521개, 만이 7948개인 수
> ㉡ 오백이십일억 칠천구십사만 팔천

( )

13 주미의 저금통에는 10000원짜리 지폐 6장, 1000원짜리 지폐 17장, 100원짜리 동전 5개, 10원짜리 동전 9개가 들어 있습니다. 주미의 저금통에 들어 있는 돈은 모두 얼마일까요?

( )

14 수 카드 8장을 한 번씩만 사용하여 8자리 수를 만들려고 합니다. 만들 수 있는 수 중에서 가장 작은 수를 구해 보세요.

3 1 0 8 5 2 9 7

( )

15 수직선에서 ㉠에 알맞은 수는 얼마일까요?

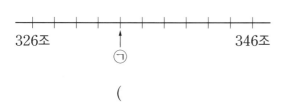

326조   346조
                 ㉠

( )

16 어떤 수의 1000배는 9167489050000입니다. 어떤 수에서 숫자 6이 나타내는 값은 얼마일까요?

( )

17 지우네 가족은 의료 구호 단체에 지금까지 240000원을 기부했습니다. 매월 3만 원씩 기부하여 기부한 금액이 360000원이 되려면 몇 개월이 걸릴까요?

( )

18 ☐ 안에는 0부터 9까지의 어느 수를 넣어도 됩니다. 가장 큰 수를 찾아 기호를 써 보세요.

㉠ 7☐803☐312   ㉡ 798029☐80
㉢ 798019☐26   ㉣ 798☐67892

( )

19 다음 수에서 백억의 자리 숫자와 천만의 자리 숫자의 합은 얼마인지 풀이 과정을 쓰고 답을 구해 보세요.

658126300000

풀이

답

20 0부터 9까지의 수 중에서 ☐ 안에 들어갈 수 있는 수는 모두 몇 개인지 풀이 과정을 쓰고 답을 구해 보세요.

64억 3291만 < 6☐억 1806만

풀이

답

1 □ 안에 알맞은 수를 써넣으세요.

(1) 10000은 [   ]보다 10만큼 더 큰 수입니다.

(2) 9500보다 [   ]만큼 더 큰 수는 10000입니다.

2 두 수를 모으기하여 10000이 되도록 빈칸에 알맞은 수를 써넣으세요.

10000	
5000	5000
7000	
	6000

3 □ 안에 알맞은 수를 써넣으세요.

10000이 7개
1000이 5개
100이 1개 ┃ 인 수는 [   ]
10이 3개
1이 4개

4 보기 와 같이 각 자리의 숫자가 나타내는 값의 합으로 나타내 보세요.

보기
65437 = 60000 + 5000 + 400 + 30 + 7

92059 = ...

5 수를 읽어 보세요.

(1) 1650980

(   )

(2) 30769087

(   )

6 빈칸에 알맞은 수를 써넣으세요.

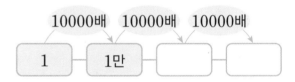

7 보기 와 같이 나타내 보세요.

보기
팔천이백오십억 구천오백이십사만
➡ 8250억 9524만
➡ 825095240000

삼천사백육십억 칠천이백만

➡ ....

➡ ....

8 밑줄 친 숫자 7은 어느 자리 숫자이고 얼마를 나타내는지 써 보세요.

8<u>7</u>53092436510000

( )의 자리 숫자,

( )

9 뛰어 세기를 하여 빈칸에 알맞은 수를 써넣으세요.

3조 4300억 — 3조 4400억 — ☐ —

☐ — 3조 4700억 — ☐

10 두 수의 크기를 비교하여 ◯ 안에 >, =, < 중 알맞은 것을 써넣으세요.

⑴ 8065476 ◯ 8047352

⑵ 2847억 690만 ◯ 2847억 1320만

11 밑줄 친 숫자 9가 나타내는 값이 가장 큰 수를 찾아 기호를 써 보세요.

⊙ 37<u>9</u>4218   ⓒ 4<u>9</u>28513
ⓒ 689<u>9</u>31452   ⓔ 51479<u>9</u>564

( )

12 큰 수부터 차례로 기호를 써 보세요.

⊙ 구천팔백이십오만
ⓒ 108540000
ⓒ 4538만

( )

13 선주네 가족이 동물 보호 단체에 지금까지 기부한 금액은 240000원입니다. 다음 달부터 매달 30000원씩 기부를 한다면 4개월 후에 기부한 금액은 모두 얼마가 되는지 구해 보세요.

( )

14 은행에서 예금한 돈 58200000원을 찾으려고 합니다. 100만 원짜리 수표로 몇 장까지 찾을 수 있을까요?

( )

15 설명하는 수에서 숫자 8이 나타내는 값을 써 보세요.

1조 5800억의 100배인 수

( )

16 1부터 9까지의 수 중에서 □ 안에 들어갈 수 있는 수를 모두 구해 보세요.

$$426420 > \boxed{}73430$$

(   )

17 어떤 수에서 3000만씩 뛰어 세기를 10번 하였더니 6억 5000만이 되었습니다. 어떤 수는 얼마일까요?

(   )

18 수 카드를 모두 한 번씩만 사용하여 만들 수 있는 여덟 자리 수 중에서 만의 자리 숫자가 4인 가장 큰 수와 천의 자리 숫자가 7인 가장 작은 수를 구해 보세요.

| 0 | 1 | 2 | 4 | 5 | 7 | 8 | 9 |

가장 큰 수 (   )

가장 작은 수 (   )

19 지윤이는 저금통에 10000원짜리 지폐 4장, 1000원짜리 지폐 13장, 100원짜리 동전 9개, 10원짜리 동전 5개를 저금하였습니다. 지윤이가 저금한 돈은 모두 얼마인지 풀이 과정을 쓰고 답을 구해 보세요.

풀이 _____

_____

_____

답 _____

20 ㉠이 나타내는 값은 ㉡이 나타내는 값의 몇 배인지 풀이 과정을 쓰고 답을 구해 보세요.

$$\begin{array}{c} 645124320873 \\ ㉠㉡ \end{array}$$

풀이 _____

_____

_____

답 _____

2 각도

핵심 1 각의 크기

- 각의 크기를 [ ](이)라고 합니다.
- 각 ㄱㄴㄷ의 크기는 [ ]°입니다.

이번 단원에서
꼭 짚어야 할
핵심 개념을 알아보자.

핵심 2 예각과 둔각 알아보기

각도가 0°보다 크고 직각보다 작은 각을 [ ]이라고 합니다. | 각도가 직각보다 크고 180°보다 작은 각을 [ ]이라고 합니다.

핵심 3 각도의 합과 차

각도의 합과 차는 자연수의 덧셈, 뺄셈과 같은 방법으로 계산합니다.

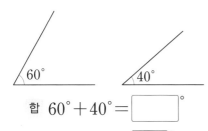

합 $60° + 40° = $ [ ]°

차 $60° - 40° = $ [ ]°

핵심 4 삼각형의 세 각의 크기의 합

삼각형의 세 각의 크기의 합은 [ ]°입니다.

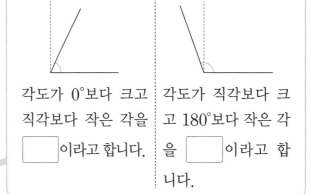

핵심 5 사각형의 네 각의 크기의 합

사각형의 네 각의 크기의 합은 [ ]°입니다.

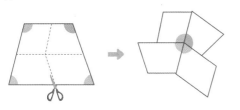

1. 각의 크기 비교, 각의 크기 재기

● **각의 크기 비교**

변의 길이와 관계없이 두 변이 벌어진 정도가 클수록 큰 각입니다.

가   나   다

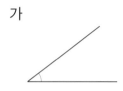 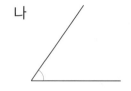 

➡ **(가의 각의 크기) < (나의 각의 크기) < (다의 각의 크기)**

● **각의 크기 알아보기**

- **각도**: 각의 크기
- **도(°)**: 각도를 나타내는 단위
- **1도(1°)**: 직각의 크기를 똑같이 90으로 나눈 것 중 하나
- **직각의 크기**: 90°

직각
90° ➡ 1°가 90개
1°   1°

● **각도기를 사용하여 각도 재기**

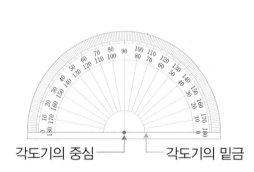

각도기의 중심 ──   ── 각도기의 밑금

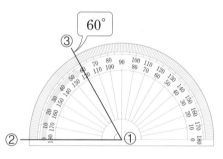

60°
③
②　①

① 각도기의 중심을 각의 꼭짓점에 맞춥니다.
② 각도기의 밑금을 각의 한 변에 맞춥니다.
③ 각의 다른 변이 가리키는 눈금을 읽습니다. ➡ 60°

개념 자세히 보기

● **각도기의 밑금과 각의 변이 만날 때 눈금 0에서부터 시작하여 눈금을 따라 읽어요!**

 ➡ 60°

각의 한 변이 안쪽 눈금 0에 맞춰져 있으므로
안쪽 눈금을 읽습니다.

 ➡ 70°

각의 한 변이 바깥쪽 눈금 0에 맞춰져 있으므로
바깥쪽 눈금을 읽습니다.

⊙ 정답과 풀이 11쪽

1 더 많이 벌어진 부채를 찾아 기호를 써 보세요.

가    나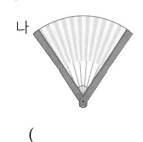

(   )

2 두 각 중 더 작은 각을 찾아 ○표 하세요.

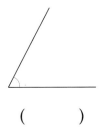

(   )

(   )

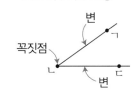

🔗 **배운 것 연결하기** **3학년 1학기**

각 알아보기

각: 한 점에서 그은 두 반직선으로 이루어진 도형

2

3 각도를 바르게 잰 것에 ○표 하세요.

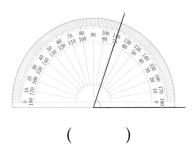

(   )

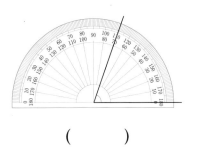

(   )

4 각도를 구해 보세요.

①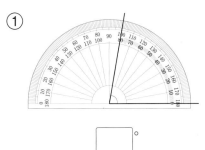

◻°

②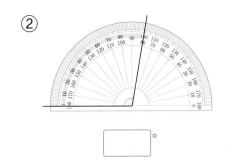

◻°

각의 한 변이 각도기의 안쪽 눈금 0에 맞춰져 있을 때는 안쪽 눈금을 읽어요.

2. 예각과 둔각 알아보기, 각도 어림하고 재기

● 예각과 둔각

• **예각**: 0°보다 크고 직각보다 작은 각

• **둔각**: 직각보다 크고 180°보다 작은 각

 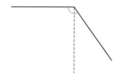 

● 각도 어림하고 재기

삼각자의 각 **30°, 45°, 60°, 90°**와 비교하여 어림합니다. → 어림한 각도가 각도기로 잰 각도에
가까울수록 어림을 잘한 것입니다.

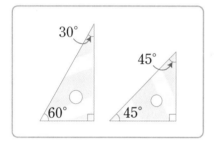  

┌ 어림한 각도: 약 35°
└ 잰 각도: 40°

삼각자의 45°보다 약간
작으므로 약 35°로 어림
할 수 있습니다.

┌ 어림한 각도: 약 70°
└ 잰 각도: 65°

삼각자의 60°보다 약간
크므로 약 70°로 어림
할 수 있습니다.

개념 자세히 보기

• **시계의 긴바늘과 짧은바늘이 이루는 작은 쪽의 각이 예각, 둔각인 시각을 알아보아요!**

예각

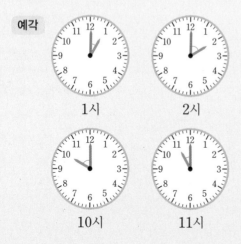

1시 2시

10시 11시

둔각

4시 5시

7시 8시

정답과 풀이 11쪽

1 주어진 각이 예각, 둔각 중 어느 것인지 써 보세요.

① 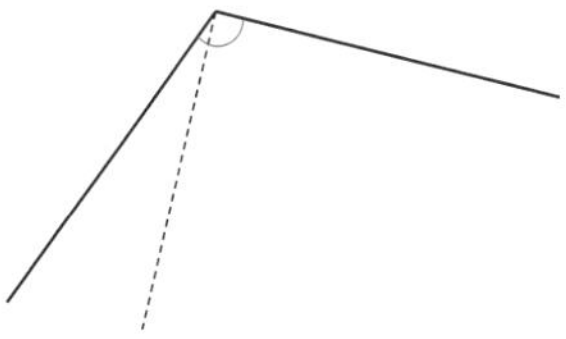

(　　　　　　　　)

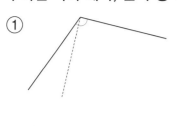

② 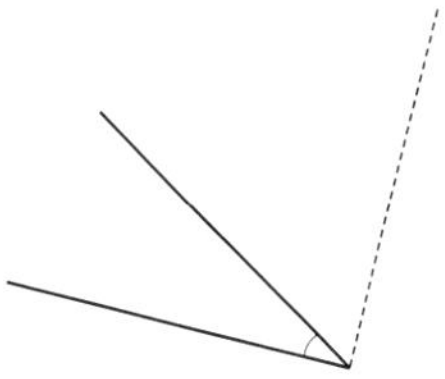

(　　　　　　　　)

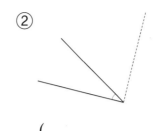

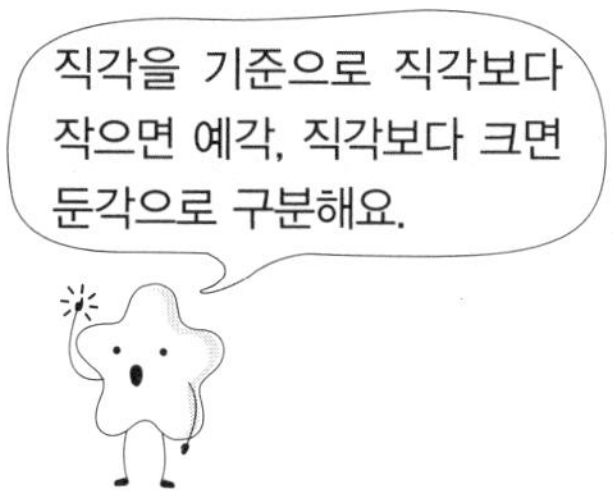
직각을 기준으로 직각보다
작으면 예각, 직각보다 크면
둔각으로 구분해요.

2 조건에 맞게 각 ㄱㄴㄷ을 그리려고 합니다. 점 ㄷ이 될 수 있는 점의 기호를 써 보세요.

① 예각

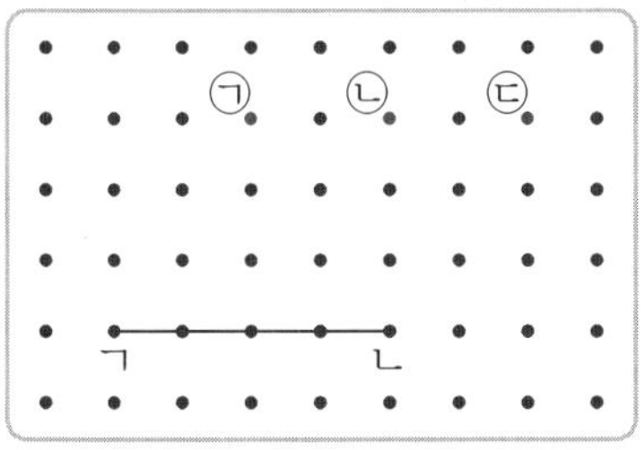
㉠
㉡
㉢
ㄱ
ㄴ

(　　　　　　　　)

② 둔각

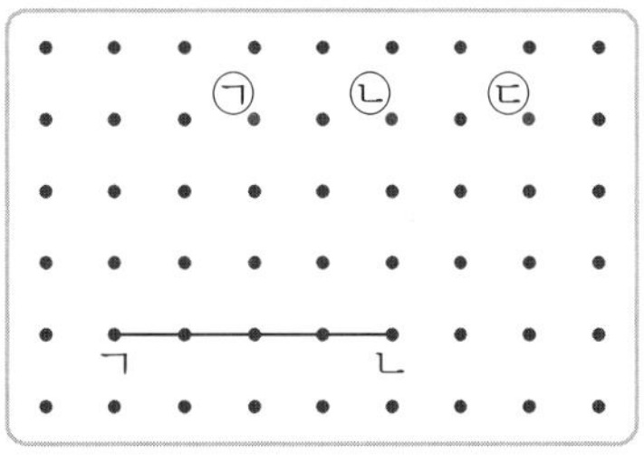
㉠
㉡
㉢
ㄱ
ㄴ

(　　　　　　　　)

3 삼각자의 각과 비교하여 각도를 어림하고, 각도기로 재어 확인해 보세요.

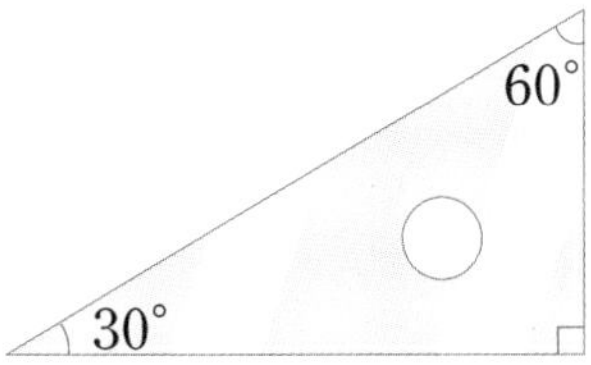
60°
30°

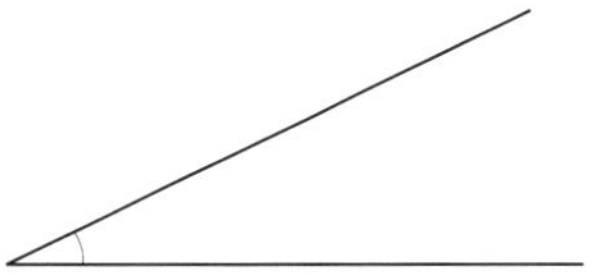

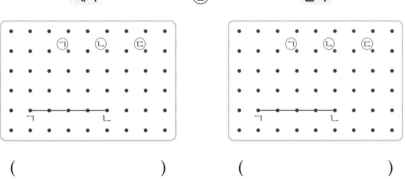

어림한 각도: 약 □°, 잰 각도: □°

4 각도를 어림하고 각도기로 재어 확인해 보세요.

① 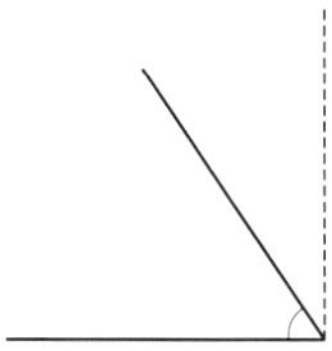

어림한 각도: 약 □°

잰 각도: □°

② 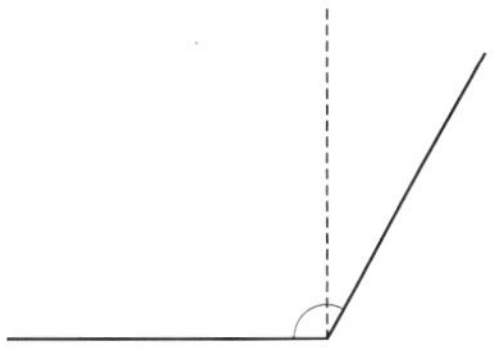

어림한 각도: 약 □°

잰 각도: □°

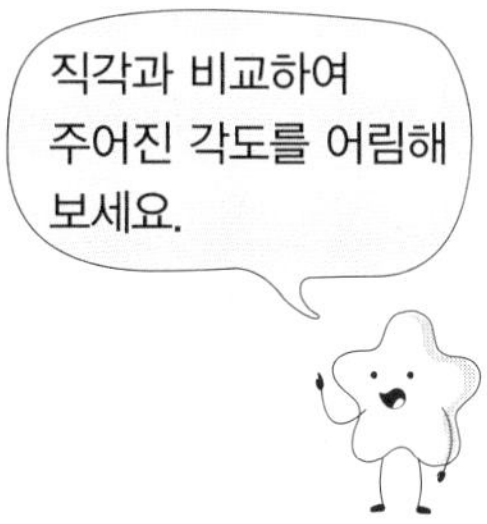
직각과 비교하여
주어진 각도를 어림해
보세요.

2

3. 각도의 합과 차

● **각도의 합**

각도의 합은 자연수의 덧셈과 같은 방법으로 계산합니다.

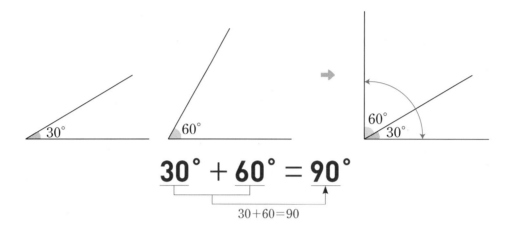

$$30° + 60° = 90°$$

30+60=90

● **각도의 차**

각도의 차는 자연수의 뺄셈과 같은 방법으로 계산합니다.

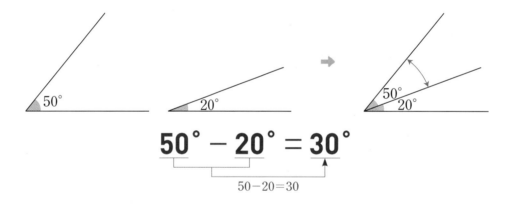

$$50° - 20° = 30°$$

50-20=30

개념 자세히 **보기**

● **90°가 모이면** 180°, 270°, 360°**가 돼요!**

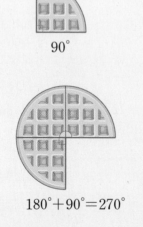

90°

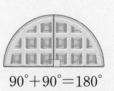

90°+90°=180°

180°+90°=270°

270°+90°=360°

◐ 정답과 풀이 12쪽

1 각도의 합을 구하는 과정입니다. 두 각도의 합을 구해 보세요.

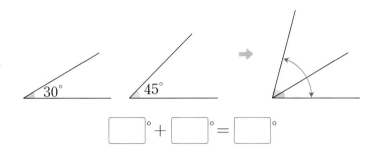

$\boxed{}°＋\boxed{}°＝\boxed{}°$

2 각도의 차를 구하는 과정입니다. 두 각도의 차를 구해 보세요.

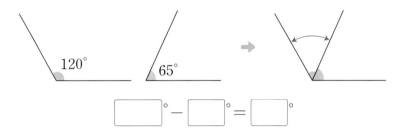

$\boxed{}°－\boxed{}°＝\boxed{}°$

3 각도의 합과 차를 구해 보세요.

① $55°＋30°＝\boxed{}°$

$55＋30＝\boxed{}$

② $60°＋105°＝\boxed{}°$

$60＋105＝\boxed{}$

③ $70°－40°＝\boxed{}°$

$70－40＝\boxed{}$

④ $85°－35°＝\boxed{}°$

$85－35＝\boxed{}$

각도의 합과 차는 자연수의 덧셈, 뺄셈과 같은 방법으로 계산하고 계산 결과에 °를 붙여요.

4 두 각도의 합과 차를 구해 보세요.

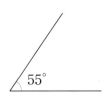

$55°$

합: $\boxed{}°$, 차: $\boxed{}°$

각도의 차는 큰 각도에서 작은 각도를 빼요.

4. 삼각형의 세 각의 크기의 합

● 삼각형의 세 각의 크기를 각도기로 재어 세 각의 크기의 합 구하기 ─→ 모양과 크기에 관계없이 삼각형의 세 각의 크기의 합은 180°입니다.

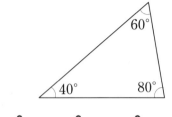

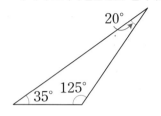

$$60° + 40° + 80° = 180°$$

$$20° + 35° + 125° = 180°$$

● 삼각형을 잘라서 세 각의 크기의 합 구하기

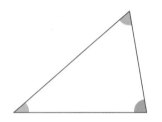 ➡  ➡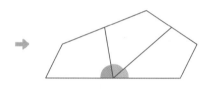

> 삼각형의 **세 각의 크기의 합은 180°**입니다.

개념 자세히 보기

• **삼각형을 접어서 세 각의 크기의 합을 구할 수 있어요!**

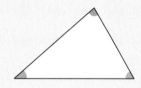 ➡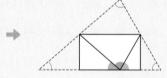

➡ 이어 붙인 세 각이 직선 위에 꼭 맞추어지므로 세 각의 크기의 합은 180°입니다.

• **삼각형의 두 각의 크기를 알면 나머지 한 각의 크기를 구할 수 있어요!**

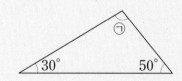

$$㉠ + 30° + 50° = 180°$$
$$➡ ㉠ = 180° - 30° - 50°$$
$$= 100°$$

정답과 풀이 12쪽

1 각도기를 사용하여 삼각형의 세 각의 크기를 각각 재어 보고 합을 구하려고 합니다. ☐ 안에 알맞은 수를 써넣으세요.

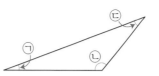

① ㉠ = ☐°, ㉡ = ☐°, ㉢ = ☐°

② 삼각형의 세 각의 크기의 합:

㉠ + ㉡ + ㉢ = ☐° + ☐° + ☐° = ☐°

2 삼각형을 잘라서 세 꼭짓점이 한 점에 모이도록 겹치지 않게 이어 붙였습니다. ☐ 안에 알맞은 수를 써넣으세요.

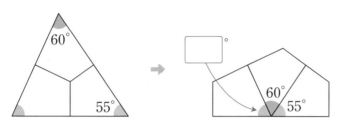

> 한 직선이 이루는 각도는 180°임을 이용하여 나머지 한 각의 크기를 구해야 해요.

3 ㉠의 각도를 구하려고 합니다. ☐ 안에 알맞은 수를 써넣으세요.

①
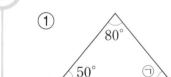

②
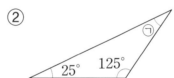

㉠ + 50° + 80° = ☐°

㉠ = ☐° − 50° − 80°

= ☐°

㉠ + 25° + 125° = ☐°

㉠ = ☐° − 25° − 125°

= ☐°

> 삼각형의 세 각의 크기의 합에서 주어진 두 각의 크기를 빼면 나머지 한 각의 크기를 구할 수 있어요.

4 ㉠과 ㉡의 각도의 합을 구해 보세요.

①

②
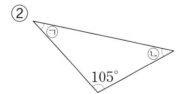

㉠ + ㉡ + 70° = ☐°

➡ ㉠ + ㉡ = ☐° − 70°

= ☐°

㉠ + ㉡ + 105° = ☐°

➡ ㉠ + ㉡ = ☐° − 105°

= ☐°

> 삼각형의 세 각의 크기의 합에서 주어진 한 각의 크기를 빼면 나머지 두 각의 크기의 합을 구할 수 있어요.

5. 사각형의 네 각의 크기의 합

● **사각형의 네 각의 크기를 각도기로 재어 네 각의 크기의 합 구하기** ──→ 모양과 크기에 관계없이 사각형의 네 각의 크기의 합은 360°입니다.

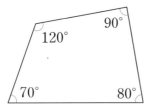

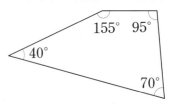

$$120° + 70° + 80° + 90° = 360°$$

$$155° + 40° + 70° + 95° = 360°$$

● **사각형을 잘라서 네 각의 크기의 합 구하기**

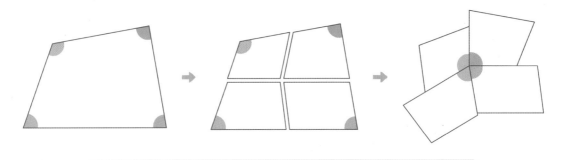

> 사각형의 네 각의 크기의 합은 360°입니다.

개념 자세히 보기

● **사각형을 삼각형으로 나누어 네 각의 크기의 합을 구할 수 있어요!**

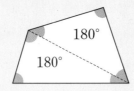

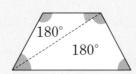

➡ 사각형은 삼각형 2개로 나눌 수 있고 삼각형의 세 각의 크기의 합은 180°이므로 사각형의 네 각의 크기의 합은 180° × 2 = 360°입니다.

● **사각형의 세 각의 크기를 알면 나머지 한 각의 크기를 구할 수 있어요!**

$$㉠ + 110° + 100° + 70° = 360°$$
$$➡ ㉠ = 360° - 110° - 100° - 70°$$
$$= 80°$$

정답과 풀이 12쪽

1 각도기를 사용하여 사각형의 네 각의 크기를 각각 재어 보고 합을 구하려고 합니다. ☐ 안에 알맞은 수를 써넣으세요.

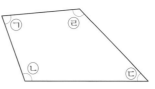

① ㉠ = [　]°, ㉡ = [　]°, ㉢ = [　]°, ㉣ = [　]°

② 사각형의 네 각의 크기의 합:

㉠ + ㉡ + ㉢ + ㉣ = [　]° + [　]° + [　]° + [　]°

= [　]°

2 ☐ 안에 알맞은 수를 써넣으세요.

(사각형의 네 각의 크기의 합)

= (삼각형의 세 각의 크기의 합) × [　]

= [　]° × [　] = [　]°

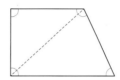

사각형을 2개의 삼각형으로 나누는 방법은 두 가지가 있어요.

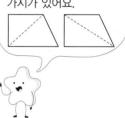

3 ㉠의 각도를 구하려고 합니다. ☐ 안에 알맞은 수를 써넣으세요.

①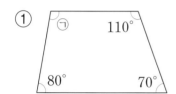

㉠ + 80° + 70° + 110° = [　]°

㉠ = [　]° − 80° − 70° − 110°

= [　]°

②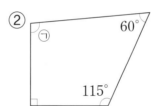

㉠ + 90° + 115° + 60° = [　]°

㉠ = [　]° − 90° − 115° − 60°

= [　]°

사각형의 네 각의 크기의 합에서 주어진 세 각의 크기를 빼면 나머지 한 각의 크기를 구할 수 있어요.

4 ㉠과 ㉡의 각도의 합을 구해 보세요.

①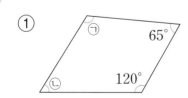

㉠ + ㉡ + 120° + 65° = [　]°

➡ ㉠ + ㉡ = [　]° − 120° − 65°

= [　]°

②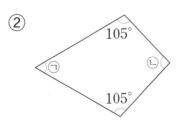

㉠ + 105° + ㉡ + 105° = [　]°

➡ ㉠ + ㉡ = [　]° − 105° − 105°

= [　]°

1 각의 크기와 각도 재기

1 부채가 더 많이 벌어진 것의 기호를 써 보세요.

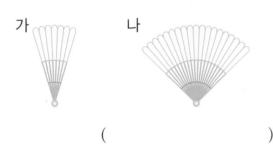

가   나

( )

2 시계의 긴바늘과 짧은바늘이 이루는 작은 쪽의 각이 더 큰 것에 ○표 하세요.

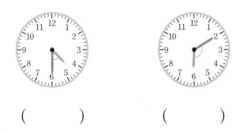

( )   ( )

3 각의 크기가 작은 것부터 차례로 기호를 써 보세요.

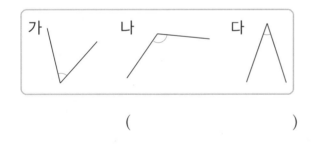

가   나   다

( )

4 각 ㄱㄴㄷ과 각 ㄹㄴㅁ의 크기를 구해 보세요.

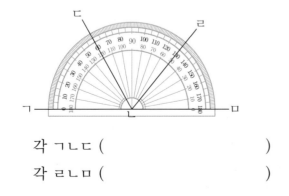

각 ㄱㄴㄷ ( )
각 ㄹㄴㅁ ( )

5 각도기를 사용하여 각도를 재어 보세요.

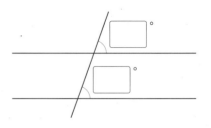

서술형
6 다음과 같이 각도를 재어 120°라고 잘못 구했습니다. 각도를 잘못 구한 까닭을 쓰고 바르게 구해 보세요.

까닭 _____

_____

바르게 구하기 _____

☺ 내가 만드는 문제
7 주어진 점을 연결하여 크기가 서로 다른 각 2개를 그리고, 각도기를 사용하여 두 각의 크기를 재어 보세요.

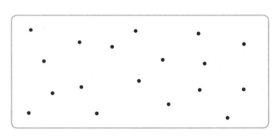

2 예각과 둔각

8 주어진 선분을 한 변으로 하는 둔각을 그리려고 합니다. 점 ㄱ과 이어야 할 점은 어느 것일까요?
( )

① ② ③ ④

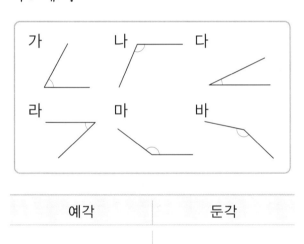

9 주어진 각을 예각, 둔각으로 분류하여 기호를 써 보세요.

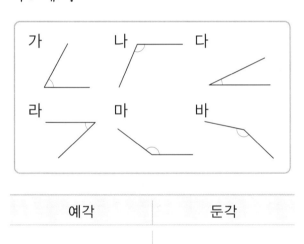

예각	둔각

10 칠교 조각으로 열기구 모양을 만들었습니다. 표시된 각이 예각이면 '예', 둔각이면 '둔'을 ☐ 안에 써넣으세요.

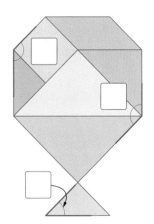

직각을 기준으로 예각과 둔각을 구분해.

준비 도형에서 직각은 모두 몇 개일까요?

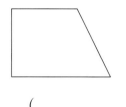

( )

11 도형에서 예각은 모두 몇 개일까요?

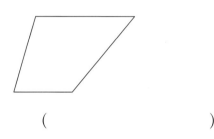

( )

12 어스 아워(Earth hour)는 전력 소비와 빛 공해를 줄이기 위한 '조명 끄기 행사'로 매년 3월 마지막 주 토요일, 저녁 8시 30분부터 한 시간 동안 시행됩니다. 8시 30분을 시계에 나타내고, 시계의 긴바늘과 짧은바늘이 이루는 작은 쪽의 각이 예각, 직각, 둔각 중 어느 것인지 ☐ 안에 써넣으세요.

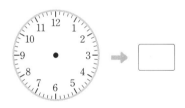

13 빨간색 점 1개와 나머지 점 중 2개를 연결하여 예각과 둔각을 1개씩 그려 보세요.

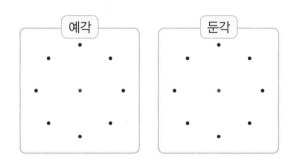

3 각도 어림하기, 각도의 합과 차

14 삼각자의 각과 비교하여 각도를 어림하고, 각도기로 재어 확인해 보세요.

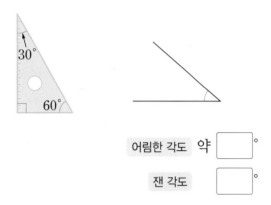

어림한 각도 약 [ ]°

잰 각도 [ ]°

15 각 ㄱㅇㄴ과 크기가 같은 각은 어느 각인지 어림하여 써 보세요.

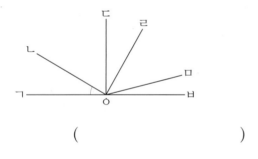

( )

☺ 내가 만드는 문제

16 각도를 정해 어림하여 그려 보고 바르게 그렸는지 각도기로 재어 확인해 보세요.

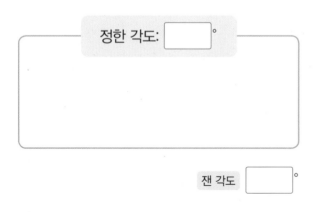

정한 각도: [ ]°

잰 각도 [ ]°

17 각도의 합과 차를 구해 보세요.

(1) $85° + 70° =$ [ ]°

(2) $130° - 75° =$ [ ]°

18 표시한 각도를 구해 보세요.

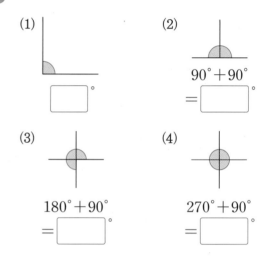

(1) [ ]°

(2) $90° + 90°$
$=$ [ ]°

(3) $180° + 90°$
$=$ [ ]°

(4) $270° + 90°$
$=$ [ ]°

19 두 각도의 합과 차를 각각 구해 보세요.

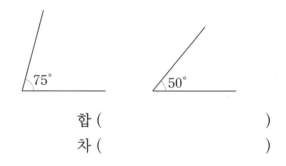

합 ( )
차 ( )

20 각 ㄱㅇㄴ의 크기를 보고 주어진 각의 크기를 어림해 보세요.

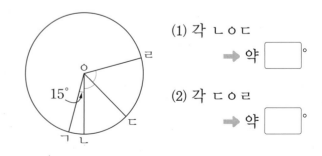

(1) 각 ㄴㅇㄷ
➡ 약 [ ]°

(2) 각 ㄷㅇㄹ
➡ 약 [ ]°

21 관계있는 것끼리 이어 보세요.

$65° + 40°$ •   • 예각

$170° - 95°$ •   • 둔각

22 각도를 비교하여 ◯ 안에 >, =, < 중 알맞은 것을 써넣으세요.

(1) $75° + 60°$ ◯ $90° + 35°$

(2) $150° - 75°$ ◯ $165° - 85°$

23 ☐ 안에 알맞은 수를 써넣으세요.

(1)
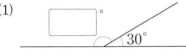

(2)
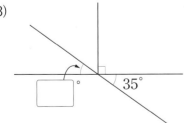

(3)

 덧셈과 뺄셈의 관계를 이용해.

준비 ☐ 안에 알맞은 수를 써넣으세요.

☐ $+ 85 = 130$

24 ☐ 안에 알맞은 수를 써넣으세요.

(1) $45° + ☐° = 120°$

(2) $145° - ☐° = 20°$

서술형
25 직사각형에서 ●의 각도는 몇 도인지 풀이 과정을 쓰고 답을 구해 보세요.

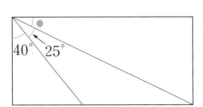

풀이 _____

_____

답 _____

26 현아는 바닷가에서 일광욕을 하기 위해 의자의 등받이를 눕혔습니다. 등받이를 처음보다 몇 도 더 눕혔는지 구해 보세요.

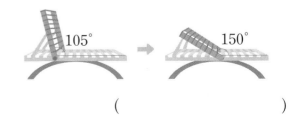

(   )

27 ◯ 안에 >, =, < 중 알맞은 것을 써넣으세요.

㉠+㉡+㉢ ◯ ㉣+㉤+㉥

28 ☐ 안에 알맞은 수를 써넣으세요.

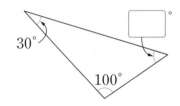

29 삼각형을 잘라서 세 꼭짓점이 한 점에 모이도록 겹치지 않게 이어 붙였습니다. ㉠의 각도를 구해 보세요.

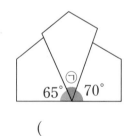

(   )

30 ㉠과 ㉡의 각도의 합을 구해 보세요.

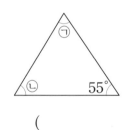

(   )

31 삼각형의 세 각의 크기를 잘못 잰 사람은 누구인지 이름을 쓰고 그 까닭을 써 보세요.

> 현서: 내가 잰 각도는 65°, 80°, 35°야.
> 민호: 내가 잰 각도는 120°, 30°, 40°야.
> 준영: 내가 잰 각도는 90°, 45°, 45°야.

(   )

까닭 _____

_____

☺ 내가 만드는 문제

32 삼각형의 세 각의 크기가 되도록 ☐ 안에 알맞은 수를 자유롭게 써넣으세요.

(1) 70°, ☐°, ☐°

(2) 20°, ☐°, ☐°

33 ☐ 안에 알맞은 수를 써넣으세요.

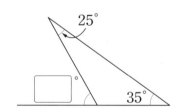

34 ☐ 안에 알맞은 수를 써넣으세요.

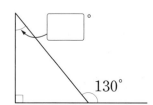

5 사각형의 네 각의 크기의 합

35 ◯ 안에 >, =, < 중 알맞은 것을 써넣으세요.

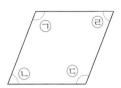 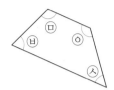

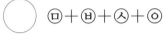
㉠+㉡+㉢+㉣ ◯ ㉤+㉥+㉦+㉧

36 ☐ 안에 알맞은 수를 써넣으세요.

(1)
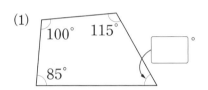

(2)
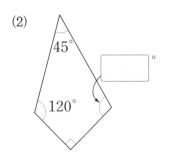

37 서술형
사각형을 잘라서 네 꼭짓점이 한 점에 모이도록 겹치지 않게 이어 붙였습니다. ㉠의 각도는 몇 도인지 풀이 과정을 쓰고 답을 구해 보세요.

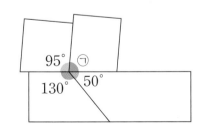

풀이

답

38 선영이가 그린 도시 계획입니다. ㉠과 ㉡의 각도의 합을 구해 보세요.

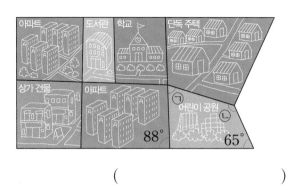

( )

39 ㉠과 ㉡의 각도의 합과 차를 각각 구해 보세요.

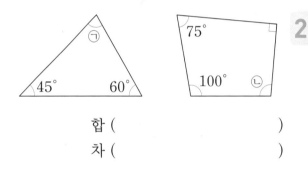

합 ( )
차 ( )

40 ☐ 안에 알맞은 수를 써넣으세요.

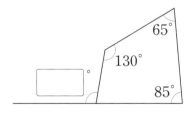

41 ☐ 안에 알맞은 수를 써넣으세요.

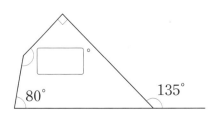

⚡ 각도기의 밑금과 각의 한 변이 맞닿는 눈금 0을 따라서 각도를 읽어 보자!

1 각도를 구해 보세요.

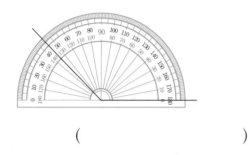

(   )

2 각도를 구해 보세요.

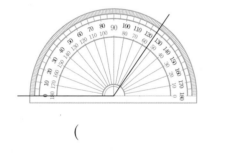

(   )

3 각 ㄱㄴㄷ의 크기를 구해 보세요.

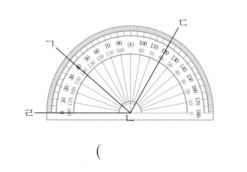

(   )

⚡ 덧셈과 뺄셈의 관계를 이용하여 모르는 각도를 구해 보자!

4 ☐ 안에 알맞은 수를 써넣으세요.

$$80° + \boxed{}° = 205°$$

5 ☐ 안에 알맞은 수를 써넣으세요.

(1) $195° - \boxed{}° = 120°$

(2) $\boxed{}° - 65° = 90°$

(3) $\boxed{}° + 145° = 260°$

(4) $50° + \boxed{}° = 115°$

6 ☐ 안에 알맞은 수를 써넣으세요.

(1) $160° - 85° = \boxed{}° + 30°$

(2) $180° - \boxed{}° = 130° - 55°$

⚡ 각도의 합을 한 묶음으로 생각하여 삼각형의 세 각의 크기의 합에서 빼서 구해 보자!

7 ㉠과 ㉡의 각도의 합을 구해 보세요.

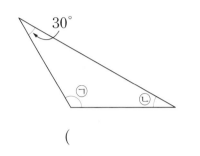

( )

8 ㉠과 ㉡의 각도의 합을 구해 보세요.

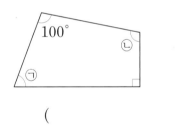

( )

9 ㉠과 ㉡의 각도의 합을 구해 보세요.

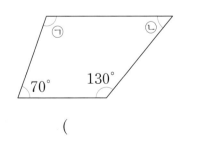

( )

⚡ 삼각형의 세 각의 크기의 합을 이용하여 모르는 각의 크기를 구한 후, 직선에서 각도를 구해 보자!

10 ☐ 안에 알맞은 수를 써넣으세요.

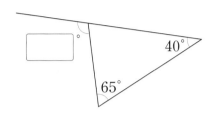

11 ☐ 안에 알맞은 수를 써넣으세요.

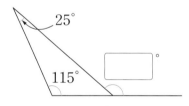

12 ☐ 안에 알맞은 수를 써넣으세요.

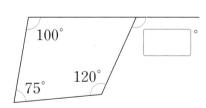

⚡ **시곗바늘이 이루는 각이 직각보다 작은지, 직각보다 큰지 구분해 보자!**

13 시계의 긴바늘과 짧은바늘이 이루는 작은 쪽의 각이 둔각인 것을 모두 고르세요.

( )

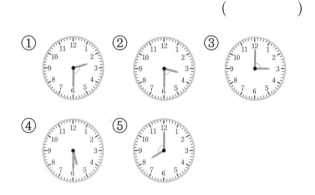

14 시계의 긴바늘과 짧은바늘이 이루는 작은 쪽의 각이 예각인 시각을 모두 찾아 기호를 써 보세요.

> ㉠ 4시 50분   ㉡ 2시
> ㉢ 10시 45분   ㉣ 1시 35분

( )

15 지금 시각은 6시 20분입니다. 2시간 후 시계의 긴바늘과 짧은바늘이 이루는 작은 쪽의 각은 예각, 직각, 둔각 중 어느 것일까요?

( )

⚡ **삼각자에서 직각 부분과 나머지 각의 크기를 생각해 보자!**

16 두 삼각자를 그림과 같이 겹쳤습니다. ☐ 안에 알맞은 수를 써넣으세요.

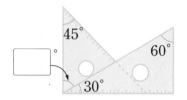

17 두 삼각자를 그림과 같이 이어 붙였습니다. ☐ 안에 알맞은 수를 써넣으세요.

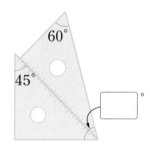

18 두 삼각자를 그림과 같이 겹쳤습니다. ㉠의 각도를 구해 보세요.

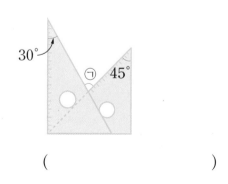

( )

도전1 똑같이 나누어진 각에서 각도 구하기

1 그림에서 가장 작은 각의 크기는 모두 같습니다. 각 ㄱㅇㄹ의 크기를 구해 보세요.

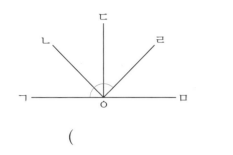

( )

핵심 NOTE
① 가장 작은 각의 크기를 구합니다.
② 구하는 각이 가장 작은 각의 크기의 몇 배인지 알아봅니다.

2 그림에서 가장 작은 각의 크기는 모두 같습니다. 각 ㄷㅇㅁ의 크기를 구해 보세요.

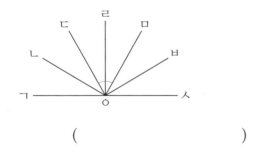

( )

3 그림에서 가장 작은 각의 크기는 모두 같습니다. ㉠의 각도를 구해 보세요.

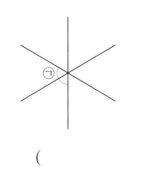

( )

도전2 시계의 두 바늘이 이루는 각도의 합과 차 구하기

4 두 시계의 긴바늘과 짧은바늘이 이루는 작은 쪽의 각도의 합을 구해 보세요.

( )

핵심 NOTE
두 바늘이 이루는 숫자 눈금 한 칸의 각의 크기는 180°를 6등분 한 것과 같습니다.

5 두 시각을 나타내는 시계에서 긴바늘과 짧은 바늘이 이루는 작은 쪽의 각도의 차를 구해 보세요.

10시	3시

( )

6 두 시각을 나타내는 시계에서 긴바늘과 짧은 바늘이 이루는 작은 쪽의 각도의 합과 차를 구해 보세요.

6시	8시

합 ( )
차 ( )

7 도형에서 5개의 각의 크기의 합을 구해 보세요.

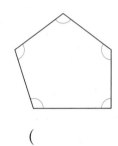

( )

핵심 NOTE
도형을 삼각형, 사각형으로 나누어 각의 크기의 합을 구합니다.

8 도형에서 6개의 각의 크기의 합을 구해 보세요.

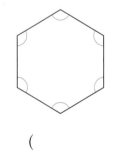

( )

9 도형에서 7개의 각의 크기의 합을 구해 보세요.

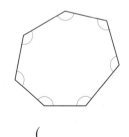

( )

10 그림에서 찾을 수 있는 크고 작은 예각은 모두 몇 개일까요?

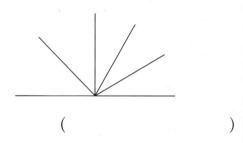

( )

핵심 NOTE
작은 각 1개, 2개, 3개, ...로 만들 수 있는 크고 작은 예각을 찾아봅니다.

11 그림에서 찾을 수 있는 크고 작은 둔각은 모두 몇 개일까요?

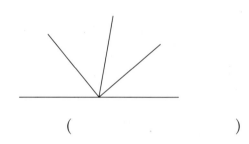

( )

12 가장 작은 각의 크기는 모두 같습니다. 그림에서 찾을 수 있는 크고 작은 예각과 둔각은 각각 몇 개일까요?

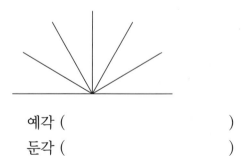

예각 ( )

둔각 ( )

도전5 **삼각형과 사각형의 각도의 합 활용하기**

13 ㉠의 각도를 구해 보세요.

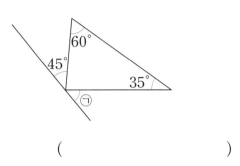

( )

핵심 NOTE

① 삼각형의 세 각의 크기의 합이 180°임을 이용하여 한 각의 크기를 구합니다.

② 한 직선이 이루는 각도가 180°임을 이용합니다.

14 ㉠의 각도를 구해 보세요.

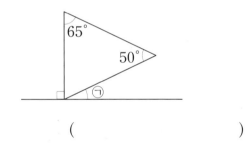

( )

15 ㉠의 각도를 구해 보세요.

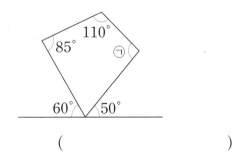

( )

도전6 **조건에 알맞은 각도 구하기**

16 각 ㄱㄴㄷ은 각 ㄱㄷㄴ보다 20°만큼 더 큽니다. ☐ 안에 알맞은 수를 써넣으세요.

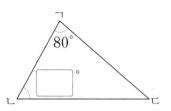

핵심 NOTE

① 한 각의 크기를 ★로 놓고 다른 각을 ★에 대한 식으로 나타냅니다.

② 삼각형의 세 각의 크기의 합 또는 사각형의 네 각의 크기의 합을 이용합니다.

17 각 ㄱㄴㄷ은 각 ㄴㄷㄹ보다 40°만큼 더 작습니다. ☐ 안에 알맞은 수를 써넣으세요.

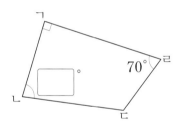

18 ㉠과 ㉡의 각도는 같고 나머지 한 각의 크기는 ㉠의 각도의 2배입니다. ☐ 안에 알맞은 수를 써넣으세요.

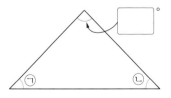

도전7 종이를 접었을 때 생기는 각도 구하기

19 직사각형 모양의 종이를 다음과 같이 접었을 때, ☐ 안에 알맞은 수를 써넣으세요.

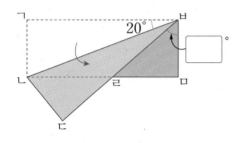

핵심 NOTE
종이를 접었을 때, 접은 부분의 각도가 같음을 이용합니다.

20 직사각형 모양의 종이를 다음과 같이 접었을 때, ㉠의 각도를 구해 보세요.

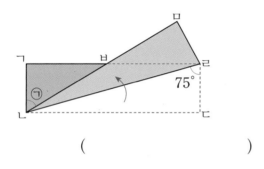

( )

21 직사각형 모양의 종이를 다음과 같이 접었을 때, ㉠의 각도를 구해 보세요.

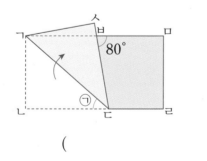

( )

도전8 접었다 펼친 도형에서 각도 구하기

22 똑같이 반으로 겹치게 접은 종이를 펼쳤을 때, ☐ 안에 알맞은 수를 써넣으세요.

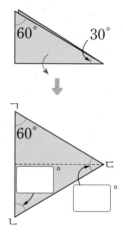

핵심 NOTE
종이를 접었다 펼친 도형에서 겹친 부분의 각도가 같음을 이용합니다.

23 똑같이 반으로 겹치게 접은 종이를 펼쳤을 때, ☐ 안에 알맞은 수를 써넣으세요.

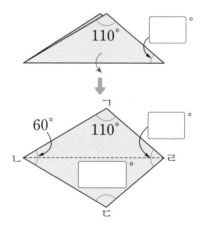

점수

확인

1 가장 큰 각은 어느 것일까요? (   )

2 각도를 읽어 보세요.

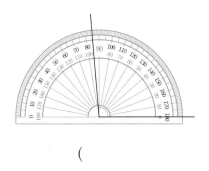

(   )

3 각도기를 사용하여 각도를 재어 보세요.

(   )

4 선분 ㄱㄴ의 끝점과 한 점을 이어서 둔각을 그리려고 합니다. 어느 점과 이을 수 있는지 모두 고르세요. (   )

① ② ③ ④ ⑤

5 예각을 모두 고르세요. (   )

① 75°   ② 105°   ③ 20°
④ 90°   ⑤ 125°

6 각도의 합과 차를 구해 보세요.

(1) $90° + 55° = $ ☐ °

(2) $135° - 40° = $ ☐ °

7 시계의 긴바늘과 짧은바늘이 이루는 작은 쪽의 각이 예각인 것을 찾아 기호를 써 보세요.

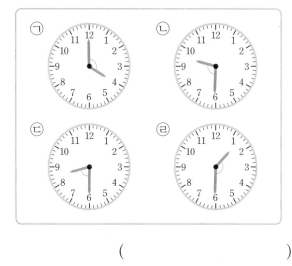

(   )

8 각 ㄱㅇㄴ의 각도를 보고 주어진 각의 크기를 어림해 보세요.

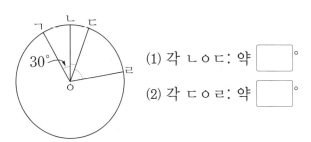

(1) 각 ㄴㅇㄷ: 약 ☐ °

(2) 각 ㄷㅇㄹ: 약 ☐ °

9 필기를 할 때는 책을 읽을 때보다 독서대를 몇 도 더 눕혔는지 구해 보세요.

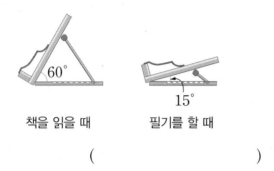

책을 읽을 때   필기를 할 때

( )

10 각도가 큰 것부터 차례로 기호를 써 보세요.

㉠ $45° + 95°$ ㉡ $90° + 80°$
㉢ $270° - 60°$ ㉣ $180° - 15°$

( )

11 각을 보고 성아는 약 $65°$, 민호는 약 $80°$라고 어림했습니다. 각도기를 사용하여 누가 실제 각도에 더 가깝게 어림했는지 이름을 써 보세요.

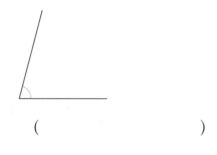

( )

12 삼각형의 세 각의 크기가 될 수 없는 것을 찾아 기호를 써 보세요.

㉠ $95°, 35°, 50°$
㉡ $65°, 70°, 45°$
㉢ $45°, 75°, 50°$

( )

13 ☐ 안에 알맞은 수를 써넣으세요.

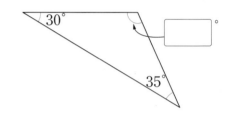

14 ㉠과 ㉡의 각도의 합을 구해 보세요.

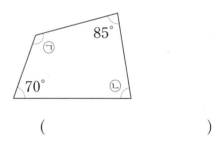

( )

15 그림에서 찾을 수 있는 크고 작은 둔각은 모두 몇 개일까요?

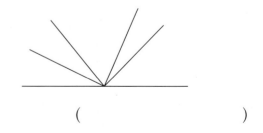

( )

16 도형에서 6개의 각의 크기의 합을 구해 보세요.

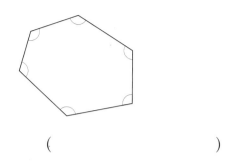

(   )

17 도형에서 ㉠의 각도를 구해 보세요.

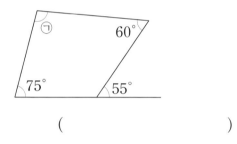

(   )

18 두 삼각자를 다음과 같이 겹쳤습니다. ㉠의 각도를 구해 보세요.

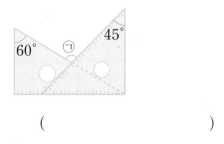

(   )

19 각도기로 각도를 각각 재어 보고 두 각도의 합을 구하려고 합니다. 풀이 과정을 쓰고 답을 구해 보세요.

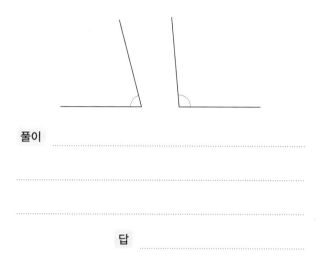

풀이 _____

_____

_____

답 _____

20 삼각형과 사각형을 한 직선 위에 놓은 것입니다. ㉠은 몇 도인지 풀이 과정을 쓰고 답을 구해 보세요.

풀이 _____

_____

_____

_____

답 _____

1 두 각 중 더 큰 각에 ○표 하세요.

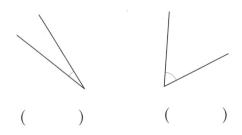

(   )   (   )

2 시계의 긴바늘과 짧은바늘이 이루는 작은 쪽의 각이 더 작은 것의 기호를 써 보세요.

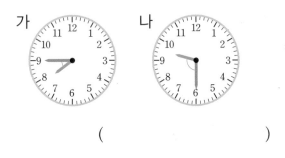

가   나

(   )

3 각도기를 사용하여 각도를 재어 보세요.

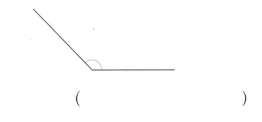

(   )

4 가위의 각도를 어림하고 각도기로 재어 확인해 보세요.

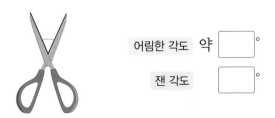

어림한 각도 약 [   ]°

잰 각도 [   ]°

5 주어진 각을 예각, 직각, 둔각으로 분류하여 기호를 써 보세요.

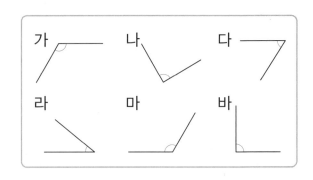

예각	직각	둔각

6 같은 각도끼리 이어 보세요.

55°＋60° ·

160°－35° ·

· 115°

· 125°

· 135°

7 예각을 모두 찾아 ○표 하세요.

35°   90°   105°   17°   89°

8 은하와 민수가 각도를 어림하였습니다. 누가 실제 각도에 더 가깝게 어림했는지 각도기로 재어 확인해 보세요.

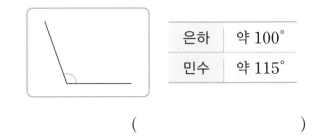

은하	약 100°
민수	약 115°

(   )

9 ☐ 안에 알맞은 수를 써넣으세요.

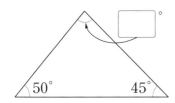

10 그림에서 가장 작은 각의 크기는 모두 같습니다. 각 ㄴㅇㅂ의 크기를 구해 보세요.

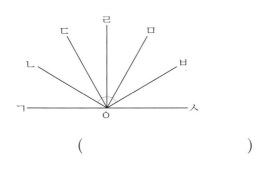

(   )

11 ㉠의 각도를 구해 보세요.

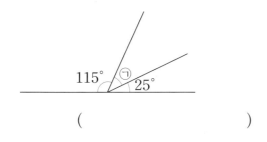

(   )

12 사각형의 세 각의 크기가 다음과 같을 때, 나머지 한 각의 크기는 몇 도인지 구해 보세요.

| 45°   85°   125° |

(   )

13 ㉠과 ㉡의 각도의 합을 구해 보세요.

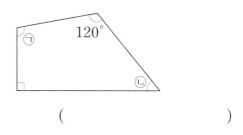

(   )

14 시계의 긴바늘과 짧은바늘이 이루는 작은 쪽의 각이 예각인 시각을 모두 찾아 기호를 써 보세요.

| ㉠ 11시 | ㉡ 6시 50분 |
| ㉢ 3시 25분 | ㉣ 5시 |

(   )

15 도형에서 ㉠의 각도를 구하려고 합니다. 물음에 답하세요.

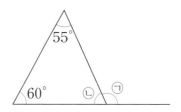

(1) ㉡의 각도를 구해 보세요.

(   )

(2) ㉠의 각도를 구해 보세요.

(   )

16 두 삼각자를 그림과 같이 겹쳤습니다. □ 안에 알맞은 수를 써넣으세요.

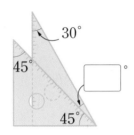

17 똑같이 반으로 겹치게 접은 종이를 펼쳤을 때, □ 안에 알맞은 수를 써넣으세요.

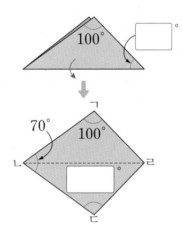

18 도형에서 8개의 각의 크기의 합을 구해 보세요.

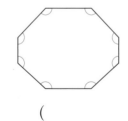

(   )

19 두 삼각자를 겹치지 않게 이어 붙여서 만들 수 있는 각도 중 둘째로 작은 각도는 몇 도인지 풀이 과정을 쓰고 답을 구해 보세요.

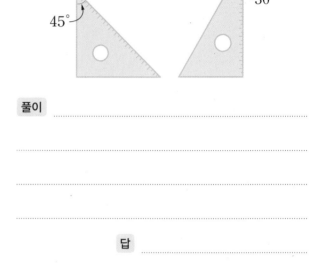

풀이 _____

_____

_____

_____

답 _____

20 도형에서 ㉠의 각도를 구하려고 합니다. 풀이 과정을 쓰고 답을 구해 보세요.

125° 95° ㉠ 100°

풀이 _____

_____

_____

_____

답 _____

3 곱셈과 나눗셈

이번 단원에서 꼭 짚어야 할 **핵심 개념**을 알아보자.

핵심 1 (세 자리 수)×(몇십)

(세 자리 수)×(몇)을 계산한 다음 0을 1개 붙입니다.

$132 \times 2 = 264$ ➡ $132 \times 20 = \boxed{}$

핵심 2 (세 자리 수)×(몇십몇)

$$
\begin{array}{r}
3\ 9\ 5 \\
\times \quad 3\ 4 \\
\hline
1\ 5\ 8\ 0 \quad \leftarrow 395 \times 4 \\
1\ 1\ 8\ 5\ 0 \quad \leftarrow 395 \times 30 \\
\hline
\boxed{}
\end{array}
$$

핵심 3 몇십으로 나누기

$420 \div 60 = \boxed{}$

$42 \div 6 = 7$

$$
\begin{array}{r}
\boxed{} \\
60\,\overline{)\,4\ 2\ 0} \\
4\ 2\ 0 \\
\hline
0
\end{array}
$$

핵심 4 몇십몇으로 나누기(1)

몫을 1만큼 크게 해요. $\boxed{}$

$$
\begin{array}{r}
5 \\
14\,\overline{)\,9\ 1} \\
7\ 0 \\
\hline
2\ 1
\end{array}
\qquad
\begin{array}{r}
\boxed{} \\
14\,\overline{)\,9\ 1} \\
8\ 4 \\
\hline
7
\end{array}
$$

핵심 5 몇십몇으로 나누기(2)

$$
\begin{array}{r}
3 \\
15\,\overline{)\,5\ 1\ 0} \\
4\ 5 \\
\hline
6
\end{array}
\;\rightarrow\;
\begin{array}{r}
3\,\boxed{} \\
15\,\overline{)\,5\ 1\ 0} \\
4\ 5 \\
\hline
6\ 0 \\
\boxed{} \\
\boxed{}
\end{array}
$$

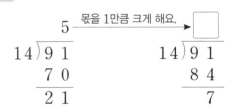

1. (세 자리 수) × (몇십)

● (세 자리 수) × (몇십)

(세 자리 수) × (몇)을 계산한 다음 0을 1개 붙입니다.

$$123 \times 30 = 123 \times 3 \times 10$$
$$= 369 \times 10$$
$$= 3690$$

$$123 \times 3 = 369$$

10배 ↓   10배 ↓

$$123 \times 30 = 3690$$

```
    1 2 3              1 2 3
 ×     3       →    ×   3 0
 ─────────         ─────────
    3 6 9           3 6 9 0
```

● (몇백) × (몇십)

(몇) × (몇)을 계산한 다음 두 수의 0의 개수만큼 0을 붙입니다.

0이 3개

$$200 \times 30 = 6000$$

$2 \times 3 = 6$

```
    2 0 0
 ×     3 0
 ─────────
  6 0 0 0
```

개념 자세히 보기

• (몇) × (몇)에서도 0이 생길 수 있으므로 0의 개수에 주의해요!

0이 3개
$$200 \times 50 = 1000$$ ✕
$2 \times 5 = 10$

0이 3개
$$200 \times 50 = 10000$$ ○
$2 \times 5 = 10$

개념 다르게 보기

• 어림하여 계산할 수 있어요!

$$197 \times 30$$

197을 어림하면 200쯤이므로 197×30을 어림하여 구하면 약 $200 \times 30 = 6000$입니다.

1 317×30에서 317을 몇백몇십쯤으로 어림하여 계산한 것입니다. ☐ 안
에 알맞은 수를 써넣으세요.

> 317을 어림하면 ☐ 쯤이므로 317×30을 어림하여 구하면
>
> 약 ☐ × ☐ = ☐ 입니다.

2 ☐ 안에 알맞은 수를 써넣으세요.

①
```
    2 1 4
  ×   2 0
  ☐ ☐ ☐ 0
```

②
```
    1 1 2
  ×   4 0
  ☐ ☐ ☐ 0
```

③
```
    4 2 4
  ×   2 0
  ☐ ☐ ☐ 0
```

④
```
    2 3 2
  ×   6 0
  ☐ ☐ ☐ ☐ 0
```

🔗 배운 것 연결하기   3학년 2학기

(세 자리 수)×(한 자리 수)

예
```
      4 6 3
    ×     4
        1 2  ← 3×4
      2 4 0  ← 60×4
    1 6 0 0  ← 400×4
    1 8 5 2
```

3

3 ☐ 안에 알맞은 수를 써넣으세요.

① 430× 2 = ☐

  10배 ↓   ↓ 10배

430×20 = ☐

② 147× 5 = ☐

  10배 ↓   ↓ 10배

147×50 = ☐

(세 자리 수)×(몇)을 계산한
다음 0을 1개 붙여요.

4 ☐ 안에 알맞은 수를 써넣으세요.

① 700×20 = ☐000

  7×2 = ☐

② 500×90 = ☐000

  5×9 = ☐

(몇백)×(몇십)은 (몇)×(몇)
을 계산한 값에 0을 3개 붙
인 것과 같아요.

2. (세 자리 수) × (몇십몇)

● **(세 자리 수)×(몇십몇)**

· 163×24의 계산 알아보기

두 자리 수를 몇십과 몇으로 나누어 계산한 후 두 곱을 더합니다.

$$24 \begin{cases} 20 \\ 4 \end{cases} \rightarrow 163 \times 24 \begin{cases} 163 \times 20 = 3260 \\ 163 \times 4 = 652 \\ \hline 163 \times 24 = 3912 \end{cases}$$

· 163×24의 계산 방법

$$\begin{array}{r} 1\ 6\ 3 \\ \times 2\ 4 \\ \hline 6\ 5\ 2 \end{array} \rightarrow \begin{array}{r} 1\ 6\ 3 \\ \times 2\ 4 \\ \hline 6\ 5\ 2 \\ 3\ 2\ 6\ 0 \end{array} \rightarrow \begin{array}{r} 1\ 6\ 3 \\ \times 2\ 4 \\ \hline 6\ 5\ 2 \quad \leftarrow 163 \times 4 \\ 3\ 2\ 6\ 0 \quad \leftarrow 163 \times 20 \\ \hline 3\ 9\ 1\ 2 \end{array}$$

① 163×4를 계산한 값을 씁니다.

② 163×20을 계산한 값을 씁니다.

③ 두 곱셈의 계산 결과를 더합니다.

개념 자세히 보기

● **세로 계산에서 십의 자리를 곱할 때 일의 자리 0을 생략할 수 있어요!**

$$\begin{array}{r} 2\ 6\ 4 \\ \times 2\ 3 \\ \hline 7\ 9\ 2 \\ 5\ 2\ 8\ 0 \\ \hline 6\ 0\ 7\ 2 \end{array} \Rightarrow \begin{array}{r} 2\ 6\ 4 \\ \times 2\ 3 \\ \hline 7\ 9\ 2 \\ 5\ 2\ 8 \\ \hline 6\ 0\ 7\ 2 \end{array}$$

세로 계산에서 계산의 편리함을 위해 5280의 0을 생략하여 528로 천의 자리부터 씁니다.

개념 다르게 보기

● **어림하여 계산할 수 있어요!**

$$205 \times 21$$

205를 어림하면 200쯤이고, 21을 어림하면 20쯤이므로 205×21을 어림하여 구하면 약 200×20=4000입니다.

→ 정답과 풀이 21쪽

1 395×29를 몇백쯤과 몇십쯤으로 어림하여 계산한 것입니다. ☐ 안에 알맞은 수를 써넣으세요.

395를 어림하면 ☐ 쯤이고, 29를 어림하면 ☐ 쯤이므로

395×29를 어림하여 구하면 약 ☐ × ☐ = ☐ 입니다.

2 621×35를 계산하려고 합니다. ☐ 안에 알맞은 수를 써넣으세요.

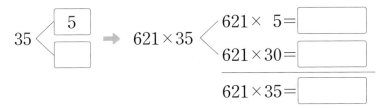

$621 \times 5 = $ ☐

$621 \times 30 = $ ☐

$621 \times 35 = $ ☐

(세 자리 수)×(몇)과
(세 자리 수)×(몇십)으로
나누어 계산해요.

3 ☐ 안에 알맞은 수를 써넣으세요.

3

4 ☐ 안에 알맞은 수를 써넣으세요.

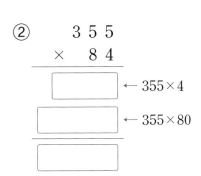

세로로 계산할 때 계산 결과는
일의 자리부터 높은 자리
순서로 써요.

3. 몇십으로 나누기

● 나머지가 없는 (세 자리 수)÷(몇십)

· 120÷40의 계산

$$120 \div 40 = 3$$

$12 \div 4 = 3$

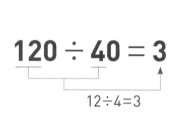

$$40 \overline{)120}$$
$$\underline{-120}$$
$$0$$

← 몫

확인 $40 \times 3 = 120$

나누는 수   몫   나누어지는 수

● 나머지가 있는 (세 자리 수)÷(몇십)

· 184÷30의 계산

184에 30이 몇 번 들어갈까요?

곱에서 184보다
크지 않으면서
184에 가장 가까운
수를 찾습니다.

$$30 \times 5 = 150$$
$$30 \times 6 = 180$$
$$30 \times 7 = 210$$

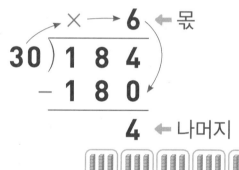

$$30 \overline{)184}$$
$$\underline{-180}$$
$$4$$

← 몫

4 ← 나머지

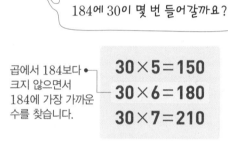

30씩 6묶음과 4를 더하면 184입니다.

$$184 \div 30 = 6 \cdots 4$$

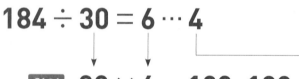

확인 $30 \times 6 = 180, 180 + 4 = 184$

개념 자세히 보기

● **나누어지는 수와 나누는 수가 각각 10배가 되면 계산 결과는 같아요!**

$$12 \div 4 = 3$$
10배 ↓   ↓10배   같습니다.
$$120 \div 40 = 3$$

● **120÷40을 계산하는 방법을 알아보아요!**

120에서 40을 3번 덜어 낼 수 있습니다.

$$120 - 40 - 40 - 40 = 0 \Rightarrow 120 \div 40 = 3$$

3번

개념 다르게 보기

● **184÷30의 몫을 어림할 수 있어요!**

184를 어림하면 180쯤이므로 184÷30의 몫을 어림하여 구하면 약 180÷30=6입니다.

◐ 정답과 풀이 21쪽

1 수 모형을 보고 □ 안에 알맞은 수를 써넣으세요.

①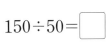

$$150 \div 50 = \boxed{}$$

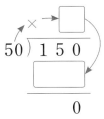

②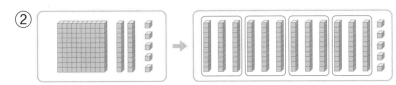

$$125 \div 30 = \boxed{} \cdots \boxed{}$$

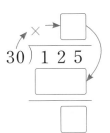

2 빈칸에 알맞은 수를 써넣고 140÷20의 몫을 구해 보세요.

×20	1	2	3	4	5	6	7
	20	40					

$$140 \div 20 = \boxed{}$$

3 □ 안에 알맞은 수를 써넣으세요.

①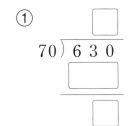

확인 $70 \times \boxed{} = \boxed{}$

②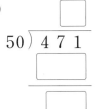

확인 $50 \times \boxed{} = \boxed{}$,

$\boxed{} + \boxed{} = 471$

배운 것 연결하기 **3학년 2학기**

① (몇십)÷(몇)

$$8 \div 2 = 4$$
↓10배   ↓10배
$$80 \div 2 = 40$$

② 몫과 나머지

$$21 \div 4 = 5 \cdots 1$$
↑   ↑
몫   나머지

나머지가 없을 때 나누는 수와 몫을 곱하면 나누어지는 수가 돼요.

나머지는 나누는 수보다 항상 작아야 해요.

4. 몇십몇으로 나누기(1)

● 몫이 한 자리 수인 (두 자리 수)÷(몇십몇)

· $52 \div 13$의 계산

> 52에 13이 몇 번 들어갈까요?

$$13 \times 2 = 26$$
$$13 \times 3 = 39$$
곱에서 52가 되는 ●— $13 \times 4 = 52$
수를 찾습니다.

$$52 \div 13 = 4$$

$$\begin{array}{r} \times \rightarrow 4 \\ 13 \overline{)\, 5\ 2} \\ -\ 5\ 2 \\ \hline 0 \end{array}$$

확인 $13 \times 4 = 52$

● 몫이 한 자리 수인 (세 자리 수)÷(몇십몇)

· $183 \div 26$의 계산

> 183에 26이 몇 번 들어갈까요?

곱에서 183보다 ●— $26 \times 6 = 156$
크지 않으면서 — $26 \times 7 = 182$
183에 가장 가까운 $26 \times 8 = 208$
수를 찾습니다.

$$\begin{array}{r} \times \rightarrow 7 \\ 26 \overline{)\, 1\ 8\ 3} \\ -\ 1\ 8\ 2 \\ \hline 1 \end{array}$$

$$183 \div 26 = 7 \cdots 1$$ 확인 $26 \times 7 = 182,\ 182 + 1 = 183$

개념 자세히 보기

● 어림한 몫을 수정할 수 있어요!

빼서 나머지를 구할 수 없는 경우 몫을 작게 합니다.

$$13 \times 5 = 65$$
$$13 \times 4 = 52$$

몫을 1만큼 작게 합니다.

$$\begin{array}{r} 5 \\ 13 \overline{)\, 5\ 2} \\ 6\ 5 \end{array}$$
뺄 수 없습니다.

$\rightarrow$

$$\begin{array}{r} 4 \\ 13 \overline{)\, 5\ 2} \\ 5\ 2 \\ \hline 0 \end{array}$$

나머지가 나누는 수보다 큰 경우 몫을 크게 합니다.

$$26 \times 6 = 156$$
$$26 \times 7 = 182$$

몫을 1만큼 크게 합니다.

$$\begin{array}{r} 6 \\ 26 \overline{)\, 1\ 8\ 3} \\ 1\ 5\ 6 \\ \hline 2\ 7 \end{array}$$
나머지가 나누는 수보다 큽니다.

$\rightarrow$

$$\begin{array}{r} 7 \\ 26 \overline{)\, 1\ 8\ 3} \\ 1\ 8\ 2 \\ \hline 1 \end{array}$$

○ 정답과 풀이 21쪽

1 곱셈식을 보고 나눗셈의 몫을 구하는 데 필요한 식에 ○표 하세요.

①
$$21 \times 2 = 42$$
$$21 \times 3 = 63$$
$$21 \times 4 = 84$$

$21\overline{)77}$

②
$$16 \times 4 = 64$$
$$16 \times 5 = 80$$
$$16 \times 6 = 96$$

$16\overline{)94}$

곱에서 나누어지는 수보다 크지 않으면서 나누어지는 수에 가장 가까운 수를 찾아요.

2 $141 \div 23$을 계산하는 방법을 알아보세요.

몫 어림하기	어림한 몫이 적절한지 생각하기	몫을 정해서 계산하기
141을 어림하면 140쯤이고, 23을 어림하면 20쯤 이므로 $141 \div 23$을 어림하여 구하면 몫은 약 $140 \div 20 = \square$ 입니다.	$23\overline{)141}$ 몫을 1만큼 (크게 , 작게) 합니다.	$23\overline{)141}$ 몫 ( ) 나머지 ( )

3 어림한 나눗셈의 몫으로 가장 적절한 것에 ○표 하세요.

① $121 \div 28$ —— 4   6   40   60

② $316 \div 61$ —— 4   5   40   50

121을 120쯤으로, 28을 30쯤으로 어림하여 계산하면 몫을 어림할 수 있어요.

4 □ 안에 알맞은 수를 써넣으세요.

① $19\overline{)64}$

확인 $19 \times \square = \square$,

$\square + \square = 64$

② $72\overline{)524}$

확인 $72 \times \square = \square$,

$504 + \square = 524$

5. 몇십몇으로 나누기(2)

● **몫이 두 자리 수인 (세 자리 수)÷(몇십몇)**

· 682÷31의 계산

곱에서 68보다
크지 않으면서
68에 가장 가
까운 수를 찾습
니다.

$31 \times 1 = 31$
$31 \times 2 = 62$
$31 \times 3 = 93$

$$\begin{array}{r} \times 2 \\ 31\overline{)682} \\ -620 \\ \hline 62 \end{array}$$

$$\begin{array}{r} \times \\ 22 \\ 31\overline{)682} \\ 620 \\ \hline 62 \\ -620 \\ \hline 0 \end{array}$$

$$682 \div 31 = 22 \qquad \boxed{확인} \ 31 \times 22 = 682$$

● **나머지가 있는 (세 자리 수)÷(몇십몇)**

· 785÷23의 계산

곱에서 78보다
크지 않으면서
78에 가장 가
까운 수를 찾습
니다.

$23 \times 2 = 46$
$23 \times 3 = 69$
$23 \times 4 = 92$

$$\begin{array}{r} \times 3 \\ 23\overline{)785} \\ -690 \\ \hline 95 \end{array}$$

$$\begin{array}{r} \times \\ 34 \\ 23\overline{)785} \\ 690 \\ \hline 95 \\ -92 \\ \hline 3 \end{array}$$

$$785 \div 23 = 34 \cdots 3 \quad \boxed{확인} \ 23 \times 34 = 782, \ 782 + 3 = 785$$

개념 다르게 보기

· **682÷31의 몫을 어림할 수 있어요!**

×31	10	20	30
	310	620	930

682÷31에서 나누어지는 수 682는 620보다 크고 930보다 작으므로 몫은 20보다 크고 30보다 작습니다.

● 정답과 풀이 22쪽

1 빈칸에 알맞은 수를 써넣고 673÷18의 몫을 어림해 보세요.

×18	10	20	30	40	50
	180				

673÷18의 몫은 [ ]보다 크고 [ ]보다 작습니다.

2 몫이 두 자리 수인 나눗셈에 ○표 하세요.

513÷52	298÷36	259÷24
( )	( )	( )

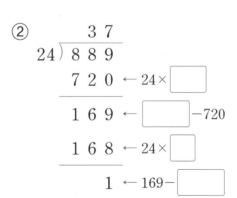

43)258
➡ 25<43 (몫이 한 자리 수)
23)316
➡ 31>23 (몫이 두 자리 수)

3 ☐ 안에 알맞은 수를 써넣으세요.

①
```
        2 3
   15) 3 4 5
        3 0 0  ← 15×20
        ───
          4 5  ← 345-[  ]
          4 5  ← 15×[ ]
        ───
            0  ← 45-[ ]
```

②
```
         3 7
   24) 8 8 9
        7 2 0  ← 24×[ ]
        ───
        1 6 9  ← [   ]-720
        1 6 8  ← 24×[ ]
        ───
            1  ← 169-[   ]
```

4 ☐ 안에 알맞은 수를 써넣으세요.

①
```
        [   ]
   17) 5 4 4
```
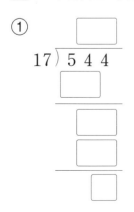

②
```
        [   ]
   29) 6 4 0
```
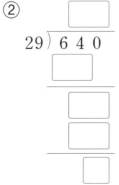

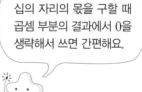
십의 자리의 몫을 구할 때 곱셈 부분의 결과에서 0을 생략해서 쓰면 간편해요.

확인 17×[ ]=544

확인 29×[ ]=[   ],

[   ]+[ ]=[   ]

1 (세 자리 수)×(몇십)

1 □ 안에 알맞은 수를 써넣으세요.

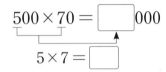

$$500 \times 70 = \boxed{}000$$
$$5 \times 7 = \boxed{}$$

2 $643 \times 4 = 2572$를 이용하여 643×40을 계산할 때 숫자 7은 어느 자리에 써야 하는지 기호를 써 보세요.

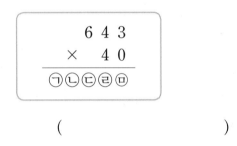

$$\begin{array}{r} 6\ 4\ 3 \\ \times \quad 4\ 0 \\ \hline ㉠㉡㉢㉣㉤ \end{array}$$

( )

일의 자리, 십의 자리, 백의 자리 순서로 계산해.

준비 계산해 보세요.

(1) $\begin{array}{r} 3\ 6\ 2 \\ \times \quad\ 6 \\ \hline \end{array}$　　(2) $\begin{array}{r} 7\ 5\ 8 \\ \times \quad\ 4 \\ \hline \end{array}$

3 계산해 보세요.

(1) $\begin{array}{r} 3\ 6\ 2 \\ \times \quad 6\ 0 \\ \hline \end{array}$　　(2) $\begin{array}{r} 7\ 5\ 8 \\ \times \quad 4\ 0 \\ \hline \end{array}$

4 398×20을 어림하여 구한 값으로 가장 적절한 것에 ○표 하고, 계산해 보세요.

| 6000 | 8000 | 9000 |

( )

5 계산 결과를 찾아 이어 보세요.

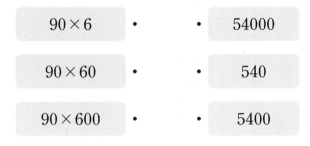

90×6	・	・	54000
90×60	・	・	540
90×600	・	・	5400

6 □ 안에 알맞은 수를 써넣으세요.

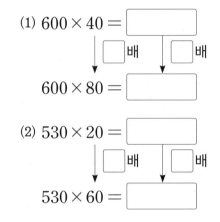

(1) $600 \times 40 = \boxed{}$

$\boxed{}$ 배　$\boxed{}$ 배

$600 \times 80 = \boxed{}$

(2) $530 \times 20 = \boxed{}$

$\boxed{}$ 배　$\boxed{}$ 배

$530 \times 60 = \boxed{}$

7 곱이 다른 하나를 찾아 기호를 써 보세요.

| ㉠ 800×50 ㉡ 400×100 ㉢ 20×1000 |

( )

8 ●는 100, ★은 10, ■는 1을 나타냅니다. ㉠, ㉡이 나타내는 두 수의 곱을 구해 보세요.

㉠ ●●●★★■■■■　㉡ ★★★

( )

2 (세 자리 수)×(몇십몇)

9 ☐ 안에 알맞은 수를 써넣으세요.

```
    3 7 2        3 7 2         3 7 2
  ×   3 2      ×     2       ×   3 0
  ┌─────┐      ┌─────┐      ┌───────┐
  │     │◀──   │     │      │       │ 0
  └─────┘      └─────┘      └───────┘
┌─────┐
│     │ 0 ◀──
└─────┘
┌─────┐
│     │
└─────┘
```

10 418×52를 계산하려고 합니다. ☐ 안에 알맞은 수를 써넣으세요.

(1) 400×52 = ☐

    18×52 = ☐
    ─────────────
    418×52 = ☐

(2) 418× 2 = ☐

    418×50 = ☐
    ─────────────
    418×52 = ☐

11 계산해 보세요.

(1)   4 1 9   (2)   4 2 0
    ×   7 2   ×   7 2

12 ☐ 안에 알맞은 수를 써넣으세요.

(1) 316×24 = 316×23 + ☐

(2) 725×51 = 725×50 + ☐

13 잘못 계산한 곳을 찾아 바르게 계산해 보세요.

```
    5 7 2
  ×   5 6
  ─────────      ┌─────────────┐
  3 4 3 2    →   │             │
  2 8 6 0        │             │
  ─────────      │             │
  6 2 9 2        └─────────────┘
```

14 ☐ 안에 알맞은 수를 써넣으세요.

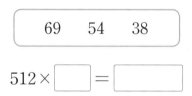

$$203 \times \boxed{16} = 203 \times 2 \times \boxed{}$$
$$= \boxed{} \times \boxed{}$$
$$= \boxed{}$$

😊 내가 만드는 문제

15 세 수 중 한 수를 골라 ☐ 안에 써넣고 계산해 보세요.

| 69 | 54 | 38 |

$$512 \times \boxed{} = \boxed{}$$

16 서하와 정우가 29봉지에 들어 있는 사탕의 수를 어림하여 구하려고 합니다. ☐ 안에 알맞은 수를 써넣으세요.

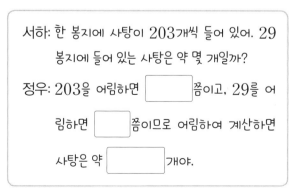

서하: 한 봉지에 사탕이 203개씩 들어 있어. 29봉지에 들어 있는 사탕은 약 몇 개일까?

정우: 203을 어림하면 ☐ 쯤이고, 29를 어림하면 ☐ 쯤이므로 어림하여 계산하면 사탕은 약 ☐ 개야.

17 계산을 한 후 선을 따라 도착한 곳에 계산 결과를 써넣으세요.

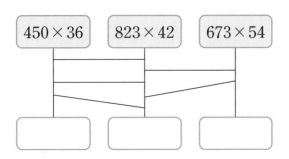

| 450 × 36 | 823 × 42 | 673 × 54 |

두 수의 크기 비교는 높은 자리 수부터 비교해.

준비 계산 결과를 비교하여 ◯ 안에 >, =, < 중 알맞은 것을 써넣으세요.

$$123 \times 8 \bigcirc 475 \times 2$$

18 계산 결과를 비교하여 ◯ 안에 >, =, < 중 알맞은 것을 써넣으세요.

$$123 \times 38 \bigcirc 475 \times 12$$

19 저울에 설탕을 한 봉지 올려놓았더니 무게가 그림과 같았습니다. 똑같은 설탕 35봉지의 무게는 모두 몇 g인지 구해 보세요.

식 ....

답 ....

20 주어진 낱말을 이용하여 320 × 25에 알맞은 문제를 만들고 답을 구해 보세요.

| 구슬 | 상자 |

문제 ....

....

답 ....

서술형
21 몸무게가 80 kg인 사람이 1시간 동안 자전거를 타면 672 킬로칼로리의 열량이 소모된다고 합니다. 같은 사람이 하루에 1시간씩 32일 동안 자전거를 탔다면 소모된 열량은 모두 몇 킬로칼로리인지 풀이 과정을 쓰고 답을 구해 보세요.

풀이 ....

....

답 ....

22 그림과 같이 빨간색 부분과 파란색 부분으로 이루어진 막대가 있습니다. 이 막대 23개를 겹치지 않게 한 줄로 길게 이어 붙였을 때, 전체 길이는 몇 cm인지 구해 보세요.

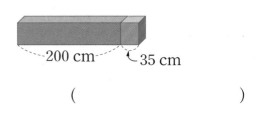

200 cm, 35 cm

(   )

3 (세 자리 수)÷(몇십)

23 ☐ 안에 알맞은 수를 써넣으세요.

(1) $24 \div 6 = \boxed{}$

$240 \div 60 = \boxed{}$

(2) $63 \div 9 = \boxed{}$

$630 \div 90 = \boxed{}$

24 $604 \div 30$을 어림하여 구한 몫으로 가장 적절한 것에 ○표 하세요.

| 2 | 3 | 20 | 30 |

25 계산해 보세요.

(1) $280 \div 70$ (2) $720 \div 90$

(3) $20 \overline{)144}$ (4) $20 \overline{)188}$

26 계산을 하고 나눗셈을 바르게 했는지 확인해 보세요.

$60 \overline{)438}$

확인

27 어떤 수를 30으로 나누었을 때 나머지가 될 수 없는 수에 ×표 하세요.

| 1 | 8 | 31 | 15 |

28 몫의 크기를 비교하여 ○ 안에 >, =, < 중 알맞은 것을 써넣으세요.

(1) $480 \div 60$ ◯ $480 \div 80$

(2) $365 \div 50$ ◯ $365 \div 40$

29 두 자동차로 오늘 각각 달린 시간입니다. 달린 시간은 각각 몇 시간 몇 분인지 구해 보세요.

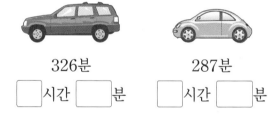

326분   287분

☐시간 ☐분   ☐시간 ☐분

 내가 만드는 문제

30 원하는 모양 2개를 골라 (세 자리 수)÷(몇십)의 나눗셈식을 만들고 몫과 나머지를 구해 보세요.

| ●=254 | ★=40 | ◆=80 |
| ■=157 | ▲=30 | ♥=567 |

식

몫 (   ), 나머지 (   )

4 몫이 한 자리 수인 나눗셈

31 나눗셈의 몫을 구하는 데 필요한 곱셈식에 ○표 하고 □ 안에 알맞은 수를 써넣으세요.

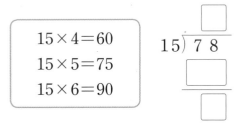

$15 \times 4 = 60$
$15 \times 5 = 75$
$15 \times 6 = 90$

$15\overline{)78}$

32 계산해 보세요.

(1)
$25\overline{)89}$

(2)
$37\overline{)274}$

33 빈칸에 알맞은 수를 써넣으세요.

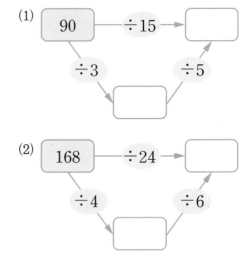

(1)
90 → ÷15 → ☐
↓÷3   ↑÷5
   → ☐ →

(2)
168 → ÷24 → ☐
↓÷4   ↑÷6
   → ☐ →

34 □ 안에 알맞은 수를 써넣으세요.

$48 \div 16 = \boxed{}$

$49 \div 16 = \boxed{} \cdots \boxed{}$

$50 \div 16 = \boxed{} \cdots \boxed{}$

준비 나머지가 더 큰 것을 찾아 기호를 써 보세요.

⊙ $37 \div 5$ ⓒ $52 \div 7$

(   )

35 나머지가 더 큰 것을 찾아 기호를 써 보세요.

⊙ $92 \div 27$ ⓒ $78 \div 22$

(   )

36 잘못 계산한 곳을 찾아 바르게 계산해 보세요.

$23\overline{)172}$
70
161
11
→

서술형
37 음료수 220개를 한 상자에 24개씩 담으려고 합니다. 음료수를 상자에 담고 남은 음료수는 몇 개인지 풀이 과정을 쓰고 답을 구해 보세요.

풀이

답

38 ☐ 안에 알맞은 수를 써넣으세요.

$328 \div 52 = $ ☐ $\cdots$ ☐

$328 \div 53 = $ ☐ $\cdots$ ☐

$328 \div 54 = $ ☐ $\cdots$ ☐

39 ☐ 안에 알맞은 수를 써넣으세요.

$160 \div 32 = $ ☐

$64 \div 32 = $ ☐

$224 \div 32 = $ ☐

40 $656 \div 78$의 나눗셈식을 바르게 설명한 사람을 찾아 이름을 써 보세요.

지수: 몫은 10보다 작아.

준희: 나머지는 78보다 커.

윤아: 나머지가 없는 나눗셈이야.

(   )

41 두 개의 실을 각각 36 cm씩 자르려고 합니다. 각각 몇 도막으로 자를 수 있는지 구해 보세요.

————————— 288 cm

————————— 216 cm

초록색 실 (   )

보라색 실 (   )

42 저울이 수평을 이루려면 한 개의 무게가 25 g 인 구슬을 몇 개 올려놓아야 하는지 구해 보세요.

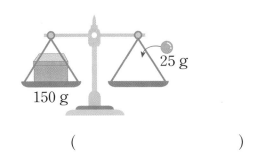

(   )

43 주어진 낱말과 수를 이용하여 (세 자리 수) ÷(두 자리 수)의 문제를 만들고 답을 구해 보세요.

| 초콜릿 | 63 | 252 | 학생 |

문제 _____

_____

식 _____

답 _____

3

44 빈칸에 알맞은 수를 써넣으세요.

$\times 21$

☐   147

$\div$

😊 내가 만드는 문제

45 (세 자리 수)÷(두 자리 수)의 몫이 3이 되도록 ☐ 안에 자유롭게 수를 써넣으세요.

(1) 1☐5÷5☐   (2) 1☐0÷4☐

5 나머지가 없고, 몫이 두 자리 수인 나눗셈

46 몫이 한 자리 수인 나눗셈에 ○표, 몫이 두 자리 수인 나눗셈에 △표 하세요.

$228 \div 19$	$512 \div 64$	$169 \div 13$
$252 \div 36$	$225 \div 25$	$630 \div 42$

47 계산을 하고 나눗셈을 바르게 했는지 확인해 보세요.

(1)
$$24 \overline{)672}$$

확인 ....

(2)
$$31 \overline{)837}$$

확인 ....

48 민영이는 $714 \div 14$를 오른쪽과 같이 계산하였습니다. 다시 계산하지 않고 바르게 몫을 구하는 방법을 써 보세요.

$$\begin{array}{r} 4\ 8 \\ 14\overline{)7\ 1\ 4} \\ 5\ 6 \\ \hline 1\ 5\ 4 \\ 1\ 1\ 2 \\ \hline 4\ 2 \end{array}$$

나머지 42가 14보다 크므로 더 나눌 수 있습니다.

$42 \div 14 = \boxed{}$ 이기 때문에

$714 \div 14$의 몫은 $48 + \boxed{} = \boxed{}$ 입니다.

49 ☐ 안에 알맞은 수를 써넣으세요.

(1) $612 \div 34 = \boxed{}$

$612 \div \boxed{} = 34$

(2) $742 \div 53 = \boxed{}$

$742 \div \boxed{} = 53$

50 ☐ 안에 알맞은 수를 써넣으세요.

$640 \div 32 = \boxed{}$

$\downarrow \div 2 \quad \downarrow \div 2$

$320 \div 16 = \boxed{}$

$\downarrow \div 2 \quad \downarrow \div 2$

$160 \div 8 = \boxed{}$

51 한 장의 가격이 더 비싼 색종이를 찾아 기호를 써 보세요.

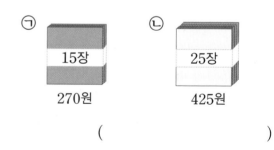

⊙ 15장 270원   ⓒ 25장 425원

( )

서술형
52 38과 어떤 수의 곱은 722입니다. 어떤 수는 얼마인지 풀이 과정을 쓰고 답을 구해 보세요.

풀이 ....

....

....

답 ....

6 **나머지가 있고, 몫이 두 자리 수인 나눗셈**

53 계산을 하고 나눗셈을 바르게 했는지 확인해 보세요.

$$47\overline{)889}$$

확인 _____

54 864에서 56을 최대한 몇 번 뺄 수 있을까요?

(   )

55 잘못 계산한 곳을 찾아 바르게 계산해 보세요.

$$
\begin{array}{r}
2\ 3 \\
24\overline{)5\ 9\ 3} \\
4\ 8 \\
\hline
1\ 1\ 3 \\
7\ 2 \\
\hline
4\ 1
\end{array}
$$
⇒

56 떡 336개를 남는 떡이 없도록 똑같은 수만큼씩 묶어서 팔려고 합니다. 다음 중 몇 개짜리 떡을 몇 묶음 팔 수 있을까요?

10개짜리   12개짜리   15개짜리

☐개짜리 떡을 ☐묶음 팔 수 있습니다.

😊 내가 만드는 문제
57 두 주머니에서 원하는 수 카드를 각각 한 장씩 골라 (세 자리 수)÷(두 자리 수)를 만들고 몫과 나머지를 구해 보세요.

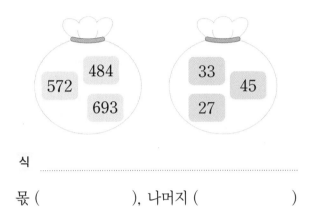

식 _____

몫 (   ), 나머지 (   )

58 제과점에서 만든 쿠키 595개를 한 봉지에 30개씩 담아 포장하기 위해 봉지 22개를 준비했습니다. 준비한 봉지는 쿠키를 모두 담는 데 충분한지 어림하여 알아보세요.

어림하기 ☐ ÷30 = ☐

➡ 봉지가 (충분합니다 , 충분하지 않습니다).

서술형
59 ☐ 안에 알맞은 수는 얼마인지 풀이 과정을 쓰고 답을 구해 보세요.

☐÷42=23···17

풀이 _____

_____

답 _____

⚡ 0이 많으면 한 자리 수끼리의 곱을 생각한 다음 모르는 수의 0의 개수를 구해 보자!

1 □ 안에 알맞은 수를 써넣으세요.

$$900 \times \boxed{} = 63000$$

2 □ 안에 알맞은 수를 써넣으세요.

$$\boxed{} \times 80 = 32000$$

3 □ 안에 알맞은 수를 써넣으세요.

$$40 \times \boxed{} = 20000$$

⚡ 나머지는 항상 나누는 수보다 작아야 함을 주의하자!

4 주어진 나눗셈식에서 나머지가 될 수 없는 수를 모두 고르세요. (   )

$$\boxed{} \div 40$$

① 1   ② 5   ③ 17
④ 40   ⑤ 43

5 어떤 수를 15로 나누었을 때, 나머지가 될 수 있는 수 중에서 두 자리 수를 모두 써 보세요.

(   )

6 어떤 수를 52로 나누었을 때, 나머지가 될 수 있는 수 중에서 가장 큰 두 자리 수를 써 보세요.

$$52\overline{)}$$

(   )

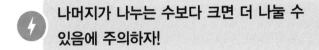

⚡ 나머지가 나누는 수보다 크면 더 나눌 수 있음에 주의하자!

7 잘못 계산한 곳을 찾아 바르게 계산해 보세요.

```
        5
14 ) 8 6
      7 0
      1 6
```

→ ⬜

8 잘못 계산한 곳을 찾아 바르게 계산해 보세요.

```
        8 0
30 ) 2 4 6
      2 4 0
          6
```

→ ⬜

9 잘못 계산한 곳을 찾아 까닭을 쓰고 바르게 계산해 보세요.

```
        1 2
27 ) 3 5 8
      2 7
        8 8
        5 4
        3 4
```

→ ⬜

까닭 _____

⚡ 물건을 담을 때, 딱 맞게 담고 남은 것도 담아야 함을 주의하자!

10 상자 한 개에 도넛을 30개 담을 수 있습니다. 도넛 254개를 상자에 모두 담으려면 필요한 상자는 적어도 몇 개인지 구해 보세요.

(   )

11 주머니 한 개에 구슬을 25개 담을 수 있습니다. 구슬 538개를 주머니에 모두 담으려면 필요한 주머니는 적어도 몇 개인지 구해 보세요.

(   )

3

12 버스 한 대에 탈 수 있는 학생은 28명입니다. 민주네 학교 4학년 남학생 156명과 여학생 168명이 버스를 타고 체험 학습을 가려고 할 때 필요한 버스는 적어도 몇 대인지 구해 보세요.

(   )

⚡ 어떤 수를 □라 하고 곱셈과 나눗셈의 관계를 생각해 보자!

13 어떤 수에 85를 곱했더니 595가 되었습니다. 어떤 수는 얼마일까요?

( )

14 어떤 수에 67을 곱했더니 804가 되었습니다. 어떤 수는 얼마일까요?

( )

15 어떤 수를 48로 나누면 몫은 12이고 나머지는 23입니다. 어떤 수는 얼마일까요?

( )

⚡ 곱셈과 나눗셈의 활용 문제는 계산한 후 단위를 바르게 썼는지 확인해 보자!

16 가은이는 하루에 우유를 250 mL씩 마십니다. 가은이가 20일 동안 마신 우유는 모두 몇 L일까요?

( )

17 한 시간에 220 m를 갈 수 있는 거북이 있습니다. 이 거북이 50시간 동안 갈 수 있는 거리는 몇 km일까요?

( )

18 조선의 21대 왕인 영조는 1724년 10월부터 1776년 4월까지 무려 619개월 동안 왕위를 지켰습니다. 영조는 몇 년 몇 개월 동안 왕위를 지켰는지 구해 보세요.

( )

상위권 도전 유형

도전1 ☐ 안에 들어갈 수 있는 자연수 구하기

1 ☐ 안에 들어갈 수 있는 자연수 중에서 가장 큰 수를 구해 보세요.

$$34 \times \square < 884$$

( )

핵심 NOTE

>, <를 =로 생각하여 ☐ 안에 들어갈 수를 구합니다.

2 ☐ 안에 들어갈 수 있는 자연수 중에서 가장 작은 수를 구해 보세요.

$$42 \times \square > 736$$

( )

3 ☐ 안에 들어갈 수 있는 자연수 중에서 가장 작은 수를 구해 보세요.

$$67 \times 13 < 97 \times \square$$

( )

도전2 바르게 계산한 값 구하기

4 270에 어떤 수를 곱해야 하는데 잘못하여 나누었더니 몫이 15이고 나머지가 없었습니다. 바르게 계산한 값을 구해 보세요.

( )

핵심 NOTE

어떤 수를 ☐라고 하여 잘못 계산한 식을 세우고, 잘못 계산한 식에서 어떤 수를 구하여 바르게 계산한 값을 구합니다.

5 어떤 수를 17로 나누어야 하는데 잘못하여 곱하였더니 935가 되었습니다. 바르게 계산했을 때의 몫과 나머지를 구해 보세요.

몫 ( )
나머지 ( )

6 어떤 수를 25로 나누어야 할 것을 잘못하여 52로 나누었더니 몫이 16이고 나머지가 22였습니다. 바르게 계산했을 때의 몫과 나머지를 구해 보세요.

몫 ( )
나머지 ( )

7 귤이 5920개 있습니다. 이 귤을 한 상자에 35개씩 160상자에 담고, 나머지는 바구니 한 개에 20개씩 모두 나누어 담으려고 합니다. 필요한 바구니는 몇 개일까요?

(   )

핵심 NOTE
전체 귤의 수에서 상자에 담을 귤의 수를 빼서 바구니에 담을 귤의 수를 구합니다.

8 지우개가 3888개 있습니다. 이 지우개를 한 상자에 24개씩 150상자에 담고, 나머지는 주머니 한 개에 12개씩 모두 나누어 담으려고 합니다. 필요한 주머니는 몇 개일까요?

(   )

9 한 상자에 65권씩 들어 있는 공책이 12상자 있습니다. 이 공책을 50명의 학생들에게 똑같이 나누어 주려고 하였더니 몇 권이 부족했습니다. 남는 공책이 없이 똑같이 나누어 주려고 할 때 필요한 공책은 적어도 몇 권일까요?

(   )

10 ☐ 안에 알맞은 수를 써넣으세요.

```
      4 9 ☐
  ×   7 0
  ─────────
  3 ☐ 5 1 0
```

핵심 NOTE
곱셈식에서 알 수 있는 숫자부터 차례로 구한 후 곱셈을 하여 곱셈이 맞는지 확인합니다.

11 ☐ 안에 알맞은 수를 써넣으세요.

```
      2 1 ☐
  ×   ☐ 3
  ─────────
    6 4 8
  8 6 4
  ─────────
  ☐ 2 8 8
```

12 ☐ 안에 알맞은 수를 써넣으세요.

```
      3 5 ☐
  ×   ☐ 6
  ─────────
    2 1 2 4
  2 ☐ 7 8
  ─────────
  2 ☐ 9 0 4
```

도전5 **나눗셈식에서 ☐ 안에 알맞은 수 구하기**

13 ☐ 안에 알맞은 수를 써넣으세요.

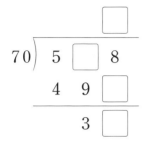

핵심 NOTE

나눗셈식에서 알 수 있는 숫자부터 차례로 구한 후 나눗셈이 맞는지 계산하여 확인합니다.

14 나머지가 0인 나눗셈식입니다. ☐ 안에 알맞은 수를 써넣으세요.

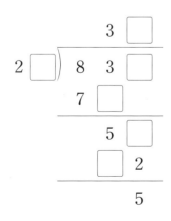

15 ☐ 안에 알맞은 수를 써넣으세요.

도전6 **수 카드로 곱셈식 만들기**

16 수 카드 3 , 4 , 5 , 7 , 8 을 모두 한 번씩만 사용하여 곱이 가장 큰 (세 자리 수) × (두 자리 수)를 만들고 계산해 보세요.

☐☐3 × ☐4 = ☐

핵심 NOTE

(세 자리 수) × (두 자리 수)에서 ①>②>③>④>⑤>0일 때,
곱이 가장 큰 곱셈식: ②③⑤ × ①④
곱이 가장 작은 곱셈식: ④②① × ⑤③

17 수 카드 2 , 3 , 4 , 6 , 7 을 모두 한 번씩만 사용하여 곱이 가장 큰 (세 자리 수) × (두 자리 수)를 만들고 계산해 보세요.

☐☐2 × ☐3 = ☐

18 수 카드 2 , 4 , 6 , 7 , 9 를 모두 한 번씩만 사용하여 곱이 가장 작은 (세 자리 수) × (두 자리 수)를 만들고 계산해 보세요.

☐☐☐ × ☐☐ = ☐

3

도전7 수 카드로 나눗셈식 만들기

19 수 카드 2 , 3 , 5 , 7 , 9 를 모두

한 번씩만 사용하여 몫이 가장 큰 (세 자리 수)

÷(두 자리 수)를 만들고 계산해 보세요.

$$\boxed{} \div \boxed{} = \boxed{} \cdots \boxed{}$$

핵심 NOTE

몫이 가장 큰 나눗셈식을 만들려면 나누어지는 수는 가장 크게, 나누는 수는 가장 작게 해야 합니다.

20 수 카드 3 , 5 , 6 , 7 , 8 을 모두

한 번씩만 사용하여 몫이 가장 큰 (세 자리 수)

÷(두 자리 수)를 만들고 계산해 보세요.

$$\boxed{} \div \boxed{} = \boxed{} \cdots \boxed{}$$

21 수 카드 3 , 4 , 5 , 7 , 8 을 모두

한 번씩만 사용하여 몫이 가장 작은 (세 자리 수)

÷(두 자리 수)를 만들었을 때, 만든 나눗셈식

의 몫과 나머지를 구해 보세요.

몫 (   )

나머지 (   )

도전8 나누어지는 수가 될 수 있는 수 구하기

22 나눗셈식의 몫이 15일 때 0부터 9까지의 수

중에서 ☐ 안에 들어갈 수 있는 수를 모두 구

해 보세요.

$$8\boxed{}6 \div 53$$

(   )

핵심 NOTE

■ ÷ ▲ = ● … ★ 에서 ★ 이 될 수 있는 가장 작은 수는 0이

고, 가장 큰 수는 ▲ − 1입니다.

23 나눗셈식의 몫이 9일 때 0부터 9까지의 수 중

에서 ☐ 안에 들어갈 수 있는 수를 모두 구해

보세요.

$$3\boxed{}4 \div 36$$

(   )

24 나눗셈식의 몫이 18일 때 0부터 9까지의 수

중에서 ☐ 안에 들어갈 수 있는 가장 큰 수는

얼마인지 구해 보세요.

$$8\boxed{}8 \div 46$$

(   )

1 계산해 보세요.

$$\begin{array}{r} 4\ 5\ 6 \\ \times\quad 2\ 4 \\ \hline \end{array}$$

2 계산 결과를 찾아 이어 보세요.

446×50	•	•	18600
200×70	•	•	14000
620×30	•	•	22300

3 $560 \div 80$과 몫이 같은 것은 어느 것일까요?

( )

① $360 \div 60$ ② $210 \div 70$
③ $320 \div 40$ ④ $350 \div 50$
⑤ $450 \div 90$

4 다음 중 나눗셈의 몫이 두 자리 수인 것을 모두 고르세요. ( )

① $467 \div 36$ ② $254 \div 42$
③ $801 \div 81$ ④ $385 \div 54$
⑤ $631 \div 50$

5 어떤 수를 14로 나눌 때 나머지가 될 수 있는 가장 큰 수는 얼마일까요? ( )

① 1   ② 10   ③ 13
④ 14   ⑤ 15

6 계산을 하고 몫이 큰 것부터 순서대로 ◯ 안에 1, 2, 3을 써넣으세요.

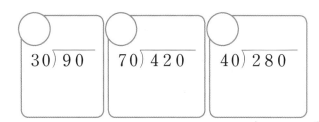

7 보미의 저금통에는 500원짜리 동전이 90개 들어 있습니다. 보미의 저금통에 들어 있는 돈은 얼마일까요?

( )

8 곱이 가장 큰 것은 어느 것일까요? ( )

① 600×50 ② 465×60
③ 743×40 ④ 278×80
⑤ 567×50

3

9 나머지가 가장 큰 것을 찾아 기호를 써 보세요.

> ㉠ 99÷18
> ㉡ 54÷21
> ㉢ 84÷23

(   )

10 색 테이프 한 장에서 노란색 부분은 100 cm, 초록색 부분은 68 cm입니다. 색 테이프 45장을 겹치지 않게 한 줄로 이어 붙였을 때, 전체 길이는 몇 cm인지 구해 보세요.

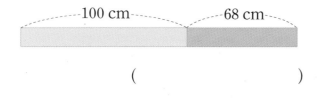

(   )

11 저울이 수평을 이루려면 한 개의 무게가 55 g 인 추를 몇 개 놓아야 하는지 구해 보세요.

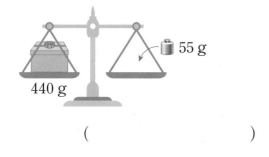

(   )

12 과수원에서 수확한 사과 954개를 한 상자에 16개씩 담아 포장하려고 합니다. 사과를 몇 상자까지 포장할 수 있고, 몇 개가 남는지 구해 보세요.

☐ 상자까지 포장할 수 있고, ☐ 개가 남습니다.

13 ☐ 안에 알맞은 수를 구해 보세요.

(1)
> $16 × ☐ = 512$

(   )

(2)
> $☐ × 35 = 945$

(   )

14 **보기** 의 낱말을 이용하여 384÷24에 알맞은 문제를 만들고 해결해 보세요.

> **보기**
> 농장, 달걀, 판

문제 만들기 _____

_____

_____

답 _____

15 ☐ 안에 알맞은 수를 구해 보세요.

> $☐ ÷ 37 = 16 \cdots 20$

(   )

16 525명의 학생이 모두 버스를 타고 체험 학습을 가려고 합니다. 버스 한 대에 학생 45명이 탈 수 있다면 버스는 적어도 몇 대가 있어야 할까요?

(   )

17 ☐ 안에 알맞은 수를 써넣으세요.

$$
\begin{array}{r}
2\ \square \\
26\ )\overline{\ 5\ \square\ 9\ } \\
\underline{\square\ \square} \\
5\ \square \\
\underline{5\ 2} \\
\square
\end{array}
$$

18 수 카드 5장을 모두 한 번씩만 사용하여 만든 (세 자리 수)÷(두 자리 수)의 나눗셈식에서 나올 수 있는 가장 작은 몫은 얼마일까요?

[3]   [4]   [6]   [7]   [8]

(   )

19 진우는 매일 줄넘기를 345회씩 했습니다. 진우가 1월 한 달 동안 매일 줄넘기를 했다면 진우가 한 줄넘기는 모두 몇 회인지 풀이 과정을 쓰고 답을 구해 보세요.

풀이

답

20 나눗셈의 몫이 11일 때 0부터 9까지의 수 중에서 ☐ 안에 들어갈 수 있는 수를 모두 구하려고 합니다. 풀이 과정을 쓰고 답을 구해 보세요.

$$3\ \square\ 9 \div 32$$

풀이

답

점수

3. 곱셈과 나눗셈

확인

1 $16 \times 8 = 128$을 이용하여 160×80을 계산할 때 숫자 8을 써야 할 자리를 찾아 기호를 써 보세요.

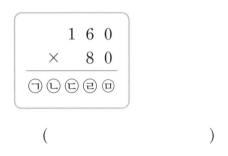

(   )

2 ☐ 안에 알맞은 수를 써넣으세요.

(1) $48 \div 6 = $ ☐

$480 \div 60 = $ ☐

(2) $45 \div 9 = $ ☐

$450 \div 90 = $ ☐

3 다음 나눗셈식을 어림하여 구한 몫으로 가장 적절한 것을 찾아 ○표 하세요.

$$197 \div 39$$

| 4 | 5 | 40 | 50 |

4 계산해 보세요.

(1)
```
    1 5 6
  ×   7 0
```

(2)
```
    4 5 7
  ×   2 8
```

5 계산을 하고 나눗셈을 바르게 했는지 확인해 보세요.

$$32 \overline{)688}$$

확인 _____

6 나눗셈식의 몫이 한 자리 수인 것은 어느 것일까요? (   )

① $289 \div 21$ ② $324 \div 26$

③ $462 \div 57$ ④ $589 \div 34$

⑤ $656 \div 45$

7 잘못 계산한 곳을 찾아 바르게 계산해 보세요.

```
      4 9 3
    ×   6 4
    1 9 7 2
    2 9 5 8
    4 9 3 0
```
➡

○ 정답과 풀이 30쪽

8 □ 안에 알맞은 수를 써넣으세요.

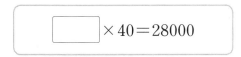

$$\boxed{} \times 40 = 28000$$

9 나머지가 더 큰 나눗셈식에 ○표 하세요.

$$87 \div 26 \qquad\qquad 224 \div 18$$

(   )   (   )

10 □ 안에 알맞은 수를 써넣으세요.

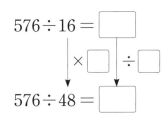

$$576 \div 16 = \boxed{}$$
$$\times \boxed{} \quad \div \boxed{}$$
$$576 \div 48 = \boxed{}$$

11 곱의 크기를 비교하여 ○ 안에 >, =, < 중 알맞은 것을 써넣으세요.

⑴ 600×40 ◯ 800×30

⑵ 312×54 ◯ 456×35

12 빈칸에 몫을 써넣고 ◯ 안에 나머지를 써넣으세요.

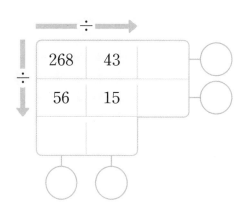

÷		
268	43	◯
56	15	◯

13 연필 120자루를 미나네 반 학생 25명에게 똑같이 나누어 주려고 합니다. 연필을 남김없이 모두 똑같이 나누어 주려면 필요한 연필은 적어도 몇 자루일까요?

(   )

14 유진이는 350 g짜리 사과 20개와 165 g짜리 토마토 16개를 샀습니다. 유진이가 산 사과와 토마토의 무게는 모두 몇 kg 몇 g일까요?

(   )

15 □ 안에 들어갈 수 있는 자연수 중에서 가장 큰 수는 얼마인지 구해 보세요.

$$\boxed{} \div 34 = 16 \cdots \bullet$$

(   )

16 계산 결과가 10000에 가장 가까운 곱셈식이 되도록 ☐ 안에 알맞은 두 자리 수를 구해 보세요.

$$203 \times \square$$

(　　　　　　　　　　)

17 ☐ 안에 알맞은 수를 써넣으세요.

$$
\begin{array}{r}
2\ 6\ \boxed{} \\
\times\quad\ \boxed{}\ 3 \\
\hline
7\ 9\ 5 \\
1\ 0\ \boxed{}\ 0 \\
\hline
1\ 1\ \boxed{}\ 9\ 5 \\
\end{array}
$$

18 수 카드를 모두 한 번씩만 사용하여 몫이 가장 큰 (세 자리 수)÷(두 자리 수)를 만들었을 때, 만든 나눗셈식의 몫과 나머지를 구해 보세요.

2　3　5　7　8

몫 (　　　　　　　　)

나머지 (　　　　　　　　)

19 헤알은 브라질의 화폐 단위입니다. 어느 날 1헤알은 우리나라 돈으로 253원입니다. 같은 날 45헤알은 우리나라 돈으로 얼마인지 풀이 과정을 쓰고 답을 구해 보세요.

풀이 ....

....

....

답 ....

20 528에 어떤 수를 곱해야 하는데 잘못하여 어떤 수로 나누었더니 몫이 14이고 나머지가 24였습니다. 바르게 계산하면 얼마인지 풀이 과정을 쓰고 답을 구해 보세요.

풀이 ....

....

....

....

답 ....

4 평면도형의 이동

이번 단원에서 꼭 짚어야 할 **핵심 개념**을 알아보자.

핵심 1   점의 이동

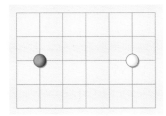

➡ 검은색 바둑돌을 오른쪽으로 ☐ 칸 이 동한 위치에 흰색 바둑돌이 있습니다.

핵심 2   평면도형 밀기

도형을 어느 방향으로 밀어도 모양은 변하 지 않고 위치만 바뀝니다.

(   ) (   )

핵심 3   평면도형 뒤집기

도형을 오른쪽으로 뒤집으면 도형의 오른쪽 과 왼쪽이 서로 바뀝니다.

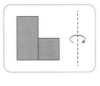

(   ) (   )

핵심 4   평면도형 돌리기

도형을 시계 방향으로 90°만큼 돌리면 도형 의 위쪽이 오른쪽으로 이동합니다.

(   ) (   )

핵심 5   무늬 꾸미기

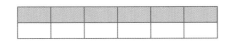

➡ ▢ 모양을 (밀기 , 돌리기)를 이용 하여 무늬를 만들었습니다.

1. 점의 이동

● 점을 여러 방향으로 이동하기

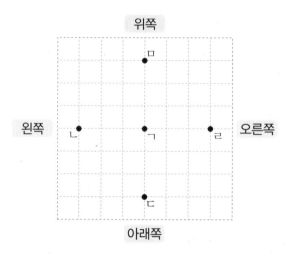

점 ㄱ을 **왼쪽으로 3칸** 이동한 위치 ➡ **점** ㄴ

점 ㄱ을 **오른쪽으로 3칸** 이동한 위치 ➡ **점** ㄹ

점 ㄱ을 **위쪽으로 3칸** 이동한 위치 ➡ **점** ㅁ

점 ㄱ을 **아래쪽으로 3칸** 이동한 위치 ➡ **점** ㄷ

● 점을 이동한 방법 설명하기

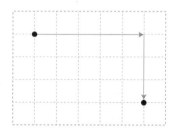

점을 오른쪽으로 5칸, 아래쪽으로 3칸 이동합니다.

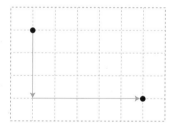

점을 아래쪽으로 3칸, 오른쪽으로 5칸 이동합니다.

개념 자세히 보기

● 바둑돌을 어떻게 이동해야 하는지 알아보아요!

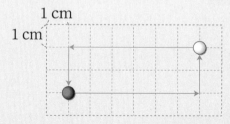

검은색 바둑돌을 오른쪽으로 6 cm, 위쪽으로 2 cm 이동한 위치에 흰색 바둑돌이 있습니다.

흰색 바둑돌을 왼쪽으로 6 cm, 아래쪽으로 2 cm 이동한 위치에 검은색 바둑돌이 있습니다.

◐ 정답과 풀이 31쪽

 점 ㄱ을 주어진 방향으로 4칸 이동했을 때의 위치에 점 ㄴ으로 표시해 보세요.

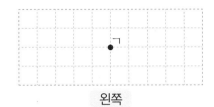

왼쪽

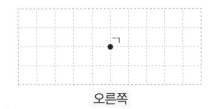

오른쪽

 점 ㄱ을 주어진 방향으로 3 cm 이동했을 때의 위치에 점 ㄴ으로 표시해 보세요.

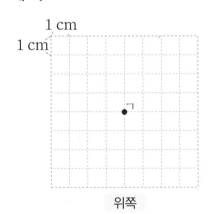

위쪽

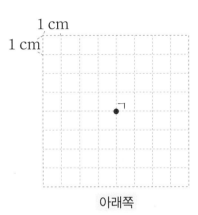

아래쪽

모눈 한 칸이 1 cm이므로 3 cm를 이동하려면 3칸을 이동해야 해요.

③ 점을 어떻게 이동했는지 알맞은 것에 ◯표 하세요.

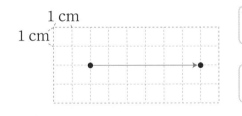

오른쪽으로 6 cm 이동 ( )

왼쪽으로 6 cm 이동 ( )

④ 점 ㄱ을 어떻게 움직이면 점 ㄴ의 위치로 옮길 수 있는지 써 보세요.

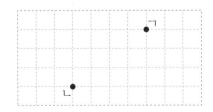

점을 이동한 순서가 달라져도 이동한 점의 위치는 같아요.

점 ㄱ을 [   ]으로 [   ]칸, [   ]으로 [   ]칸 이동합니다.

2. 평면도형 밀기

● **평면도형을 여러 방향으로 밀기**

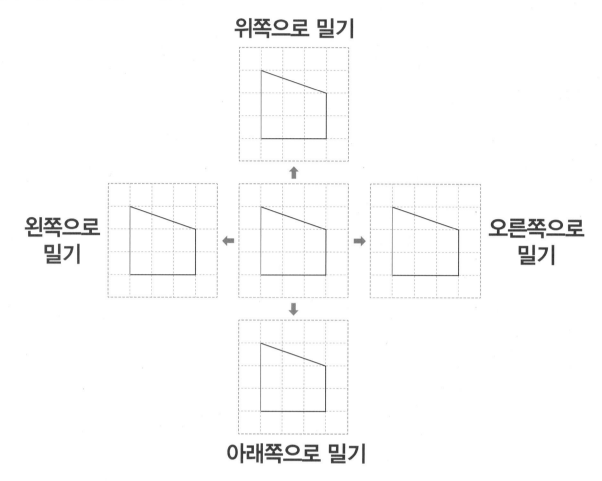

위쪽으로 밀기

왼쪽으로 밀기

오른쪽으로 밀기

아래쪽으로 밀기

➡ 도형을 어느 방향으로 밀어도 모양은 변하지 않고 위치만 바뀝니다.

개념 자세히 보기

● **도형을 ▮cm만큼 밀었을 때의 도형을 그릴 수 있어요!**

기준이 되는 한 변을 정하여 주어진 방향으로 ▮cm만큼 밀었을 때의 도형을 그립니다.

㉠ 사각형을 오른쪽으로 4 cm 밀기

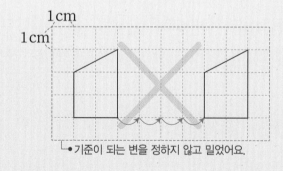

1cm

1cm

└→기준이 되는 변을 정하지 않고 밀었어요.

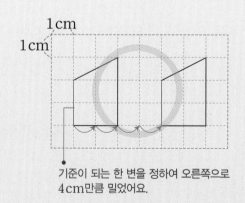

1cm

1cm

기준이 되는 한 변을 정하여 오른쪽으로
4 cm만큼 밀었어요.

● 정답과 풀이 31쪽

1 그림을 보고 알맞은 말에 ○표 하세요.

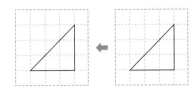

오른쪽 도형을 왼쪽으로 밀었을 때 모양은 (변합니다 , 변하지 않습니다).

2 보기 의 모양 조각을 아래쪽으로 밀었습니다. 알맞은 것에 ○표 하세요.

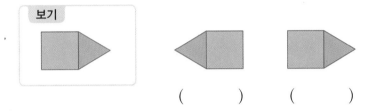

(   )   (   )

3 도형을 여러 방향으로 밀었을 때의 도형을 각각 그려 보세요.

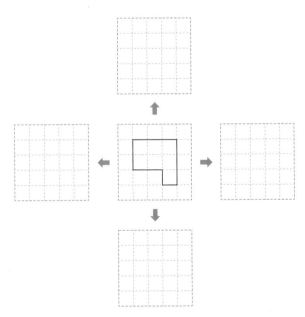

도형을 어느 방향으로 밀어도 모양은 변하지 않아요.

4 도형을 오른쪽으로 7 cm 밀었을 때의 도형을 그려 보세요.

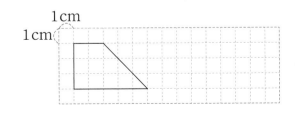

모눈 한 칸이 1 cm이므로 7 cm를 움직이려면 7칸을 움직여야 해요.

3. 평면도형 뒤집기

● 평면도형을 여러 방향으로 뒤집기

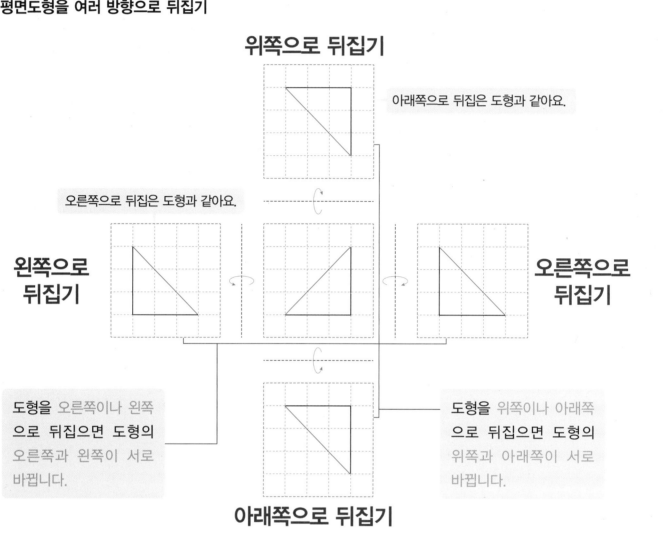

위쪽으로 뒤집기

아래쪽으로 뒤집은 도형과 같아요.

오른쪽으로 뒤집은 도형과 같아요.

왼쪽으로 뒤집기

오른쪽으로 뒤집기

도형을 오른쪽이나 왼쪽으로 뒤집으면 도형의 오른쪽과 왼쪽이 서로 바뀝니다.

도형을 위쪽이나 아래쪽으로 뒤집으면 도형의 위쪽과 아래쪽이 서로 바뀝니다.

아래쪽으로 뒤집기

개념 자세히 보기

● 도형을 같은 방향으로 짝수 번 뒤집으면 처음 도형과 같아요!

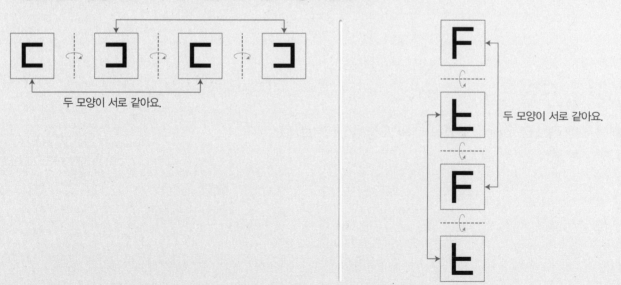

두 모양이 서로 같아요.

두 모양이 서로 같아요.

1 그림을 보고 ☐ 안에 알맞은 말을 써넣으세요.

🔗 배울 것 연결하기 **5학년 2학기**

선대칭도형: 한 직선을 따라
접어서 완전히 겹치는 도형

① 왼쪽 도형을 오른쪽으로 뒤집으면 도형의 오른쪽과 ☐ 이 서로 바뀝니다.

② 위쪽 도형을 아래쪽으로 뒤집으면 도형의 위쪽과 ☐ 이 서로 바뀝니다.

2 보기 의 모양 조각을 아래쪽으로 뒤집었습니다. 알맞은 것에 ○표 하세요.

(   )   (   )

도형을 아래쪽으로 뒤집으면
도형의 위쪽과 아래쪽이 서로
바뀌어요.

4

3 도형을 여러 방향으로 뒤집었을 때의 도형을 각각 그려 보세요.

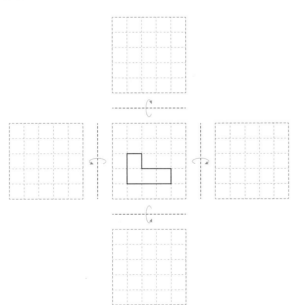

왼쪽으로 뒤집은 도형과
오른쪽으로 뒤집은 도형은
서로 같아요.

4. 평면도형 돌리기

● **평면도형을 시계 방향으로 90°, 180°, 270°, 360°만큼 돌리기**

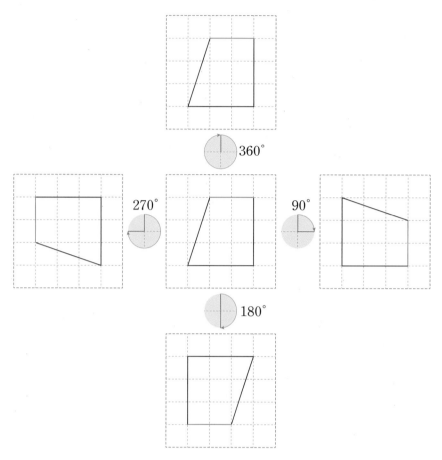

➡ 도형을 시계 방향으로 돌리면 도형의 위쪽이 오른쪽 → 아래쪽 → 왼쪽 → 위쪽으로 이동합니다.

개념 자세히 보기

● **화살표 끝이 가리키는 위치가 같으면 도형도 같아요!**

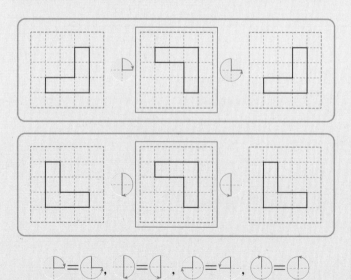

● **평면도형을 뒤집고 돌리기 할 수 있어요!**

도형을 오른쪽으로 뒤집은 다음 시계 방향으로 90°만큼 돌리기

↪ 정답과 풀이 32쪽

1 그림을 보고 ☐ 안에 알맞은 말을 써넣으세요.

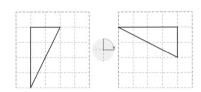

도형을 시계 방향으로 90°만큼 돌리면 도형의 위쪽이 ☐☐☐☐☐ 으로 이동합니다.

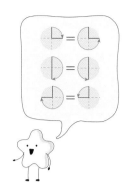

2 보기 의 모양 조각을 시계 반대 방향으로 90°만큼 돌렸습니다. 알맞은 것에 ○표 하세요.

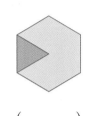   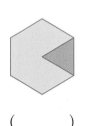

(   )   (   )

3 도형을 시계 방향으로 90°, 180°, 270°, 360°만큼 돌렸을 때의 도형을 각각 그려 보세요.

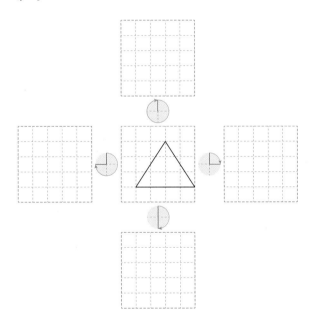

• ⏱: 시계 방향으로 직각의 2배만큼 돌리기
• ⏱: 시계 방향으로 직각의 3배만큼 돌리기

4

4 도형을 오른쪽으로 뒤집은 다음 시계 방향으로 270°만큼 돌렸을 때의 도형을 각각 그려 보세요.

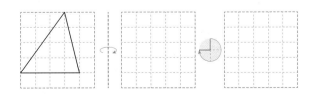

화살표 끝이 같으면 돌린 도형도 같아요.

5. 평면도형을 이동하여 무늬 꾸미기

● **밀기를 이용하여 규칙적인 무늬 만들기**

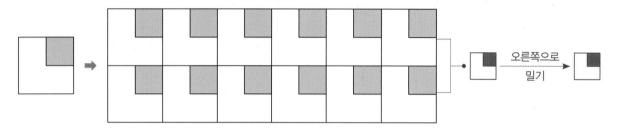

→ ▨ 모양을 오른쪽으로 미는 것을 반복하여 첫째 줄의 모양을 만들고, 그 모양을 아래쪽으로 밀어서 무늬를 만들었습니다.

● **뒤집기를 이용하여 규칙적인 무늬 만들기**

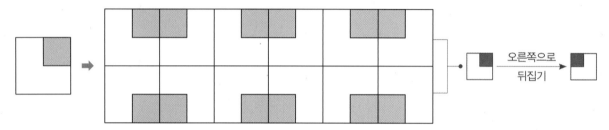

→ ▨ 모양을 오른쪽으로 뒤집는 것을 반복하여 첫째 줄의 모양을 만들고, 그 모양을 아래쪽으로 뒤집어서 무늬를 만들었습니다.

● **돌리기를 이용하여 규칙적인 무늬 만들기**

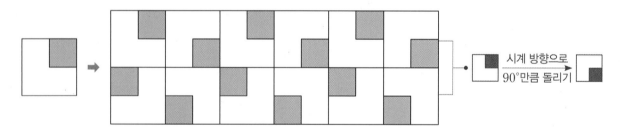

→ ▨ 모양을 시계 방향으로 90°만큼 돌리는 것을 반복하여 모양을 만들고, 그 모양을 오른쪽으로 밀어서 무늬를 만들었습니다.

개념 자세히 보기

● **밀기와 뒤집기를 이용하여 규칙적인 무늬를 만들 수 있어요!**

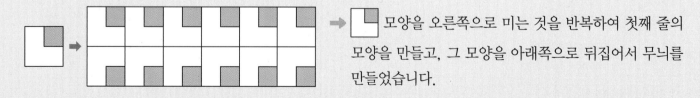

→ ▨ 모양을 오른쪽으로 미는 것을 반복하여 첫째 줄의 모양을 만들고, 그 모양을 아래쪽으로 뒤집어서 무늬를 만들었습니다.

⊙ 정답과 풀이 32쪽

① ▢ 모양으로 무늬를 만들었습니다. 어떤 방법으로 만든 무늬인지 알맞은 것에 ○표 하세요.

밀기   뒤집기   돌리기

(   )   (   )   (   )

주어진 모양을 각각 밀기, 뒤집기, 돌리기 하여 생기는 무늬를 알아보아요.

② ◸ 모양으로 밀기를 이용하여 규칙적인 무늬를 만들어 보세요.

③ ◸ 모양으로 뒤집기를 이용하여 규칙적인 무늬를 만들어 보세요.

먼저 주어진 모양을 오른쪽으로 반복해서 뒤집어 가며 첫째 줄을 완성해 봐요.

④ ◸ 모양으로 돌리기와 밀기를 이용하여 규칙적인 무늬를 만들어 보세요.

1 점의 이동

1 점 ㄱ을 위쪽으로 2 cm 이동한 위치에 점 ㄴ, 아래쪽으로 3 cm 이동한 위치에 점 ㄷ으로 표시해 보세요.

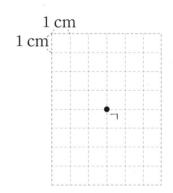

[2~3] 그림을 보고 물음에 답하세요.

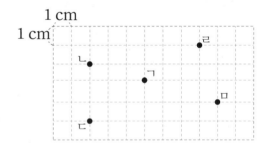

2 점 ㄱ을 오른쪽으로 3 cm, 위쪽으로 2 cm 이동한 위치에 있는 점의 기호를 써 보세요.

점 (   )

3 점 ㄹ을 점 ㄷ의 위치로 이동하려고 합니다. ☐ 안에 알맞은 말이나 수를 써넣으세요.

점 ㄹ을 ☐쪽으로 ☐ cm,
☐쪽으로 ☐ cm 이동합니다.

4 점을 왼쪽으로 6칸 이동했을 때의 위치입니다. 이동하기 전의 위치에 점을 그려 보세요.

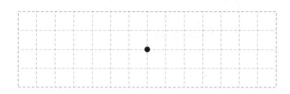

5 그림을 보고 잘못 설명한 사람의 이름을 쓰고, 바르게 고쳐 보세요.

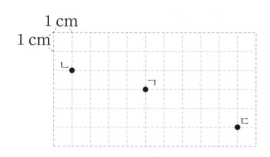

유나: 점 ㄱ을 위쪽으로 1 cm, 왼쪽으로 4 cm 이동한 위치에 점 ㄴ이 있어.

태인: 점 ㄱ을 오른쪽으로 4 cm, 아래쪽으로 3 cm 이동한 위치에 점 ㄷ이 있어.

이름 _____

바르게 고치기

_____

6 다음과 같이 코딩했을 때, 점 ㄱ이 이동한 위치에 점을 그려 보세요.

① 점 ㄱ을 오른쪽으로 4 cm 이동하기
② ①의 점을 위쪽으로 2 cm 이동하기

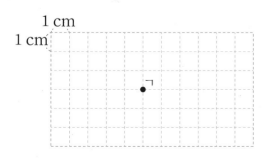

→ 정답과 풀이 33쪽

② 평면도형 밀기

7 모양 조각을 오른쪽으로 밀었습니다. 알맞은 것은 어느 것일까요? (   )

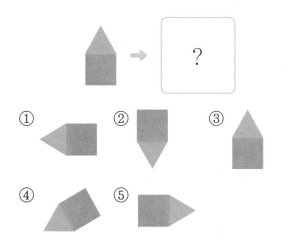

8 도형을 왼쪽으로 밀었을 때의 도형을 그려 보세요.

9 도형을 왼쪽으로 4 cm 밀었을 때의 도형과 이 도형을 위쪽으로 5 cm 밀었을 때의 도형을 각각 그려 보세요.

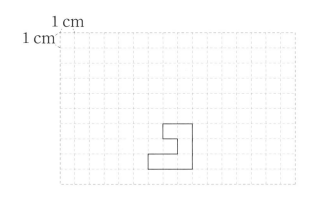

직사각형은 마주 보는 변의 길이가 같아.

준비 직사각형 1개를 그려 보세요.

10 가, 나 조각을 움직여 주황색 직사각형을 완성하려고 합니다. ☐ 안에 알맞은 말이나 수를 써넣으세요.

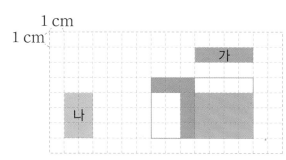

가 조각을 ☐ 쪽으로 2 cm 밀고, 나 조각을 오른쪽으로 ☐ cm 밀면 주황색 직사각형을 완성할 수 있습니다.

서술형
11 나 도형은 가 도형을 어떻게 민 것인지 설명해 보세요.

1 cm
1 cm

가   나

설명

3 평면도형 뒤집기

12 모양 조각을 아래쪽으로 뒤집었습니다. 알맞은 것을 찾아 기호를 써 보세요.

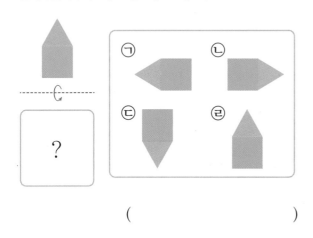

(   )

13 도형을 왼쪽으로 뒤집었을 때의 도형을 그려 보세요.

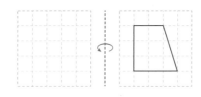

14 도형을 위쪽으로 뒤집었을 때의 도형과 아래쪽으로 뒤집었을 때의 도형을 각각 그려 보세요.

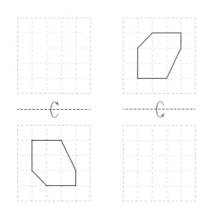

15 오른쪽 도화지는 앞뒷면을 각각 같은 색으로 칠한 것입니다. 도화지를 뒤집었을 때 알맞은 것을 찾아 ○표 하세요.

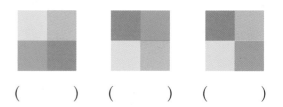

(   ) (   ) (   )

16 왼쪽 모양 조각을 한 번 뒤집었더니 오른쪽 모양 조각이 되었습니다. 어느 쪽으로 뒤집은 것인지 써 보세요.

(   )

17 도형을 오른쪽으로 1번, 2번 뒤집었을 때의 도형을 차례로 그려 보세요.

18 주하가 녹색 인증 마크를 잘못 그렸습니다. 주하가 그린 그림을 어떻게 이동해야 바른 녹색 인증 마크가 되는지 써 보세요.

녹색 인증 마크   주하가 그린 마크

각은 각의 꼭짓점을 기준으로 반직선이 이동한 거야.

4 평면도형 돌리기

19 모양 조각을 시계 방향으로 90°만큼 돌렸습니다. 알맞은 것을 찾아 기호를 써 보세요.

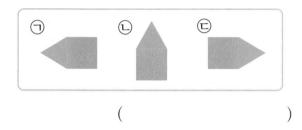

(   )

20 도형을 시계 반대 방향으로 180°만큼 돌렸을 때의 도형을 그려 보세요.

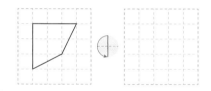

21 테트리스는 블록을 가로줄에 채워 넣으면 그 줄이 사라지는 게임입니다. 맨 아래의 세 줄을 없애려면 가 조각을 어떻게 돌려야 하는지 보기 에서 찾아 기호를 써 보세요.

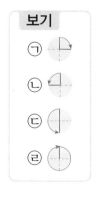

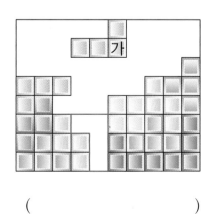

(   )

준비 각도를 구해 보세요.

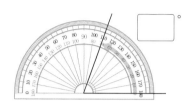

22 오른쪽 도형을 시계 반대 방향으로 90°만큼 돌린 도형과 시계 방향으로 270°만큼 돌렸을 때의 도형을 각각 그리고 알맞은 말에 ○표 하세요.

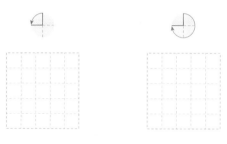

만큼 돌린 도형과 만큼 돌린 도형은 서로 (같습니다 , 다릅니다).

23 수 카드를 시계 방향으로 180°만큼 돌렸을 때의 모양을 그려 보세요.

😊 내가 만드는 문제

24 돌리는 방향을 자유롭게 정해 ┼ 에 나타내고 돌렸을 때의 모양을 색칠해 보세요.

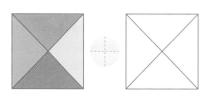

5 무늬 꾸미기

25 규칙에 따라 만든 무늬를 보고 보기 에서 알맞은 말을 골라 □ 안에 써넣으세요.

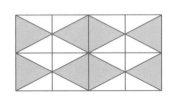

보기
밀기
뒤집기
돌리기

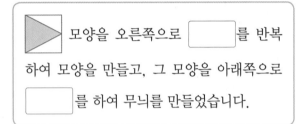

□ 모양을 오른쪽으로 □를 반복하여 모양을 만들고, 그 모양을 아래쪽으로 □를 하여 무늬를 만들었습니다.

26 □ 모양으로 만든 무늬를 보고 밀기, 뒤집기, 돌리기 중 이용한 방법을 써 보세요.

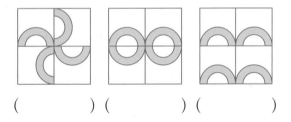

(   ) (   ) (   )

내가 만드는 문제
27 □ 모양으로 규칙적인 무늬를 만들고 이용한 방법에 모두 ○표 하세요.

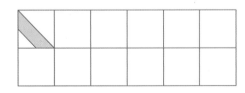

(밀기 , 뒤집기 , 돌리기)

28 보기 와 같은 방법으로 규칙적인 무늬를 완성해 보세요.

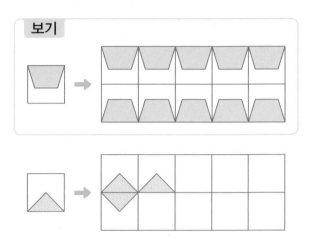

서술형
29 □ 모양으로 규칙적인 무늬를 만들었습니다. 무늬를 만든 방법을 설명해 보세요.

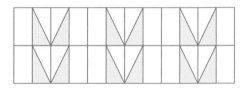

설명 ....
....
....

30 일정한 규칙에 따라 만든 무늬입니다. 빈칸에 알맞은 모양을 그려 보세요.

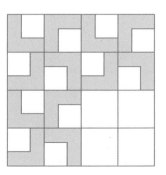

⚡ 이동하기 전의 점의 위치는 점을 반대 방향으로
이동해서 찾아보자!

⚡ 도형을 이동한 후에도 처음 도형과 같은 도형은
어느 것인지 찾아보자!

1 점을 왼쪽으로 4칸, 위쪽으로 2칸 이동했을
때의 위치입니다. 이동하기 전의 위치에 점을
그려 보세요.

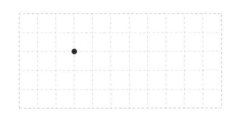

4 오른쪽으로 뒤집었을 때의 도형이 처음 도형
과 같은 것은 어느 것일까요? (   )

2 점을 오른쪽으로 5 cm, 아래쪽으로 1 cm 이
동했을 때의 위치입니다. 이동하기 전의 위치
에 점을 그려 보세요.

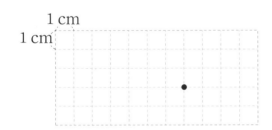

5 위쪽으로 뒤집었을 때의 도형이 처음 도형과
같은 것을 찾아 기호를 써 보세요.

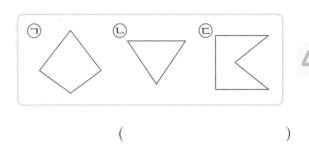

(   )

3 점을 왼쪽으로 3 cm, 아래쪽으로 2 cm 이동
했을 때의 위치입니다. 이동하기 전의 위치에
점을 그려 보세요.

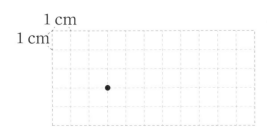

6 시계 방향으로 180°만큼 돌렸을 때의 도형이
처음 도형과 다른 것을 찾아 기호를 써 보세요.

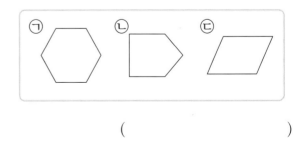

(   )

⚡ 짝수 번 뒤집으면 처음 도형과 같으므로 도형을 여러 번 뒤집은 횟수를 간단히 하자!

7 도형을 왼쪽으로 8번 뒤집었을 때의 도형을 그려 보세요.

8 도형을 아래쪽으로 9번 뒤집었을 때의 도형을 그려 보세요.

9 도형을 위쪽으로 4번 뒤집고 오른쪽으로 3번 뒤집었을 때의 도형을 그려 보세요.

⚡ 90°만큼 4번 돌리면 처음 도형과 같으므로 도형을 여러 번 돌린 횟수를 간단히 하자!

10 도형을 시계 방향으로 90°만큼 8번 돌렸을 때의 도형을 그려 보세요.

11 도형을 시계 반대 방향으로 90°만큼 9번 돌렸을 때의 도형을 그려 보세요.

12 도형을 시계 방향으로 90°만큼 10번 돌렸을 때의 도형을 그려 보세요.

⚡ 뒤집고 돌린 도형과 돌리고 뒤집은 도형은 다를 수 있으니 순서에 주의하자!

13 오른쪽 모양 조각을 아래쪽으로 뒤집고 시계 방향으로 90°만큼 돌렸습니다. 알맞은 것을 찾아 기호를 써 보세요.

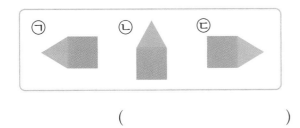

( )

14 도형을 오른쪽으로 뒤집고 시계 방향으로 180°만큼 돌렸을 때의 도형을 그려 보세요.

15 도형을 위쪽으로 뒤집고 시계 반대 방향으로 180°만큼 돌렸을 때의 도형을 그려 보세요.

⚡ 도장에 새긴 모양은 오른쪽이나 왼쪽으로 뒤집은 모양과 같음을 생각하자!

16 오른쪽 모양은 도장을 종이에 찍었을 때의 모양입니다. 도장에 새긴 모양을 찾아 기호를 써 보세요.

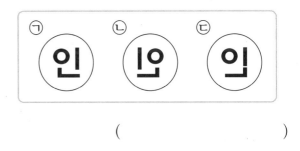

( )

17 오른쪽 모양은 도장을 종이에 찍었을 때의 모양입니다. 도장에 새긴 모양을 찾아 기호를 써 보세요.

( )

18 종이에 찍힌 모양을 보고 도장에 새긴 모양을 그려 보세요.

종이에 찍힌 모양   도장에 새긴 모양

⚡ **거울에 비친 모양은 거울이 있는 쪽으로 뒤집은 모양과 같음을 생각하자!**

19 2가 쓰인 수 카드의 오른쪽에 거울을 놓고 비췄을 때 거울에 비친 수를 써 보세요.

( )

20 25가 쓰인 수 카드의 아래쪽에 거울을 놓고 비췄을 때 거울에 비친 수를 써 보세요.

( )

21 158이 쓰인 수 카드의 왼쪽에 거울을 놓고 비췄을 때 거울에 비친 수를 써 보세요.

( )

⚡ **처음 도형을 그릴 때는 움직인 방향을 거꾸로 해 보자!**

22 어떤 도형을 위쪽으로 뒤집은 도형입니다. 처음 도형을 그려 보세요.

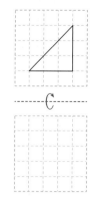

23 어떤 도형을 시계 반대 방향으로 90°만큼 돌린 도형입니다. 처음 도형을 그려 보세요.

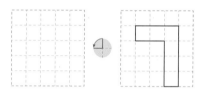

24 어떤 도형을 시계 방향으로 180°만큼 돌린 도형입니다. 처음 도형을 그려 보세요.

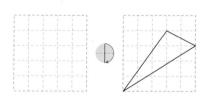

도전1 뒤집었을 때의 도형이 아닌 것 찾기

1 오른쪽 도형을 뒤집었을 때 생기는 도형이 아닌 것을 찾아 ○표 하세요.

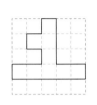 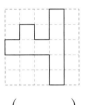

(   ) (   ) (   )

핵심 NOTE
도형을 뒤집는 방향에 따라 도형의 위쪽과 아래쪽 또는 왼쪽과 오른쪽이 서로 바뀝니다.

2 오른쪽 도형을 뒤집었을 때 생기는 도형이 아닌 것을 찾아 ○표 하세요.

(   ) (   ) (   )

3 오른쪽 도형을 뒤집었을 때 생기는 도형이 아닌 것을 찾아 기호를 써 보세요.

㉠ 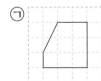   ㉡

㉢ 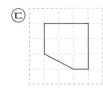   ㉣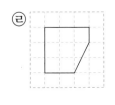

(   )

도전2 돌렸을 때의 도형이 아닌 것 찾기

4 오른쪽 도형을 돌렸을 때 생기는 도형이 아닌 것을 찾아 ○표 하세요.

(   ) (   ) (   )

핵심 NOTE
도형을 돌리면서 돌리는 방향과 각도에 따라 도형 위쪽이 어느 쪽으로 이동했는지 확인합니다.

5 오른쪽 도형을 돌렸을 때 생기는 도형이 아닌 것을 찾아 ○표 하세요.

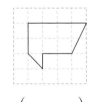 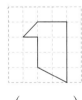 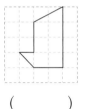

(   ) (   ) (   )

6 오른쪽 도형을 돌렸을 때 생기는 도형이 아닌 것을 찾아 기호를 써 보세요.

㉠   ㉡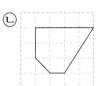

㉢ 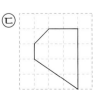   ㉣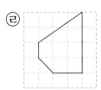

(   )

4

7 왼쪽 도형을 뒤집었더니 오른쪽 도형이 되었습니다. 어느 쪽으로 뒤집었는지 써 보세요.

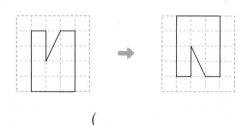

( )

핵심 NOTE
왼쪽(오른쪽)으로 뒤집은 도형은 왼쪽과 오른쪽이 서로 바뀌고 위쪽(아래쪽)으로 뒤집은 도형은 위쪽과 아래쪽이 서로 바뀝니다.

8 왼쪽 도형을 뒤집었더니 오른쪽 도형이 되었습니다. 어느 쪽으로 뒤집었는지 써 보세요.

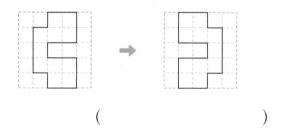

( )

9 왼쪽 도형을 여러 번 뒤집었더니 오른쪽 도형이 되었습니다. 도형을 뒤집은 방법을 설명해 보세요.

설명 ....

....

10 왼쪽 도형을 돌렸더니 오른쪽 도형이 되었습니다. 어떻게 돌렸는지 알맞은 것을 모두 찾아 기호를 써 보세요.

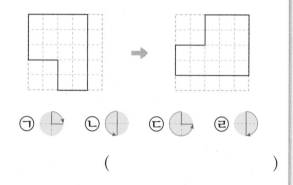

( )

핵심 NOTE
처음 도형의 위쪽, 아래쪽, 왼쪽, 오른쪽 부분이 어느 쪽으로 이동했는지 알아봅니다.

11 왼쪽 도형을 돌렸더니 오른쪽 도형이 되었습니다. 어떻게 돌렸는지 알맞은 것을 모두 찾아 기호를 써 보세요.

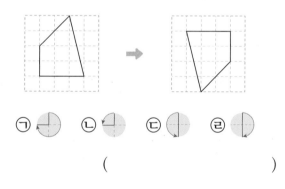

( )

12 왼쪽 도형을 돌렸더니 오른쪽 도형이 되었습니다. 어느 방향으로 몇 도만큼 돌린 것일까요?

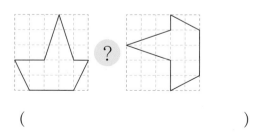

( )

도전5 **도형을 여러 번 뒤집고 돌리기**

13 도형을 왼쪽으로 3번 뒤집고 시계 방향으로 90°만큼 3번 돌렸을 때의 도형을 그려 보세요.

핵심 NOTE
도형을 몇 번 움직이면 처음 도형과 같아지는지 알아보고 도형이 움직이는 횟수를 간단히 하여 그려 봅니다.

14 도형을 아래쪽으로 2번 뒤집고 시계 반대 방향으로 90°만큼 5번 돌렸을 때의 도형을 그려 보세요.

15 도형을 오른쪽으로 3번 뒤집고 시계 반대 방향으로 90°만큼 6번 돌렸을 때의 도형을 그려 보세요.

도전6 **무늬를 만든 방법 알아보기**

16 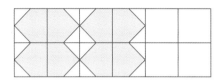 모양을 어떻게 움직여서 만든 무늬인지 설명하고, 빈칸에 알맞은 무늬를 그려 보세요.

설명 _____

핵심 NOTE
주어진 모양이 어떻게 바뀌면서 무늬가 만들어졌는지 살펴봅니다.

17 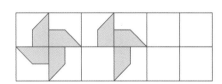 모양을 어떻게 움직여서 만든 무늬인지 설명하고, 빈칸에 알맞은 무늬를 그려 보세요.

설명 _____

18 모양을 어떻게 움직여서 만든 무늬인지 설명하고, 가에 알맞은 모양을 그려 보세요.

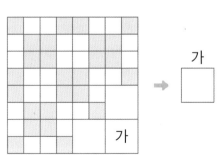

설명 _____

19 위의 도형을 움직인 방법과 같은 방법으로 도형을 움직였을 때의 도형을 그려 보세요.

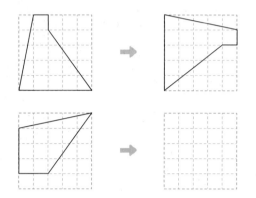

핵심 NOTE
먼저 위의 도형이 움직인 방법을 찾고 같은 방법으로 아래의 도형을 이동합니다.

20 위의 도형을 움직인 방법과 같은 방법으로 도형을 움직였을 때의 도형을 그려 보세요.

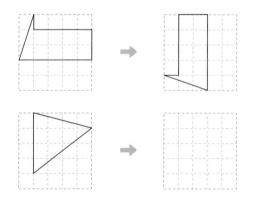

21 위의 도형을 움직인 방법과 같은 방법으로 도형을 움직였을 때의 도형을 그려 보세요.

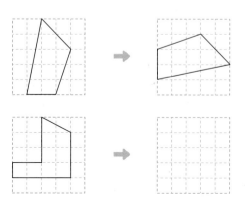

22 다음 한글 자음 중 오른쪽으로 뒤집었을 때 처음 모양과 같은 것은 모두 몇 개일까요?

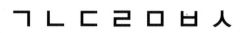

( )

핵심 NOTE
뒤집었을 때 처음 모양과 같아지는 글자는 왼쪽과 오른쪽 모양이 같거나 위쪽과 아래쪽 모양이 같습니다.

23 다음 숫자 중 시계 반대 방향으로 180°만큼 돌렸을 때 처음 모양과 같은 것은 모두 몇 개일까요?

1 2 3 4 5 6 7 8 9

( )

24 다음 알파벳 중 위쪽으로 뒤집었을 때 처음 모양과 같은 것을 모두 찾아 써 보세요.

A C D E F G H

( )

도전9 수 카드를 움직여서 만들어지는 수 계산하기

25 수 카드를 아래쪽으로 밀었을 때의 수와 시계 방향으로 180°만큼 돌렸을 때의 수의 합을 구해 보세요.

92

(   )

핵심 NOTE

수 카드를 시계(시계 반대) 방향으로 180°만큼 돌려서 수가 만들어지는 경우는 0→0, 1→1, 2→2, 5→5, 6→9, 8→8, 9→9 입니다.

26 수 카드를 시계 방향으로 180°만큼 돌렸을 때의 수와 처음 수의 차를 구해 보세요.

615

(   )

27 수 카드 3장을 한 번씩만 사용하여 만든 가장 작은 세 자리 수와 그 수를 오른쪽으로 뒤집었을 때의 수의 차를 구해 보세요.

(단, 수 카드를 한 장씩 뒤집지 않습니다.)

0 5 8

(   )

도전10 퍼즐 완성하기

28 주어진 도형을 밀기나 돌리기를 이용하여 직사각형을 채워 보세요.

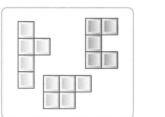

핵심 NOTE

빈틈이 생기지 않도록 조각을 밀기, 뒤집기, 돌리기를 이용하여 채워 봅니다.

29 주어진 도형 중 2개를 골라 밀기나 돌리기를 이용하여 정사각형을 채워 보세요.

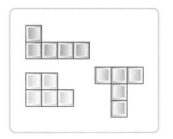

30 주어진 도형 중 3개를 골라 밀기나 돌리기를 이용하여 정사각형을 채워 보세요.

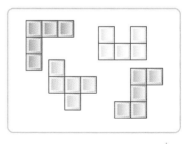

점수

확인

1 도형을 아래쪽으로 밀었을 때의 도형을 그려 보세요.

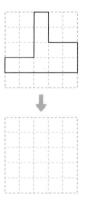

2 점을 오른쪽으로 4칸, 위쪽으로 1칸 이동했을 때의 위치에 점을 표시해 보세요.

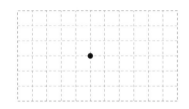

3 보기 의 도형을 위쪽으로 뒤집었을 때의 도형에 ○표 하세요.

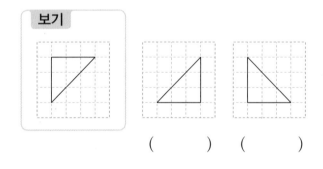

( ) ( )

4 도형을 왼쪽으로 뒤집었을 때의 도형과 오른쪽으로 뒤집었을 때의 도형을 각각 그려 보세요.

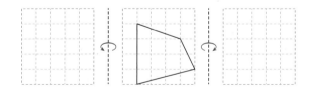

5 점을 왼쪽으로 5 cm 이동했을 때의 위치입니다. 이동하기 전의 위치에 점을 표시해 보세요.

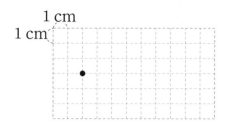

6 도형을 왼쪽으로 4 cm, 위쪽으로 2 cm 밀었을 때의 도형을 그려 보세요.

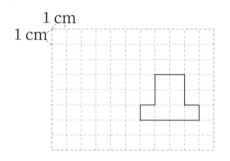

7 도형을 시계 방향으로 90°만큼 돌렸을 때의 도형을 그려 보세요.

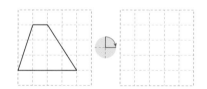

8 오른쪽 도형을 한 번 뒤집었을 때 나올 수 없는 도형을 찾아 기호를 써 보세요.

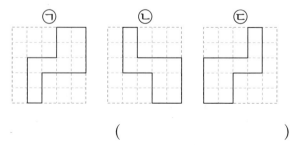

( )

정답과 풀이 38쪽

9 돌리기를 이용하여 다음과 같은 무늬를 만들 수 있는 모양은 어느 것일까요? (   )

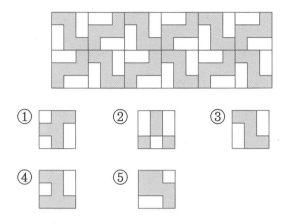

10 오른쪽으로 뒤집었을 때 처음 도형과 같은 도형을 찾아 기호를 써 보세요.

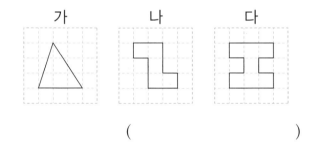

(   )

11 도형을 시계 반대 방향으로 270°만큼 돌렸을 때의 도형을 그려 보세요.

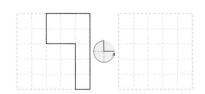

12 오른쪽 무늬는 주어진 모양을 밀기, 뒤집기, 돌리기 중에서 어떤 방법을 이용하여 만들 수 있는지 모두 써 보세요.

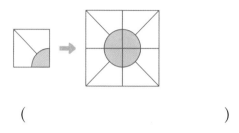

(   )

13 다음과 같이 코딩했을 때, 점 ㄱ이 이동한 위치를 표시해 보세요.

① 점 ㄱ을 왼쪽으로 4 cm 이동하기
② 위 ①의 점 ㄱ을 아래쪽으로 3 cm 이동하기

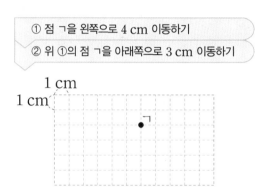

14 도형을 위쪽으로 뒤집고 시계 방향으로 180°만큼 돌렸을 때의 도형을 그려 보세요.

15 왼쪽 도형을 아래쪽으로 5번 뒤집고 오른쪽으로 2번 뒤집었을 때의 도형을 그려 보세요.

16 어떤 도형을 시계 방향으로 180°만큼 돌렸더니 오른쪽 도형이 되었습니다. 돌리기 전의 도형을 그려 보세요.

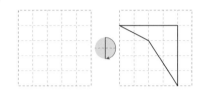

17 왼쪽 도형을 돌려서 오른쪽 도형을 만들려고 합니다. 왼쪽 도형을 시계 반대 방향으로 270°만큼 적어도 몇 번 돌려야 할까요?

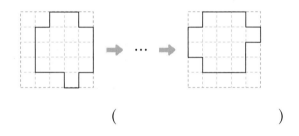

( )

18 어떤 도형을 왼쪽으로 뒤집어야 할 것을 잘못하여 시계 반대 방향으로 270°만큼 돌렸더니 왼쪽 도형이 되었습니다. 바르게 움직인 도형을 그려 보세요.

잘못 움직인 도형 　　　바르게 움직인 도형

19 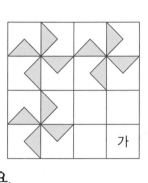 모양으로 규칙적인 무늬를 만들려고 합니다. 무늬를 완성할 때, 가에 들어갈 모양은 무엇인지 풀이 과정을 쓰고 기호를 써 보세요.

⊙ ⓒ ⓒ

풀이

답

20 수 카드를 시계 방향으로 180°만큼 돌렸을 때 만들어지는 수와 처음 수의 차는 얼마인지 풀이 과정을 쓰고 답을 구해 보세요.

289

풀이

답

1 보기 의 도형을 아래쪽으로 밀었습니다. 알맞은 것에 ○표 하세요.

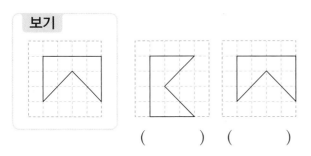

( ) ( )

2 점을 왼쪽으로 4칸, 아래쪽으로 2칸 이동했을 때의 위치에 점을 그려 보세요.

3 도형을 위쪽으로 뒤집었을 때의 도형을 그려 보세요.

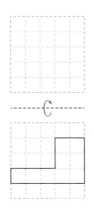

4 도형을 시계 방향으로 180°만큼 돌렸을 때의 도형을 그려 보세요.

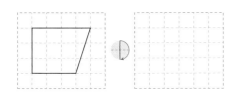

5 도형을 오른쪽으로 7 cm, 아래쪽으로 4 cm 밀었을 때의 도형을 그려 보세요.

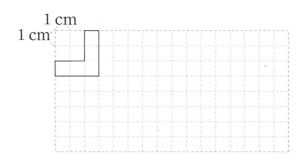

6 도형을 왼쪽으로 뒤집은 다음 아래쪽으로 뒤집었을 때의 도형을 각각 그려 보세요.

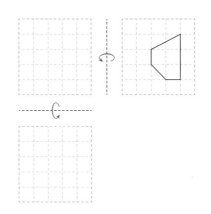

7 점을 왼쪽으로 5 cm, 위쪽으로 3 cm 이동했을 때의 위치입니다. 이동하기 전의 위치에 점을 그려 보세요.

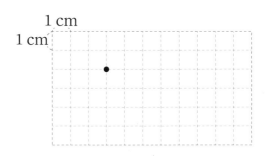

8 가운데 도형을 시계 반대 방향으로 90°만큼 돌렸을 때의 도형과 시계 방향으로 270°만큼 돌렸을 때의 도형을 각각 그려 보세요.

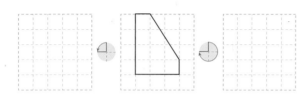

9 왼쪽 도형을 한 번 뒤집었더니 오른쪽 도형이 되었습니다. 어느 쪽으로 뒤집었는지 써 보세요.

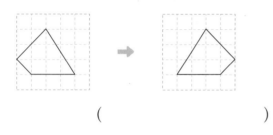

( )

10 모양을 뒤집기를 이용하여 규칙적인 무늬를 만들어 보세요.

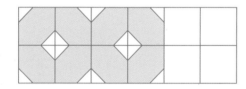

11 아래쪽으로 뒤집었을 때 처음 모양과 같은 도형을 찾아 기호를 써 보세요.

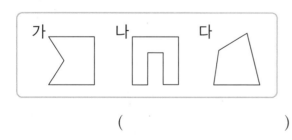

( )

12 무늬를 만든 방법이 다른 하나를 찾아 기호를 써 보세요.

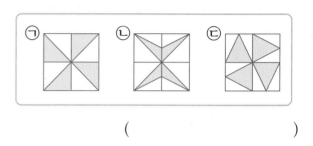

( )

13 점을 차례로 이동하였을 때의 위치를 찾아 기호를 써 보세요.

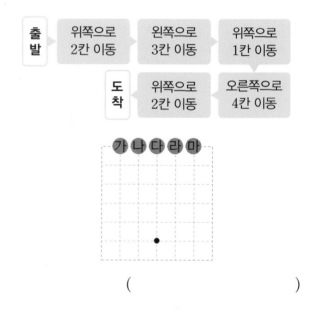

( )

14 어떤 도형을 시계 방향으로 90°만큼 돌린 도형입니다. 처음 도형을 그려 보세요.

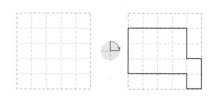

15 왼쪽 도형을 오른쪽으로 뒤집고 시계 반대 방향으로 180°만큼 돌렸을 때의 도형을 각각 그려 보세요.

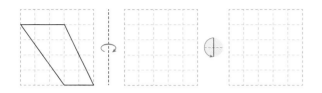

16 다음 알파벳 중 오른쪽으로 뒤집고 시계 방향으로 180°만큼 돌렸을 때 처음 모양과 같은 것을 찾아 ○표 하세요.

B F J L

17 도형을 왼쪽으로 7번 뒤집고 시계 반대 방향으로 90°만큼 5번 돌렸을 때의 도형을 그려 보세요.

18 수 카드를 시계 방향으로 180°만큼 돌렸을 때의 수와 처음 수의 차를 구해 보세요.

( )

19 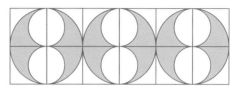 모양을 어떻게 움직여서 만든 무늬인지 설명해 보세요.

설명
_____
_____
_____
_____

20 글자 '문'이 쓰인 카드를 움직였더니 글자 '곰'이 되었습니다. 카드를 움직인 방법을 설명해 보세요.

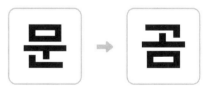

설명
_____
_____
_____

사고력이 반짝

● 고대 그리스 사람들이 사용하던 수입니다. 고대 그리스 수가 나타내는 수를 ☐ 안에 알맞게 써넣으세요.

Ⅰ	Ⅱ	Ⅲ	Ⅲ	Γ	Γι	Γⅲ	Δ	Γᴬ	Η	Γᴴ
1	2	3	4	5	6	9	10	50	100	500

Γᴬ Γ ‖‖ ➡ 509

ΗΗ Γᴴ Δ Δ Γι ‖ ➡ ☐

5 막대그래프

이번 단원에서
꼭 짚어야 할
핵심 개념을 알아보자.

핵심 1 **막대그래프**

조사한 자료의 수량을 막대 모양으로 나타낸 그래프를 [ ](이)라고 합니다.

핵심 2 **표와 막대그래프의 특징**

• (표 , 막대그래프)는 조사한 자료별 수량과 합계를 알기보기 쉽습니다.

• (표 , 막대그래프)는 자료별 수량의 많고 적음을 한눈에 비교하기 쉽습니다.

핵심 3 **막대그래프 알아보기**

좋아하는 과일별 학생 수

➡ 가장 적은 학생이 좋아하는 과일은 [ ]입니다.

핵심 4 **막대그래프 나타내기**

① 가로와 세로에 나타낼 것 정하기

② 조사한 수 중 가장 큰 수를 나타낼 수 있도록 눈금 한 칸의 크기와 눈금의 수 정하기

③ 조사한 자료의 수만큼 [ ] 그리기

④ 알맞은 제목 쓰기

핵심 5 **자료를 조사하여 막대그래프로 나타내기**

① 조사할 주제 정하기

② 조사 계획 세우고 [ ] 조사하기

③ 조사한 자료를 막대그래프로 나타내기

④ 막대그래프로 자료 해석하기

1. 막대그래프 알아보기

● 막대그래프

- **막대그래프**: 조사한 자료의 수량을 막대 모양으로 나타낸 그래프

좋아하는 과일별 학생 수

과일	포도	사과	귤	복숭아	합계
학생 수(명)	8	5	6	10	29

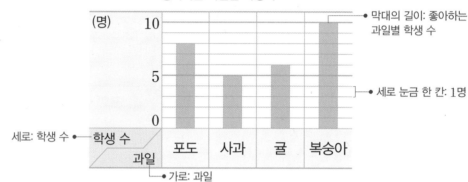

좋아하는 과일별 학생 수

- 막대의 길이: 좋아하는 과일별 학생 수
- 세로 눈금 한 칸: 1명
- 세로: 학생 수
- 가로: 과일

- 표와 막대그래프 비교하기

  표: 조사한 자료별 수량과 합계를 알아보기 쉽습니다.

  막대그래프: 자료별 수량의 많고 적음을 한눈에 비교하기 쉽습니다.

● 막대그래프의 내용 알아보기

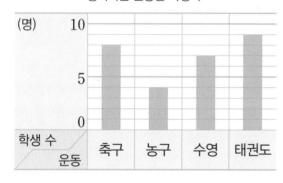

좋아하는 운동별 학생 수

- 가장 많은 학생이 좋아하는 운동은 태권도입니다. → 막대의 길이가 가장 긴 운동: 태권도
- 가장 적은 학생이 좋아하는 운동은 농구입니다. → 막대의 길이가 가장 짧은 운동: 농구

개념 다르게 보기

- **막대그래프의 막대를 가로로 나타낼 수 있어요!**

막대그래프의 가로와 세로를 바꾸어 나타낼 수도 있습니다.

➡ 가로: 학생 수, 세로: 운동

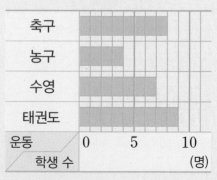

좋아하는 운동별 학생 수

◐ 정답과 풀이 41쪽

1 수민이네 반 학생들이 좋아하는 색깔을 조사하여 나타낸 표와 막대그래프입니다. ☐ 안에 알맞은 말이나 수를 써넣으세요.

✐ 배운 것 연결하기   **3학년 2학기**

그림그래프 알아보기

그림그래프: 조사한 수를 그림으로 나타낸 그래프

좋아하는 색깔별 학생 수

색깔	빨간색	노란색	초록색	파란색	보라색	합계
학생 수(명)	5	8	6	4	7	30

좋아하는 색깔별 학생 수

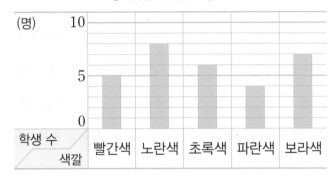

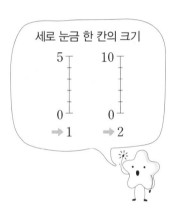

① 막대그래프에서 가로는 ☐ , 세로는 ☐ 을/를 나타냅니다.

② 세로 눈금 한 칸은 ☐ 명을 나타냅니다.

③ 표와 막대그래프 중에서 가장 많은 학생이 좋아하는 색깔을 알아보기에 더 편리한 것은 ☐ 입니다.

2 민서네 학교에서 일주일 동안 나온 재활용품의 양을 조사하여 나타낸 막대그래프입니다. ☐ 안에 알맞은 말을 써넣으세요.

종류별 재활용품 양

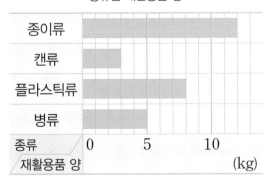

막대의 길이가 길수록 수가 큰 거예요.

① 가장 많이 나온 재활용품은 ☐ 입니다.

② 가장 적게 나온 재활용품은 ☐ 입니다.

5

2. 막대그래프 나타내기

● **막대그래프로 나타내는 방법**

① 가로와 세로 중 어느 쪽에 조사한 수를 나타낼 것인가를 정합니다.

② 눈금 한 칸의 크기를 정하고, 조사한 수 중 가장 큰 수를 나타낼 수 있도록 눈금의 수를 정합니다.

③ 조사한 수에 맞도록 막대를 그립니다.

④ 막대그래프에 알맞은 제목을 붙입니다. ── ● 막대그래프의 제목을 가장 먼저 써도 됩니다.

좋아하는 계절별 학생 수

계절	봄	여름	가을	겨울	합계
학생 수(명)	4	10	8	7	29

좋아하는 계절별 학생 수 → ● ④ 제목 쓰기

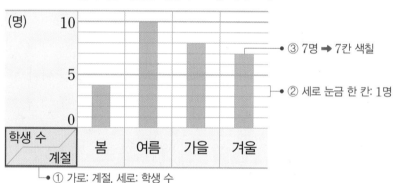

● ③ 7명 ➡ 7칸 색칠

● ② 세로 눈금 한 칸: 1명

● ① 가로: 계절, 세로: 학생 수

개념 자세히 **보기**

● **자료를 조사하여 막대그래프로 나타내 보아요!**

① **자료 조사하기**

자료를 조사하는 방법은 직접 손 들기, 붙임딱지 붙이기, 설문지 작성하기 등 여러 가지가 있습니다.

가고 싶은 체험 학습 장소

박물관	과학관	생태원	숲 체험장

② **조사한 자료를 표로 나타내기**

가고 싶은 체험 학습 장소별 학생 수

장소	박물관	과학관	생태원	숲 체험장	합계
학생 수(명)	3	6	5	2	16

③ **막대그래프로 나타내기**

가고 싶은 체험 학습 장소별 학생 수

◐ 정답과 풀이 41쪽

1 승완이네 반 학생들의 혈액형을 조사하여 나타낸 표를 보고 막대그래프로 나타내려고 합니다. 물음에 답하세요.

혈액형별 학생 수

혈액형	A형	B형	O형	AB형	합계
학생 수(명)	5	7	10	4	26

① 가로에 혈액형을 나타낸다면 세로에는 무엇을 나타내야 할까요?

(   )

② 표를 보고 막대그래프로 나타내 보세요.

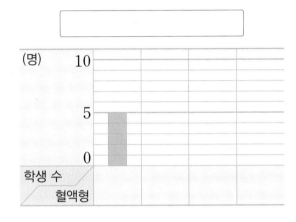

막대그래프에서 막대의 길이로 수량을 나타내요.

2 지혜네 반 학생들이 좋아하는 과목을 조사하여 나타낸 표입니다. 표를 보고 막대그래프로 나타내 보세요.

좋아하는 과목별 학생 수

과목	국어	수학	사회	과학	합계
학생 수(명)	6	8	5	6	25

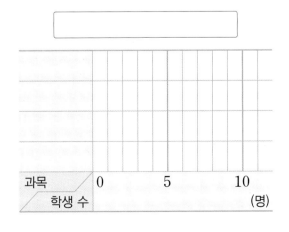

막대를 가로로 나타낸 그래프예요.

5

3. 막대그래프 활용하기

● 막대그래프의 활용

막대그래프에서 알 수 있는 내용을 바탕으로 막대그래프에 나타나지 않은 새로운 정보를 예측할 수 있습니다.

• 수량이 가장 많은 것을 이용하는 경우

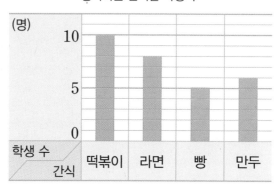

좋아하는 간식별 학생 수

가장 많은 학생이 좋아하는 간식은 떡볶이입니다.

➡ 체육대회 때 먹을 간식을 떡볶이로 준비하는 것이 좋겠습니다.

• 수량이 점점 늘어나거나 줄어드는 경우

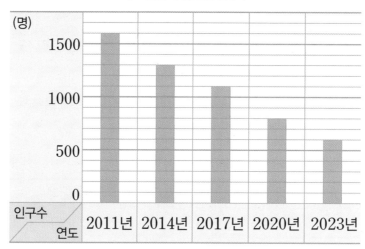

어느 농촌의 연도별 인구수

2011년부터 2023년까지 이 농촌의 인구수는 점점 줄어들었습니다.

➡ 2024년 이 농촌의 인구는 2023년보다 줄어들 것입니다.

개념 자세히 보기

● **막대그래프를 활용하여 중요한 결정을 하거나 미래를 대비할 수 있어요!**

예 • 우리 반 학생들이 가고 싶은 체험 학습 장소

➡ 가장 많은 학생이 가고 싶은 곳을 체험 학습 장소로 정합니다.

• 연도별 고령인구수

➡ 고령인구가 점점 많아짐에 따라 노인복지정책을 보완합니다.

1 은희네 학교에서 일주일 동안 버려진 종류별 쓰레기의 양을 조사하여 나타낸 막대그래프입니다. 막대그래프를 보고 은희의 이야기를 완성해 보세요.

종류별 쓰레기의 양

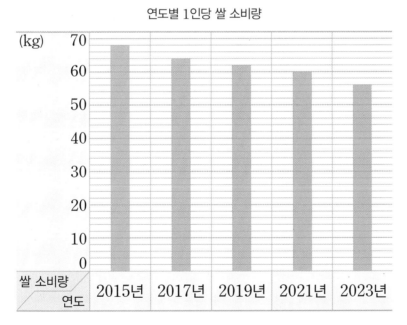

우리 학교에서 가장 많이 버려진 ☐ 쓰레기를 줄이기

위해 ' ⋯⋯⋯⋯⋯⋯⋯⋯⋯⋯⋯⋯⋯⋯⋯⋯⋯⋯ '

을/를 실천해 보자.

은희

2 연도별 1인당 쌀 소비량을 조사하여 나타낸 막대그래프입니다. 옳은 것에 ○표 하세요.

연도별 1인당 쌀 소비량

그래프의 끝을 연결한 모양
╱ : 늘어남
╲ : 줄어듦

① 2015년부터 2023년까지의 연도별 1인당 쌀 소비량은 점점
(늘어났습니다 , 줄어들었습니다).

② 2025년의 연도별 1인당 쌀 소비량은 2023년보다 (늘어날 , 줄어들)
것입니다.

1 막대그래프 알아보기

[1~4] 유리네 반 학생들이 좋아하는 민속놀이를 조사하여 나타낸 막대그래프입니다. 물음에 답하세요.

좋아하는 민속놀이별 학생 수

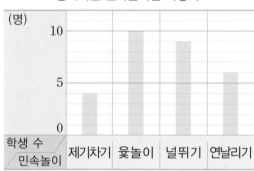

1 막대의 길이는 무엇을 나타낼까요?

( )

2 세로 눈금 한 칸은 몇 명을 나타낼까요?

( )

3 가장 많은 학생이 좋아하는 민속놀이는 무엇일까요?

( )

4 연날리기를 좋아하는 학생은 제기차기를 좋아하는 학생보다 몇 명 더 많을까요?

( )

5 지완이네 모둠 학생들이 먹은 쿠키 수를 조사하여 나타낸 막대그래프입니다. 준우보다 쿠키를 더 많이 먹은 학생은 누구인지 풀이 과정을 쓰고 답을 구해 보세요.

학생별 먹은 쿠키 수

풀이

답

6 현서네 학교에 있는 종류별 나무 수를 조사하여 나타낸 막대그래프입니다. 옳지 않은 것을 찾아 기호를 써 보세요.

종류별 나무 수

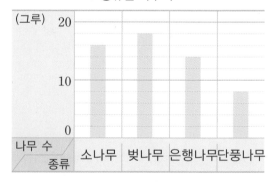

ㄱ 가장 적은 나무는 단풍나무입니다.
ㄴ 은행나무는 14그루입니다.
ㄷ 나무 수가 단풍나무 수의 2배인 나무는 벚나무입니다.

( )

자료의 수를 그림으로 나타내면 그림그래프,
막대로 나타내면 막대그래프.

준비 그림그래프를 보고 민하가 가지고 있는 책은 몇 권인지 구해 보세요.

학생별 가지고 있는 책 수

이름	책 수
수영	
민하	
지선	

📚10권
📖1권

(   )

서술형
7 각 마을에 사는 학생 수를 조사하여 나타낸 그 래프입니다. 그림그래프와 막대그래프의 같은 점과 다른 점을 써 보세요.

마을별 학생 수

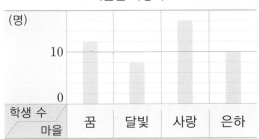

마을별 학생 수

같은 점

다른 점

[8~10] 어느 주스 가게에서 오전에 팔린 주스를 조사하여 나타낸 표와 막대그래프입니다. 물음에 답하세요.

오전에 팔린 종류별 주스 수

주스	딸기	사과	포도	망고	합계
주스 수(잔)	5	12	15	9	41

오전에 팔린 종류별 주스 수

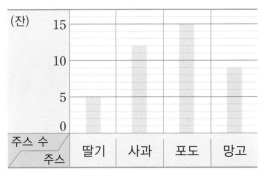

8 많이 팔린 주스부터 차례로 써 보세요.

(   )

9 팔린 포도주스 수는 팔린 딸기주스 수의 몇 배일까요?

(   )

10 표와 막대그래프 중 어느 것에 대한 설명인지 써 보세요.

(1) 오전에 가장 많이 팔린 주스를 한눈에 알아보기에 쉽습니다.

(   )

(2) 오전에 팔린 전체 주스 수를 알아보기에 쉽습니다.

(   )

2 막대그래프로 나타내기

[11~13] 윤아네 학교 4학년 학생들이 가입한 동아리를 조사하여 나타낸 표입니다. 물음에 답하세요.

가입한 동아리별 학생 수

동아리	연극부	댄스부	공예부	방송부	합계
학생 수(명)	12	15	11	8	46

11 표를 보고 막대그래프로 나타낼 때 가로에 동아리를 나타낸다면 세로에는 무엇을 나타내야 할까요?

(   )

12 표를 보고 막대그래프로 나타내 보세요.

가입한 동아리별 학생 수

(그래프: 세로축 (명) 0, 5, 10, 15 / 가로축 연극부, 댄스부, 공예부, 방송부 / 학생 수, 동아리)

13 가로에는 학생 수, 세로에는 동아리가 나타나도록 가로로 된 막대그래프로 나타내 보세요.

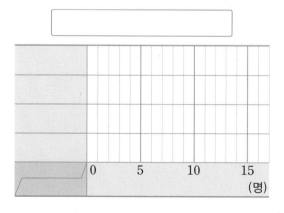

[14~16] 은하네 반 학생들이 기르고 싶은 동물을 조사하였습니다. 물음에 답하세요.

기르고 싶은 동물

강아지	햄스터	고양이	금붕어

14 조사한 자료를 표로 나타내 보세요.

기르고 싶은 동물별 학생 수

동물	강아지	햄스터	고양이	금붕어	합계
학생 수(명)					

15 위 **14**의 표를 보고 막대그래프로 나타내 보세요.

기르고 싶은 동물별 학생 수

(그래프: 세로축 (명) 0, 5, 10 / 학생 수, 동물)

16 세로 눈금 한 칸을 2명으로 하여 막대그래프로 나타낸다면 고양이는 막대를 몇 칸으로 그려야 할까요?

(   )

[17~19] 승호네 학교 4학년 학생들이 좋아하는 꽃을 조사하여 나타낸 표입니다. 물음에 답하세요.

좋아하는 꽃별 학생 수

꽃	장미	백합	튤립	국화	합계
학생 수(명)	8		16	12	40

서술형
17 백합을 좋아하는 학생은 몇 명인지 풀이 과정을 쓰고 답을 구해 보세요.

풀이

답

18 학생 수가 많은 꽃부터 위쪽에서 차례로 막대그래프로 나타내 보세요.

좋아하는 꽃별 학생 수

내가 만드는 문제
19 위 **18**의 그래프와 가로 눈금 한 칸의 크기를 다르게 정하여 막대그래프로 나타내 보세요.

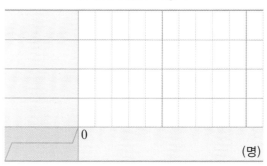

좋아하는 꽃별 학생 수

먼저 모르는 항목의 수를 구해 봐.

준비 화요일에 도서관을 이용한 학생이 월요일보다 60명 더 많다고 할 때 그림그래프를 완성해 보세요.

요일별 학생 수

요일	학생 수
월	☺☺☺☺☺☺
화	
수	☺☺☺

☺100명
☺10명

[20~21] 채은이네 반 학생들이 가고 싶어 하는 체험 학습 장소를 조사하여 나타낸 표입니다. 과학관에 가고 싶어 하는 학생이 박물관에 가고 싶어 하는 학생보다 2명 더 많다고 합니다. 물음에 답하세요.

가고 싶어 하는 체험 학습 장소별 학생 수

장소	수목원	과학관	박물관	목장	합계
학생 수(명)	6			10	22

5

20 과학관에 가고 싶어 하는 학생은 몇 명일까요?

( )

21 학생 수가 적은 장소부터 왼쪽에서 차례로 막대그래프로 나타내 보세요.

가고 싶어 하는 체험 학습 장소별 학생 수

3 막대그래프 활용하기

[22~24] 연우네 반 학생들이 배우고 싶어 하는 운동을 조사하였습니다. 물음에 답하세요.

> **우리 반 학생들이 배우고 싶어 하는 운동!**
>
> 우리 반 학생들이 배우고 싶어 하는 운동을 조사한 결과 수영을 배우고 싶어 하는 학생이 11명으로 가장 많았습니다. 골프를 배우고 싶어 하는 학생은 8명, 태권도를 배우고 싶어 하는 학생은 6명이었고 발레를 배우고 싶어 하는 학생이 3명으로 가장 적었습니다.

22 조사한 자료를 막대그래프로 나타내 보세요.

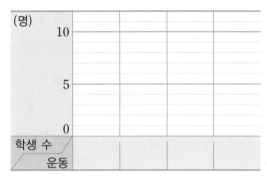

배우고 싶어 하는 운동별 학생 수

23 가장 많은 학생이 배우고 싶어 하는 운동과 가장 적은 학생이 배우고 싶어 하는 운동의 학생 수의 차는 몇 명일까요?

( )

24 연우네 반 학생들에게 운동을 가르쳐 준다면 어떤 운동을 가르쳐 주는 것이 좋을까요?

( )

서술형
25 현지네 반 학생들이 학급 행사 시간에 할 활동 두 가지를 정해 보고 그 까닭을 써 보세요.

하고 싶어 하는 활동별 학생 수

활동 _____ , _____

까닭 _____

_____

_____

[26~27] 어느 마을의 연도별 밀가루 소비량을 조사하여 나타낸 막대그래프입니다. 물음에 답하세요.

연도별 밀가루 소비량

26 2021년과 2023년의 밀가루 소비량의 차는 몇 kg일까요?

( )

27 2025년의 밀가루 소비량은 어떻게 변할지 예상해 보세요.

_____

실수하기 쉬운 유형

⚡ 세로 눈금 한 칸의 크기는 수량을 칸 수로 나누어 구해 보자!

1 지호네 반 학생들이 좋아하는 과일을 조사하여 나타낸 막대그래프입니다. 세로 눈금 한 칸은 몇 명을 나타낼까요?

좋아하는 과일별 학생 수

( )

2 규은이네 모둠 학생들이 줄넘기를 한 횟수를 조사하여 나타낸 막대그래프입니다. 세로 눈금 한 칸은 몇 회를 나타낼까요?

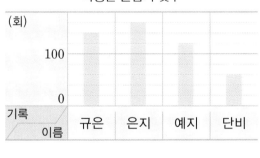

학생별 줄넘기 횟수

( )

⚡ 비교하고자 하는 항목의 자료 수만 생각해 보자!

3 선주네 모둠 학생들이 투호 놀이에서 넣은 화살 수를 조사하여 나타낸 막대그래프입니다. 선주가 넣은 화살 수는 예진이가 넣은 화살 수의 몇 배일까요?

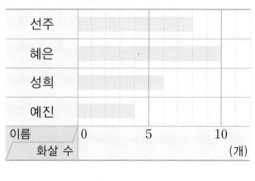

학생별 넣은 화살 수

( )

4 어느 아파트의 자전거 수를 조사하여 나타낸 막대그래프입니다. 다 동 자전거 수는 나 동 자전거 수의 몇 배일까요?

동별 자전거 수

( )

5

⚡ 표와 막대그래프에서 알 수 있는 정보를 비교하여 비어 있는 부분을 완성해 보자!

5 표와 막대그래프를 완성해 보세요.

혈액형별 학생 수

혈액형	A형	B형	O형	AB형	합계
학생 수(명)		8		3	23

혈액형별 학생 수

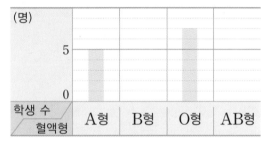

⚡ 표의 수량과 막대의 칸 수를 비교하여 세로 눈금 한 칸의 크기를 구해 보자!

7 표를 보고 세로 눈금 한 칸을 2명으로 하여 막대그래프로 나타내 보세요.

좋아하는 색깔별 학생 수

색깔	빨강	주황	노랑	파랑	합계
학생 수(명)	12	4	10	6	32

좋아하는 색깔별 학생 수

6 표와 막대그래프를 완성해 보세요.

다니고 있는 학원별 학생 수

학원	피아노	수학	태권도	무용	합계
학생 수(명)	14			4	34

다니고 있는 학원별 학생 수

8 표를 보고 세로 눈금 한 칸을 4명으로 하여 막대그래프로 나타내 보세요.

장래 희망별 학생 수

장래 희망	연예인	기자	과학자	선생님	합계
학생 수(명)	12	8	16	20	56

장래 희망별 학생 수

STEP 4 상위권 도전 유형

도전1 **막대그래프 완성하기**

1 주영이네 반 학생 31명이 좋아하는 채소를 조사하여 나타낸 막대그래프입니다. 막대그래프를 완성해 보세요.

좋아하는 채소별 학생 수

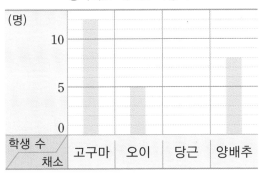

핵심 NOTE
① 전체 학생 수를 이용하여 막대그래프에 나타나 있지 않은 항목의 수를 구합니다.
② 막대그래프를 완성합니다.

2 마을별 놀이터 수를 조사하여 나타낸 막대그래프입니다. 네 마을의 놀이터가 모두 26개일 때, 막대그래프를 완성해 보세요.

마을별 놀이터 수

마을	놀이터 수 (개)
하늘	
구름	
달빛	
행복	

도전2 **자료의 합계 구하기**

3 민주네 반 학생들이 받고 싶어 하는 선물을 조사하여 나타낸 막대그래프입니다. 책을 받고 싶어 하는 학생이 학용품을 받고 싶어 하는 학생보다 3명 더 많다면 조사한 학생은 모두 몇 명일까요?

받고 싶어 하는 선물별 학생 수

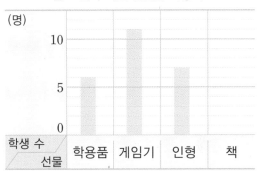

(   )

핵심 NOTE
① 주어진 조건을 이용하여 막대그래프에 나타나 있지 않은 항목의 수를 구합니다.
② 조사한 전체 학생 수를 구합니다.

4 채영이네 반 학생들의 취미를 조사하여 나타낸 막대그래프입니다. 게임이 취미인 학생 수가 음악 감상이 취미인 학생 수의 2배라면 조사한 학생은 모두 몇 명일까요?

취미별 학생 수

(   )

도전3 **두 막대그래프를 한 번에 나타내기**

5 세정이네 모둠 학생들의 국어와 수학 점수를 조사하여 나타낸 막대그래프입니다. 국어와 수학 점수의 차가 가장 큰 학생은 누구일까요?

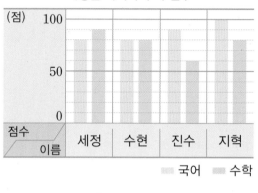

학생별 국어와 수학 점수

(   )

핵심 NOTE

한 항목에서 두 자료의 막대의 길이의 차이가 클수록 항목의 수량의 차가 큽니다.

6 공원별 지난달 방문객 수를 조사하여 나타낸 막대그래프입니다. 남자 방문객과 여자 방문객 수의 차가 가장 큰 공원은 어디일까요?

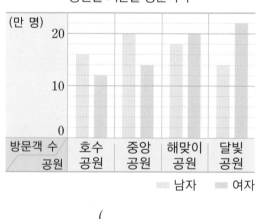

공원별 지난달 방문객 수

(   )

도전4 **필요한 수 구하기**

7 재아네 모둠 학생들이 한 달 동안 읽은 책 수를 조사하여 나타낸 막대그래프입니다. 읽은 책 한 권당 칭찬 붙임딱지를 2장씩 주려면 칭찬 붙임딱지를 적어도 몇 장 준비해야 할까요?

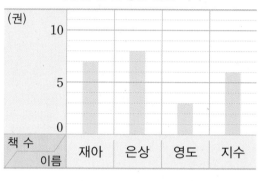

학생별 한 달 동안 읽은 책 수

(   )

핵심 NOTE

모둠 학생들이 읽은 전체 책 수를 구한 다음 한 권당 나누어 주는 붙임딱지 수를 곱하여 구합니다.

8 진수네 학교 4학년의 반별 학생 수를 조사하여 나타낸 막대그래프입니다. 4학년 학생들에게 공책을 4권씩 주려면 공책을 적어도 몇 권 준비해야 할까요?

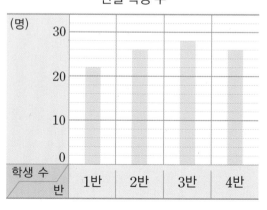

반별 학생 수

(   )

도전5 **일부분이 생략된 막대그래프 알아보기**

9 민준이네 반 학생 28명이 가고 싶어 하는 나라를 조사하여 나타낸 막대그래프입니다. 영국에 가고 싶어 하는 학생이 프랑스에 가고 싶어 하는 학생보다 5명 더 많을 때, 인도에 가고 싶어 하는 학생은 몇 명일까요?

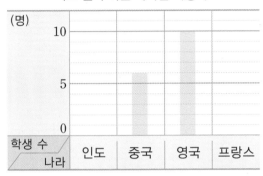

가고 싶어 하는 나라별 학생 수

( )

핵심 NOTE

① 주어진 조건을 이용하여 프랑스에 가고 싶어 하는 학생 수를 구합니다.

② 전체 학생 수를 이용하여 인도에 가고 싶어 하는 학생 수를 구합니다.

10 서우네 반 학생 30명이 좋아하는 놀이기구를 조사하여 나타낸 막대그래프입니다. 정글짐을 좋아하는 학생이 시소를 좋아하는 학생보다 4명 더 많을 때, 그네를 좋아하는 학생은 몇 명일까요?

좋아하는 놀이기구별 학생 수

( )

도전6 **눈금 한 칸의 크기가 다른 막대그래프 비교하기**

11 채린이네 모둠과 혜진이네 모둠 학생들이 두 달 동안 외식을 한 횟수를 조사하여 나타낸 막대그래프입니다. 두 모둠의 학생들 중에서 외식을 가장 많이 한 학생은 누구일까요?

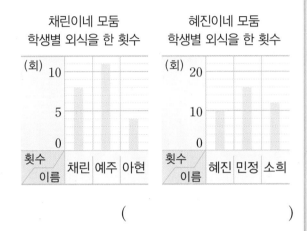

채린이네 모둠
학생별 외식을 한 횟수

혜진이네 모둠
학생별 외식을 한 횟수

( )

핵심 NOTE

두 막대그래프의 눈금 한 칸의 크기가 다르면 막대의 길이로 비교하지 않고 각 항목의 수를 비교합니다.

12 현성이네 모둠과 지훈이네 모둠 학생들이 일주일 동안 운동을 한 시간을 조사하여 나타낸 막대그래프입니다. 두 모둠의 학생들 중에서 운동을 가장 적게 한 학생은 누구일까요?

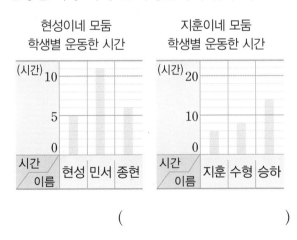

현성이네 모둠
학생별 운동한 시간

지훈이네 모둠
학생별 운동한 시간

( )

도전7 **찢어진 막대그래프 완성하기(1)**

13 수영이네 반 학생 35명이 좋아하는 책을 조사하여 나타낸 막대그래프의 일부분이 찢어졌습니다. 둘째로 많은 학생이 좋아하는 책은 무엇일까요?

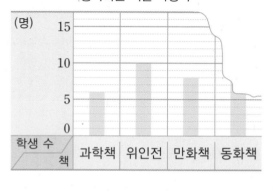

좋아하는 책별 학생 수

(   )

핵심 NOTE

전체 학생 수를 알고 있는 찢어진 그래프에서는 전체에서 알 수 있는 항목의 수를 빼서 구합니다.

14 지혜네 반 학생 30명이 배우고 싶어 하는 악기를 조사하여 나타낸 막대그래프의 일부분이 찢어졌습니다. 둘째로 많은 학생이 배우고 싶어 하는 악기는 무엇일까요?

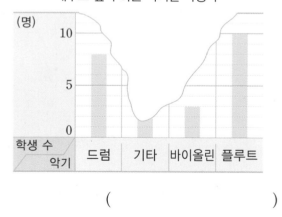

배우고 싶어 하는 악기별 학생 수

(   )

도전8 **찢어진 막대그래프 완성하기(2)**

15 준수네 반 학생 35명이 좋아하는 계절을 조사하여 나타낸 막대그래프입니다. 여름을 좋아하는 학생이 가을을 좋아하는 학생보다 4명 더 적다면 가을을 좋아하는 학생은 몇 명일까요?

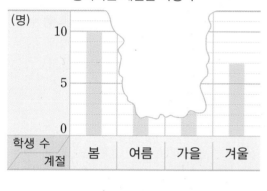

좋아하는 계절별 학생 수

(   )

핵심 NOTE

찢어져서 보이지 않는 부분의 수를 ▢라 하고 찢어지지 않은 부분의 막대와 주어진 조건을 이용하여 ▢를 구합니다.

16 어느 분식집의 일주일 동안의 음식별 주문량을 조사하여 나타낸 막대그래프입니다. 전체 주문량은 400건이고 떡볶이 주문량이 라면 주문량보다 50건 더 많다면 라면 주문량은 몇 건일까요?

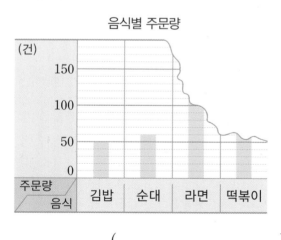

음식별 주문량

(   )

[1~4] 학생들이 좋아하는 간식을 조사하여 나타낸 막대그래프입니다. 물음에 답하세요.

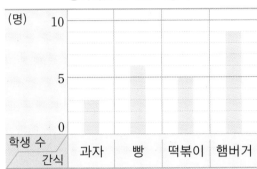

좋아하는 간식별 학생 수

1 세로 눈금 한 칸은 몇 명을 나타낼까요?

( )

2 가장 많은 학생이 좋아하는 간식은 무엇일까요?

( )

3 떡볶이보다 더 많은 학생이 좋아하는 간식을 모두 써 보세요.

( )

4 조사한 전체 학생은 모두 몇 명일까요?

( )

[5~7] 현수네 학교 4학년에서 반별로 자전거를 탈 줄 아는 학생 수를 조사하여 나타낸 표입니다. 물음에 답하세요.

반별 자전거를 탈 줄 아는 학생 수

반	1반	2반	3반	4반	합계
학생 수(명)	6	8	12		35

5 4반에서 자전거를 탈 줄 아는 학생은 몇 명일까요?

( )

6 표를 보고 막대그래프로 나타내 보세요.

반별 자전거를 탈 줄 아는 학생 수

7 자전거를 탈 줄 아는 학생 수가 1반의 2배인 반은 몇 반일까요?

( )

8 학생들의 취미를 조사하여 나타낸 표입니다. 막대그래프로 나타내려면 눈금은 적어도 몇 명까지 나타낼 수 있어야 할까요?

취미별 학생 수

취미	컴퓨터	그림	운동	독서	합계
학생 수(명)		5	12	9	40

( )

[9~11] 윤지네 학교에 있는 종류별 나무 수를 조사하여 나타낸 막대그래프입니다. 물음에 답하세요.

종류별 나무 수

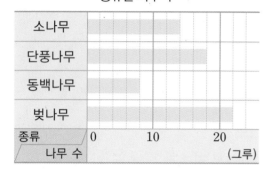

9 가로 눈금 한 칸은 몇 그루를 나타낼까요?

( )

10 나무 수가 10그루보다 적은 나무는 무엇일까요?

( )

11 가장 많은 나무와 가장 적은 나무의 나무 수의 차는 몇 그루일까요?

( )

[12~14] 학생들이 좋아하는 구기 종목을 조사하여 나타낸 표입니다. 야구를 좋아하는 학생은 배구를 좋아하는 학생보다 2명 더 많습니다. 물음에 답하세요.

좋아하는 구기 종목별 학생 수

구기 종목	축구	농구	피구	배구	야구	합계
학생 수(명)	20	14	18			74

12 축구를 좋아하는 학생은 농구를 좋아하는 학생보다 몇 명 더 많을까요?

( )

13 배구를 좋아하는 학생 수와 야구를 좋아하는 학생 수를 각각 구해 보세요.

배구 ( )
야구 ( )

14 표를 보고 막대그래프로 나타내 보세요.

[15~18] 윤주와 동욱이가 월요일부터 목요일까지 4일 동안 운동을 한 시간을 조사하여 나타낸 막대그래프입니다. 물음에 답하세요.

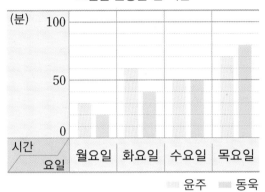

요일별 운동을 한 시간

15 윤주와 동욱이가 운동을 한 시간이 같은 날은 무슨 요일일까요?

( )

16 윤주와 동욱이가 운동을 한 시간의 차가 가장 큰 날은 무슨 요일일까요?

( )

17 동욱이가 운동을 가장 많이 한 요일은 무슨 요일이고, 몇 분 동안 했을까요?

( ), ( )

18 4일 동안 운동을 한 시간은 윤주와 동욱이 중 누가 몇 분 더 많을까요?

( ), ( )

[19~20] 어느 지역의 과수원별 배 생산량을 조사하여 나타낸 막대그래프입니다. 물음에 답하세요.

과수원별 배 생산량

19 배를 둘째로 많이 생산한 과수원은 어느 과수원인지 풀이 과정을 쓰고 답을 구해 보세요.

풀이 _____

_____

_____

답 _____

20 네 과수원에서 생산한 배는 모두 몇 상자인지 풀이 과정을 쓰고 답을 구해 보세요.

풀이 _____

_____

_____

답 _____

[1~4] 은수네 반 학생들이 가고 싶어 하는 산을 조사하여 나타낸 표와 막대그래프입니다. 물음에 답하세요.

가고 싶어 하는 산별 학생 수

산	설악산	오대산	한라산	지리산	합계
학생 수(명)	9	5	7	3	24

가고 싶어 하는 산별 학생 수

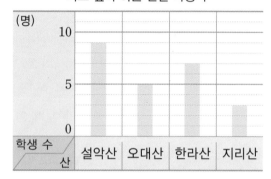

1 막대그래프에서 가로와 세로는 각각 무엇을 나타낼까요?

가로 ( )

세로 ( )

2 막대그래프에서 세로 눈금 한 칸은 몇 명을 나타낼까요?

( )

3 한라산을 가고 싶어 하는 학생은 몇 명일까요?

( )

4 가장 많은 학생이 가고 싶어 하는 산이 어디인지 한눈에 쉽게 알아보려면 표와 막대그래프 중 어느 것이 더 편리할까요?

( )

[5~8] 지오네 반 학생들이 좋아하는 여행지를 조사하여 나타낸 막대그래프입니다. 물음에 답하세요.

좋아하는 여행지별 학생 수

5 제주도를 좋아하는 학생은 몇 명일까요?

( )

6 가장 적은 학생이 좋아하는 여행지는 어디일까요?

( )

7 강화도를 좋아하는 학생 수와 속초를 좋아하는 학생 수의 차는 몇 명일까요?

( )

8 부산을 좋아하는 학생 수는 강화도를 좋아하는 학생 수의 몇 배일까요?

( )

[9~11] 건호네 반 학생들이 좋아하는 동물을 조사하였습니다. 물음에 답하세요.

좋아하는 동물

사자	호랑이	코끼리	기린

9 조사한 자료를 보고 표로 나타내 보세요.

좋아하는 동물별 학생 수

동물	사자	호랑이	코끼리	기린	합계
학생 수(명)					

10 위 **9**의 표를 보고 막대그래프로 나타내 보세요.

좋아하는 동물별 학생 수

(명)

| 10 |
| 5 |
| 0 |

학생 수 / 동물 : 사자 | 호랑이 | 코끼리 | 기린

11 위 **9**의 표를 보고 막대가 가로로 된 막대그래프로 나타내 보세요.

좋아하는 동물별 학생 수

동물 / 학생 수 : 0   5   10   (명)

[12~15] 어느 가게에서 하루 동안의 음료수 판매량을 조사한 표를 보고 막대그래프로 나타내려고 합니다. 물음에 답하세요.

음료수별 판매량

음료수	콜라	사이다	주스	녹차	합계
판매량(개)	12		18	14	52

12 하루 동안 팔린 사이다는 몇 개일까요?

( )

13 세로 눈금 한 칸을 2개로 하여 막대그래프로 나타낸다면 콜라는 막대를 몇 칸으로 그려야 할까요?

( )

14 표를 보고 막대그래프로 나타내 보세요.

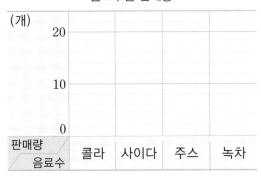

음료수별 판매량

(개)

| 20 |
| 10 |
| 0 |

판매량 / 음료수 : 콜라 | 사이다 | 주스 | 녹차

15 이 가게에서는 어떤 음료를 가장 많이 준비하는 것이 좋을까요?

( )

5

16 승리네 반 학생들이 좋아하는 운동을 조사하여 나타낸 표와 막대그래프입니다. 표와 막대그래프를 완성해 보세요.

좋아하는 운동별 학생 수

운동	축구	농구	피구	야구	합계
학생 수(명)	9		11		33

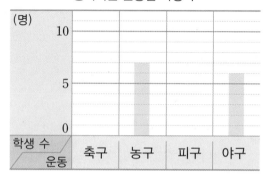
좋아하는 운동별 학생 수

[17~18] 유주네 학교 4학년의 반별 안경을 쓴 학생 수를 조사하여 나타낸 막대그래프입니다. 물음에 답하세요.

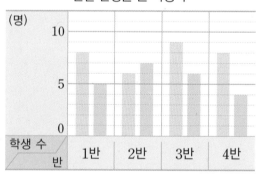
반별 안경을 쓴 학생 수

■ 남학생　■ 여학생

17 안경을 쓴 여학생이 남학생보다 많은 반은 어느 반일까요?

(　　　　　　　　)

18 안경을 쓴 남학생 수와 여학생 수의 차가 가장 큰 반은 어느 반일까요?

(　　　　　　　　)

[19~20] 성주네 학교 4학년 학생들이 관심 있는 환경 주제를 조사하여 나타낸 막대그래프입니다. 물음에 답하세요.

관심 있는 환경 주제별 학생 수

19 지구 온난화에 관심 있는 학생은 몇 명인지 풀이 과정을 쓰고 답을 구해 보세요.

풀이

답

20 가장 많은 학생이 관심 있는 주제와 가장 적은 학생이 관심 있는 주제의 학생 수의 차는 몇 명인지 풀이 과정을 쓰고 답을 구해 보세요.

풀이

답

6 규칙 찾기

이번 단원에서
꼭 짚어야 할
핵심 개념을 알아보자.

핵심 1 수의 배열에서 규칙 찾기

100	110	120	130	140 →
200	210	220	230	240
300	310	320	330	340

- 가로(➡)는 오른쪽으로 ☐ 씩 커지는 규칙입니다.
- 세로(⬇)는 아래쪽으로 ☐ 씩 커지는 규칙입니다.

핵심 2 모양의 배열에서 규칙 찾기

순서	첫째	둘째	셋째
배열	■	⊞	▦
식	1×1	2×2	
수	1	4	

핵심 3 계산식의 배열에서 규칙 찾기

순서	곱셈식
첫째	$101 \times 11 = 1111$
둘째	$202 \times 11 = 2222$
셋째	$303 \times 11 = 3333$
넷째	

핵심 4 등호(=)가 있는 식 알아보기

크기가 같은 두 양을 등호(=)를 사용하여 하나의 식으로 나타낼 수 있습니다.

$$2+8=10$$ $$2+3+5=10$$

➡ $2+8=2+3+$ ☐

핵심 5 생활에서 규칙 찾기

2만큼 작아집니다.

9 + 1 = 7 + ☐

2만큼 커집니다.

답 1. 10, 100 2. 3×3, 9 3. 404×11=4444 4. 5 5. 3

1. 수의 배열에서 규칙 찾기

● **수의 배열에서 규칙 찾기⑴**

101	201	301	401	501
102	202	302	402	502
103	203	303	403	503
104	204	304	404	504

규칙 · 가로(→)는 오른쪽으로 **100**씩 커지는 규칙입니다.

· 세로( )는 아래쪽으로 **1**씩 커지는 규칙입니다.

· ↘ 방향으로 **101**씩 커지는 규칙입니다.

● **수의 배열에서 규칙 찾기⑵**

2	4	8	16	32
8	16	32	64	128
32	64	128	256	512
128	256	512	1024	2048

규칙 · 가로(→)는 오른쪽으로 **2**씩 곱하는 규칙입니다.

· 세로( )는 아래쪽으로 **4**씩 곱하는 규칙입니다.

● **곱셈을 이용한 수의 배열에서 규칙 찾기**

	21	22	23	24	25	26	27	28
11	1	2	3	4	5	6	7	8
12	2	4	6	8	0	2	4	6
13	3	6	9	2	5	8	1	4
14	4	8	2	6	0	4	8	2

➡ $11 \times 21 = 231$, $11 \times 22 = 242$, $11 \times 23 = 253$, ...

규칙 · 두 수의 곱셈의 결과에서 일의 자리 수를 쓰는 규칙입니다.

· **1**부터 시작하는 가로는 **1**씩 커집니다.

· **2**부터 시작하는 가로는 **2, 4, 6, 8, 0**이 반복됩니다.

· **4**부터 시작하는 가로는 **4, 8, 2, 6, 0**이 반복됩니다.

1 수 배열표를 보고 ☐ 안에 알맞은 수를 써넣으세요.

6003	6103	6203	6303	6403	6503
5003	5103	5203	5303	5403	5503
4003	4103	4203	4303	4403	4503
3003	3103	3203	3303	3403	3503
2003	2103	2203	2303	2403	2503

① 가로( )는 오른쪽으로 ☐ 씩 커지는 규칙입니다.

② 세로( )는 아래쪽으로 ☐ 씩 작아지는 규칙입니다.

2 수 배열표에서 규칙을 찾아 빈칸에 알맞은 수를 써넣으세요.

10	20	40	80
50	100	200	
250	500		2000
1250		5000	10000

가로(→)와 세로(↓)에서 규칙을 찾아봐요.

3 수 배열표를 보고 물음에 답하세요.

6

	111	112	113	114	115	116	117
11	1	2	3	4	5	6	7
12	2	4	6	8	0	2	4
13	3	6		2	5	8	1
14	4	8	2		0	4	8
15	5	0	5	0			5

① 수 배열표에서 찾은 규칙입니다. ☐ 안에 알맞은 말을 써넣으세요.

　규칙　두 수의 곱셈의 결과에서 ☐ 의 자리 수를 쓰는 규칙입니다.

② 수 배열표를 완성해 보세요.

두 수의 곱셈 결과와 수 배열표의 수를 비교하여 규칙을 찾아봐요.

2. 모양의 배열에서 규칙 찾기

● **모양의 배열에서 규칙 찾기**(1) ── 일정하게 늘어나는 경우

순서	첫째	둘째	셋째	넷째	다섯째
배열					
식	1	1+2	1+2+2	1+2+2+2	1+2+2+2+2
수	1	3	5	7	9

- 모형이 왼쪽과 위쪽으로 1개씩 늘어납니다.
- 모형이 1개에서 시작하여 2개씩 늘어납니다.
- 여섯째 식은 1+2+2+2+2+2이므로 여섯째에 알맞은 모형은 11개입니다.

● **모양의 배열에서 규칙 찾기**(2) ── 늘어나는 수가 커지는 경우

순서	첫째	둘째	셋째	넷째	다섯째
배열					
식	1	1+2	1+2+3	1+2+3+4	1+2+3+4+5
수	1	3	6	10	15

- 모형이 1개에서 시작하여 2개, 3개, 4개, ...씩 늘어납니다.
- 여섯째 식은 1+2+3+4+5+6이므로 여섯째에 알맞은 모형은 21개입니다.

개념 자세히 보기

● **모양의 배열에서 규칙을 찾아 식으로 나타내는 방법은 여러 가지가 있어요!**

순서	첫째	둘째	셋째	넷째
배열				
덧셈식	1	1+3	1+3+5	1+3+5+7
곱셈식	1	2×2	3×3	4×4
수	1	4	9	16

1 쌓기나무의 배열을 보고 물음에 답하세요.

첫째 　　 둘째 　　 셋째 　　 넷째

배운 것 연결하기 **2학년 2학기**

쌓은 모양에서 규칙 찾기

➡ 쌓기나무가 오른쪽과 위쪽으로 각각 1개씩 늘어납니다.

① 쌓기나무의 배열에서 규칙을 찾아 ☐ 안에 알맞은 수를 써넣으세요.

> 쌓기나무의 배열에서 규칙을 찾아 식으로 나타내면 첫째는 1, 둘째는 1+3, 셋째는 1+3+☐, 넷째는 1+3+☐+☐입니다.

② 규칙에 따라 다섯째에 알맞은 모양을 그려 보고 쌓기나무는 몇 개인지 구해 보세요.

(　　　　　　　　　　)

모양을 그릴 때 쌓기나무
🧊를 ⬜와 같이 간단히
나타내요.

2 사각형의 배열을 보고 물음에 답하세요.

순서	첫째	둘째	셋째	넷째
배열				
식	1	1+3	1+3+5	
수	1	4		

늘어나는 방향과 모양을 생각해 봐요.

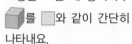

위쪽
왼쪽 ←　→ 오른쪽
아래쪽

① 사각형의 배열에서 규칙을 찾아 셋째와 넷째에 알맞은 식과 수를 써넣으세요.

② 찾은 규칙에 따라 다섯째에 알맞은 사각형의 수를 식으로 나타내고 구해 보세요.

식 .... 　 수 ....

3. 계산식의 배열에서 규칙 찾기

● 덧셈식과 뺄셈식의 배열에서 규칙 찾기

• 덧셈식의 배열에서 규칙 찾기

순서	덧셈식
첫째	$302+215=517$
둘째	$312+225=537$
셋째	$322+235=557$
넷째	$332+245=577$

규칙 십의 자리 수가 각각 1씩 커지는 두 수의 합은 20씩 커집니다.

➡ 다섯째 덧셈식은

$$342 + 255 = 597$$입니다.

• 뺄셈식의 배열에서 규칙 찾기

순서	뺄셈식
첫째	$550-120=430$
둘째	$650-220=430$
셋째	$750-320=430$
넷째	$850-420=430$

규칙 같은 자리의 수가 똑같이 커지는 두 수의 차는 항상 일정합니다.

➡ 다섯째 뺄셈식은

$$950 - 520 = 430$$입니다.

● 곱셈식과 나눗셈식의 배열에서 규칙 찾기

• 곱셈식의 배열에서 규칙 찾기

순서	곱셈식
첫째	$10 \times 11 = 110$
둘째	$20 \times 11 = 220$
셋째	$30 \times 11 = 330$
넷째	$40 \times 11 = 440$

규칙 10씩 커지는 수에 11을 곱하면 계산 결과는 110씩 커집니다.

➡ 다섯째 곱셈식은

$$50 \times 11 = 550$$입니다.

• 나눗셈식의 배열에서 규칙 찾기

순서	나눗셈식
첫째	$200 \div 2 = 100$
둘째	$400 \div 2 = 200$
셋째	$600 \div 2 = 300$
넷째	$800 \div 2 = 400$

규칙 200씩 커지는 수를 2로 나누면 계산 결과는 100씩 커집니다.

➡ 다섯째 나눗셈식은

$$1000 \div 2 = 500$$입니다.

● 계산식의 배열에서 규칙 찾기

순서	계산식
첫째	$1 \times 1 = 1$
둘째	$11 \times 11 = 121$
셋째	$111 \times 111 = 12321$
넷째	$1111 \times 1111 = 1234321$

규칙 1이 1개씩 늘어나는 수를 2번 곱한 결과는 가운데를 중심으로 접으면 같은 숫자가 만납니다.

➡ 다섯째 계산식은

$$11111 \times 11111 = 123454321$$입니다.

↪ 정답과 풀이 **49**쪽

1 계산식의 배열을 보고 물음에 답하세요.

㉮

855−620=235
755−520=235
655−420=235
555−320=235

㉯

589−487=102
589−477=112
589−467=122
589−457=132

㉰

523+412=935
423+512=935
323+612=935
223+712=935

① 설명에 맞는 계산식을 찾아 기호를 써 보세요.

> 같은 자리 수가 똑같이 작아지는 두 수의 차는 항상 일정합니다.

(   )

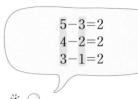

5−3=2
4−2=2
3−1=2

② 서아의 생각과 같은 규칙적인 계산식을 찾아 기호를 써 보세요.

> 다음에 알맞은 계산식은
> 123 + 812 = 935입니다.

(   )

2 계산식의 배열을 보고 물음에 답하세요.

㉮

220÷20=11
330÷30=11
440÷40=11
550÷50=11

㉯

30×11=330
40×11=440
50×11=550
60×11=660

㉰

121÷11=11
242÷22=11
363÷33=11
484÷44=11

① 설명에 맞는 계산식을 찾아 기호를 써 보세요.

> 일의 자리 수가 0인 두 자리 수에 11을 곱하면 백의 자리 수와 십의 자리 수가 같은 세 자리 수가 나옵니다.

(   )

② 지우의 생각과 같은 규칙적인 계산식을 찾아 기호를 써 보세요.

> 다음에 알맞은 계산식은
> 660 ÷ 60 = 11입니다.

(   )

> 규칙을 찾으면 다음에 이어질 계산식을 찾을 수 있어요.

4. 등호(=)가 있는 식 알아보기

● 크기가 같은 두 양을 식으로 나타내기

$6 + 7 = 13$

$2 + 4 + 7 = 13$

→ $6 + 7 = 2 + 4 + 7$

크기가 같은 두 양을 등호(=)를 사용하여 하나의 식으로 나타낼 수 있습니다.

● **15+8=17+6**이 옳은 식인지 알아보기

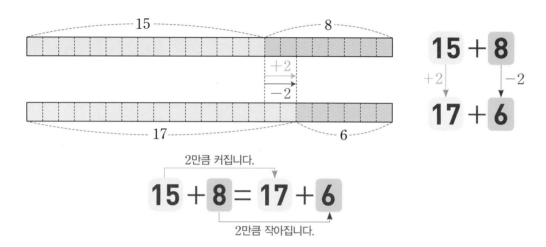

$15 + 8 = 17 + 6$

2만큼 커집니다.

2만큼 작아집니다.

● **23-13=20-10**이 옳은 식인지 알아보기

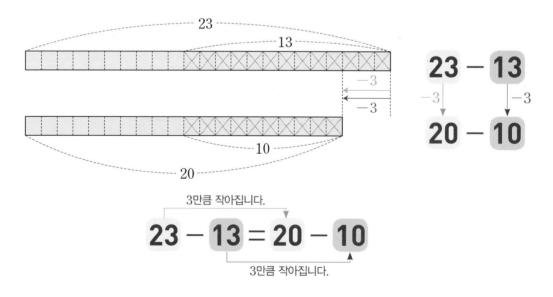

$23 - 13 = 20 - 10$

3만큼 작아집니다.

3만큼 작아집니다.

개념 자세히 보기

● 등호(=)도 부등호(>, <)처럼 두 양의 크기를 비교하는 기호예요!

등호(=): 두 양의 크기가 같을 때 사용

부등호(>, <): 한 쪽의 양이 더 클 때 사용

$7 \times 2 \enspace \fbox{=} \enspace 10 + 4 \qquad 9 - 2 \enspace \fbox{>} \enspace 10 \div 2$

● 정답과 풀이 49쪽

① 등호(=)를 사용하여 크기가 같은 두 양을 식으로 나타내려고 합니다. 물음에 답하세요.

① 12를 어떻게 색칠했는지 살펴보고 곱셈식으로 나타내 보세요.

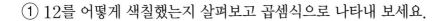

$$12 = \underline{\hspace{4cm}}$$

② 12가 되도록 두 가지 색으로 색칠하고 덧셈식으로 나타내 보세요.

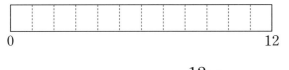

$$12 = \underline{\hspace{4cm}}$$

12를 두 수로 가르기하여 덧셈식으로 나타내요.

③ 위의 두 식을 하나의 식으로 나타내 보세요.

식 \underline{\hspace{5cm}}

② 수직선을 보고 $31-13=34-16$이 옳은 식인지 알아보세요.

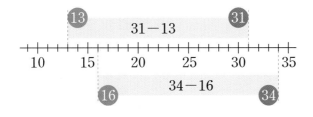

31에서 34로 $\boxed{}$ 만큼 (커지고 , 작아지고),

13에서 16으로 $\boxed{}$ 만큼 (커집니다 , 작아집니다).

➡ $31-13=34-16$은 (옳은 , 옳지 않은) 식입니다.

③ 식을 보고 옳으면 ○표, 옳지 않으면 ×표 하세요.

① $15+4=10+5+4$ ☐ ② $32 \div 8 = 64 \div 4$ ☐

③ $42-25=40-27$ ☐ ④ $19 \times 4 = 4 \times 19$ ☐

등호(=)의 양쪽이 같으면 옳은 식이에요.

1 수의 배열에서 규칙 찾기

→ 방향으로 어느 자리 수가 몇씩 커지고 있지?

준비 덧셈표를 보고 ☐ 안에 알맞은 수를 써넣으세요.

+	2	3	4	5	6	7
2	4	5	6	7	8	9
3	5	6	7	8	9	10
4	6	7	8	9	10	11

☐ 안의 수는 오른쪽으로 ☐ 씩 커집니다.

1 수 배열표에서 가로(→) 방향의 규칙을 찾아 써 보세요.

1101	1201	1301	1401	1501
2101	2201	2301	2401	2501
3101	3201	3301	3401	3501
4101	4201	4301	4401	4501

규칙 오른쪽으로 ☐ 씩 커지는 규칙입니다.

2 수의 배열에서 규칙을 찾아 빈칸에 알맞은 수를 써넣으세요.

96	48		12		3

3 수 배열표에서 규칙을 찾아 빈칸에 알맞은 수를 써넣으세요.

2	8	32	128
4	16		256
8	32	128	
16	64		1024

4 규칙적인 수를 순서대로 모아 놓은 것입니다. 중간에 빠진 수를 구해 보세요.

1572	1472	1272	1172

( )

[5~6] 수 배열표를 보고 물음에 답하세요.

56575	56574	56573	56572	56571
46575	46574	46573	46572	46571
36575	36574	36573	36572	36571
26575	26574	26573	26572	26571

■

5 조건 을 만족시키는 규칙적인 수의 배열을 찾아 색칠해 보세요.

조건
• 가장 큰 수는 56574입니다.
• 다음 수는 앞의 수보다 10001씩 작아집니다.

6 ■에 알맞은 수를 구해 보세요.

( )

😊 내가 만드는 문제

7 가로(→) 방향, 세로(↓) 방향, ＼ 방향으로 각각 규칙이 있는 수 배열표를 만들어 보세요.

1000	1100	1200	1300

2 **모양의 배열에서 규칙 찾기**

8 모양의 배열에서 규칙을 찾아 빈칸에 알맞은 식과 수를 써넣으세요.

순서	첫째	둘째	셋째
배열			
식	1	1+4	
수	1		

9 모양의 배열을 보고 물음에 답하세요.

첫째   둘째   셋째   넷째

(1) 모양의 배열에서 규칙을 찾아 써 보세요.

> **규칙** 모형이 1개에서 시작하여 2개,
> ☐개, ☐개, ... 늘어납니다.

(2) 다섯째에 알맞은 모양에서 모형은 몇 개인지 구해 보세요.

( )

10 모양의 배열을 보고 넷째에 알맞은 모양을 그려 보세요.

첫째   둘째   셋째   넷째

서술형
11 모양의 배열을 보고 넷째에 알맞은 모양에서 구슬은 몇 개인지 풀이 과정을 쓰고 답을 구해 보세요.

첫째   둘째   셋째

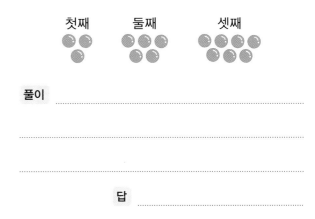

풀이 _____

_____

_____

답 _____

12 모양의 배열을 보고 물음에 답하세요.

첫째   둘째   셋째   넷째

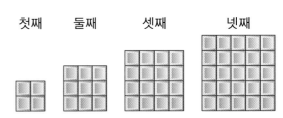

(1) 모양의 배열에서 규칙을 찾아 써 보세요.

> **빨간색 사각형(▨)의 규칙**
> 위쪽과 오른쪽으로 각각 ☐개씩 늘어납니다.

> **파란색 사각형(▧)의 규칙**
> 가로와 세로가 각각 1개, ☐개, ☐개, ...인 정사각형 모양이 됩니다.

(2) 여섯째에 알맞은 모양에서 빨간색과 파란색 사각형은 각각 몇 개인지 구해 보세요.

빨간색 ( )
파란색 ( )

[13~14] 뺄셈식의 배열을 보고 물음에 답하세요.

가	나
$867-123=744$	$318-215=103$
$767-133=634$	$418-315=103$
$667-143=524$	$518-415=103$
$567-153=414$	$618-515=103$

13 설명에 맞는 뺄셈식을 찾아 기호를 써 보세요.

> 같은 자리의 수가 똑같이 커지는 두 수의 차는 항상 일정합니다.

( )

14 뺄셈식 가에서 다음에 올 식을 완성해 보세요.

$467-\boxed{}=\boxed{}$

15 덧셈식의 배열을 보고 물음에 답하세요.

순서	덧셈식
첫째	$1+3=4$
둘째	$1+3+5=9$
셋째	$1+3+5+7=16$
넷째	$1+3+5+7+9=25$
다섯째	

(1) 다섯째 덧셈식을 빈칸에 써넣으세요.

(2) 계산 결과가 64가 되는 덧셈식은 몇째인지 구해 보세요.

( )

16 덧셈식의 배열에서 규칙을 찾아 □ 안에 알맞은 수를 써넣으세요.

$500 + 300 = 800$

$600 + 400 = 1000$

$700 + \boxed{} = 1200$

$\boxed{} + 600 = 1400$

서술형
17 계산식의 배열에서 규칙을 찾아 셋째 계산식은 무엇인지 풀이 과정을 쓰고 답을 구해 보세요.

순서	계산식
첫째	$400+700-200=900$
둘째	$500+800-300=1000$
셋째	
넷째	$700+1000-500=1200$

풀이 _____

_____

_____

답 _____

☺ 내가 만드는 문제
18 규칙을 정해 덧셈식을 만들고 어떤 규칙인지 써 보세요.

$550 + 240 = 790$

$\boxed{} + \boxed{} = \boxed{}$

$\boxed{} + \boxed{} = \boxed{}$

$\boxed{} + \boxed{} = \boxed{}$

규칙 _____

4 곱셈식, 나눗셈식의 배열에서 규칙 찾기

[19~20] 나눗셈식의 배열을 보고 물음에 답하세요.

가	나
$420 \div 2 = 210$	$111 \div 3 = 37$
$630 \div 3 = 210$	$222 \div 6 = 37$
$840 \div 4 = 210$	$444 \div 12 = 37$
$1050 \div 5 = 210$	$888 \div 24 = 37$

19 설명에 맞는 나눗셈식을 찾아 기호를 써 보세요.

> 나누어지는 수와 나누는 수가 각각 2배씩 커지면 몫은 일정합니다.

( )

20 나눗셈식 가에서 다음에 올 식을 완성해 보세요.

$$\boxed{} \div 6 = 210$$

21 곱셈식의 배열을 보고 물음에 답하세요.

순서	곱셈식
첫째	$1 \times 12 = 12$
둘째	$11 \times 12 = 132$
셋째	$111 \times 12 = 1332$
넷째	$1111 \times 12 = 13332$
다섯째	

(1) 다섯째 곱셈식을 빈칸에 써넣으세요.

(2) 계산 결과가 133333332가 되는 곱셈식은 몇째인지 구해 보세요.

( )

22 곱셈식의 배열에서 규칙을 찾아 □ 안에 알맞은 수를 써넣으세요.

$$7 \times 1002 = 7014$$
$$7 \times 10002 = 70014$$
$$7 \times 100002 = \boxed{}$$
$$7 \times 1000002 = 7000014$$

이 그림을 떠올려 봐.

준비 곱셈식을 보고 나눗셈식을 만들어 보세요.

$$5 \times 9 = 45 \Rightarrow \begin{cases} 45 \div \boxed{} = 5 \\ 45 \div \boxed{} = 9 \end{cases}$$

23 곱셈식의 규칙을 이용하여 규칙적인 나눗셈식을 만들어 보세요.

$$20 \times 11 = 220 \qquad \boxed{}$$
$$30 \times 11 = 330 \Rightarrow \boxed{}$$
$$40 \times 11 = 440 \qquad \boxed{}$$

24 나눗셈식의 배열에서 규칙을 찾아 □ 안에 알맞은 수를 써넣으세요.

$$111111111 \div 9 = 12345679$$
$$222222222 \div 18 = 12345679$$
$$\boxed{} \div 27 = 12345679$$
$$444444444 \div \boxed{} = \boxed{}$$

5 등호(=)가 있는 식

25 저울의 양쪽 무게가 같아지도록 양쪽에 모형을 올렸습니다. 저울의 양쪽 무게를 등호(=)를 사용하여 식으로 나타내 보세요.

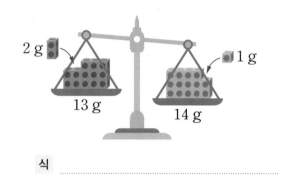

2 g
13 g
1 g
14 g

식 _____

26 옳은 식을 모두 찾아 ○표 하세요.

$17+6=10+7+6$　　$33-14=30-17$
$28÷4=12÷2$　　　　$23×5=5×23$
$48-23=50-25$　　$27+35=25+33$

27 계산 결과가 같은 두 식을 찾아 ○표 하고, 등호(=)를 사용하여 식으로 나타내 보세요.

| $34+16$ | $49-24$ | $3×8$ |

| $63÷3$ | $87-47$ | $50÷2$ |

식 _____

28 옳은 식이 되도록 ◻ 안에 알맞은 수를 써넣으세요.

(1) $37+15=39+\boxed{}$

(2) $21×8=\boxed{}×4$

(3) $22÷2=66÷\boxed{}$

29 주어진 카드를 사용하여 식을 완성해 보세요. (단, 같은 카드를 여러 번 사용할 수 있습니다.)

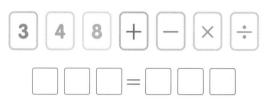

$\boxed{3}$ $\boxed{4}$ $\boxed{8}$ $\boxed{+}$ $\boxed{-}$ $\boxed{×}$ $\boxed{÷}$

$\boxed{}\boxed{}\boxed{}=\boxed{}\boxed{}\boxed{}$

30 알맞은 말에 ○표 하고 그 까닭을 써 보세요.

$50-24=54-20$이

(옳습니다 , 옳지 않습니다).

까닭 _____

31 빨간색 카드와 파란색 카드에 그려진 원의 수의 합이 같아지도록 원을 그려 넣고, 등호(=)를 사용하여 식으로 나타내 보세요.

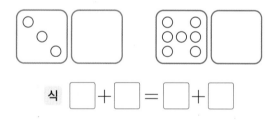

식 $\boxed{}+\boxed{}=\boxed{}+\boxed{}$

32 서윤이는 자전거 자물쇠의 비밀번호를 자신만 알아볼 수 있도록 적어 놓았습니다. 서윤이가 정한 비밀번호를 구해 보세요.

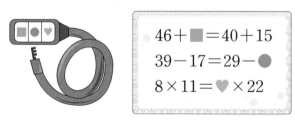

$46+\blacksquare=40+15$
$39-17=29-\bullet$
$8×11=\heartsuit×22$

$\blacksquare=\boxed{}$, $\bullet=\boxed{}$, $\heartsuit=\boxed{}$

⚡ 수 배열표의 찢어지지 않은 부분에서 규칙을 찾아보자!

1 찢어진 수 배열표를 보고 규칙을 찾아 ■에 알맞은 수를 구해 보세요.

55	57	59	61	63
155	157	159	161	163
255	257	259	■	
355	357	359		

(   )

2 찢어진 수 배열표를 보고 규칙을 찾아 ■에 알맞은 수를 구해 보세요.

630	625	620	615	610
530	525	520	515	510
430	425	420	■	
330	325	320		

(   )

3 찢어진 수 배열표를 보고 규칙을 찾아 ■에 알맞은 수를 구해 보세요.

106	116	136	166	206
306	316	336	366	■
606	616			
1006	1016			

(   )

⚡ 수의 배열에서 덧셈, 뺄셈, 곱셈, 나눗셈 중 어떤 규칙이 있는지 찾아보자!

4 수의 배열에서 규칙을 찾아 빈칸에 알맞은 수를 써넣으세요.

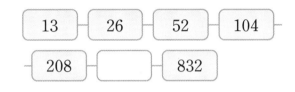

5 수의 배열에서 규칙을 찾아 빈칸에 알맞은 수를 써넣으세요.

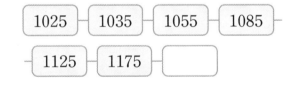

6 수의 배열에서 규칙을 찾아 빈칸에 알맞은 수를 써넣으세요.

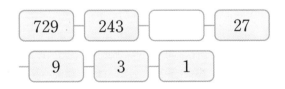

[7~9] 모양의 배열에서 규칙을 찾아 빈칸에 알맞은 모양을 그리고 ☐ 안에 알맞은 수를 써넣으세요.

7

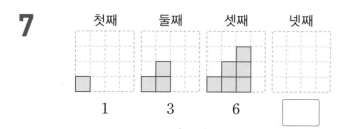

첫째   둘째   셋째   넷째
1   3   6   ☐

8

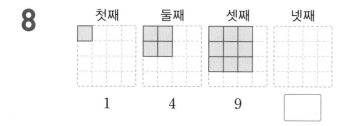

첫째   둘째   셋째   넷째
1   4   9   ☐

9

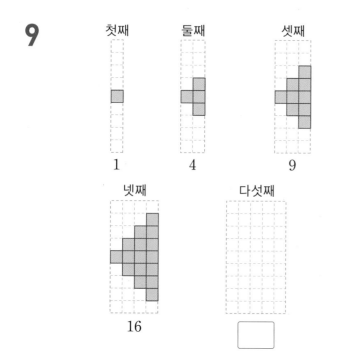

첫째   둘째   셋째
1   4   9

넷째   다섯째
16   ☐

10 계산식의 배열에서 규칙을 찾아 빈칸에 알맞은 식을 써넣으세요.

$$1+1=2$$
$$12+21=33$$
$$123+321=444$$

☐

$$12345+54321=66666$$

11 계산식의 배열에서 규칙을 찾아 빈칸에 알맞은 식을 써넣으세요.

$$5\times108=540$$
$$5\times1008=5040$$
$$5\times10008=50040$$
$$5\times100008=500040$$

☐

12 계산식의 배열에서 규칙을 찾아 빈칸에 알맞은 식을 써넣으세요.

$$78\times77=6006$$
$$78\times777=60606$$
$$78\times7777=606606$$
$$78\times77777=6066606$$

☐

13 모양의 배열을 보고 다섯째에 알맞은 모양에서 사각형(▨)은 몇 개인지 구해 보세요.

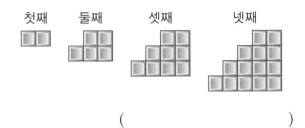

( )

14 모양의 배열을 보고 여섯째에 알맞은 모양에서 사각형(▨)은 몇 개인지 구해 보세요.

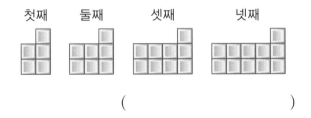

( )

15 모양의 배열을 보고 일곱째에 알맞은 모양에서 삼각형(△)은 몇 개인지 구해 보세요.

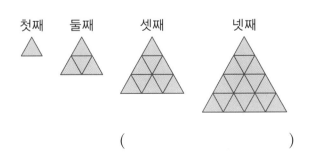

( )

16 계산식의 규칙을 찾아 11111×11111의 계산 결과를 구해 보세요.

$$1 \times 1 = 1$$
$$11 \times 11 = 121$$
$$111 \times 111 = 12321$$

( )

17 계산식의 규칙을 찾아 333333×333333의 계산 결과를 구해 보세요.

$$33 \times 33 = 1089$$
$$333 \times 333 = 110889$$
$$3333 \times 3333 = 11108889$$

( )

18 계산식의 규칙을 찾아 $777 \div 37$의 계산 결과를 구해 보세요.

$$111 \div 37 = 3$$
$$222 \div 37 = 6$$
$$333 \div 37 = 9$$
$$444 \div 37 = 12$$

( )

⚡ 등호(=)가 있는 덧셈식은 더해지는 수가 커진 만큼 더하는 수가 작아짐을 이용하여 구해 보자.

19 1부터 9까지의 자연수 중에서 ☐ 안에 들어갈 수 있는 수를 써넣어 옳은 식을 만들려고 합니다. 만들 수 있는 식을 모두 써 보세요.

$$23 + \square = 30 + \square$$

식 _____

20 1부터 9까지의 자연수 중에서 ☐ 안에 들어갈 수 있는 수를 써넣어 옳은 식을 만들려고 합니다. 만들 수 있는 식을 모두 써 보세요.

$$40 + \square = 34 + \square$$

식 _____

21 1부터 9까지의 자연수 중에서 ☐ 안에 들어갈 수 있는 수를 써넣어 옳은 식을 만들려고 합니다. 만들 수 있는 식을 모두 써 보세요.

$$38 - \square = 45 - \square$$

식 _____

⚡ 등호(=)가 있는 식의 성질을 활용하여 실생활 문제를 해결해 보자.

22 체육대회 때 사용할 파란색 응원봉과 빨간색 응원봉을 같은 수만큼 준비하려고 합니다. 파란색 응원봉을 20개씩 30묶음 준비했습니다. 빨간색 응원봉이 한 묶음에 40개라면 몇 묶음 준비해야 하는지 구해 보세요.

(   )

23 만두 가게에서 고기만두와 김치만두를 같은 수만큼 만들었습니다. 고기만두는 한 상자에 8개씩 담아서 20상자를 만들었습니다. 김치만두는 한 상자에 4개씩 담았다면 몇 상자가 되는지 구해 보세요.

(   )

24 사탕 120개와 초콜릿 60개를 같은 수만큼씩 각각 봉지에 담아 포장하려고 합니다. 사탕을 포장하였더니 40봉지가 되었을 때 초콜릿은 몇 봉지가 되는지 구해 보세요.

(   )

4 상위권 도전 유형

1 수의 배열에서 규칙을 찾아 ■, ●에 알맞은 수를 각각 구해 보세요.

1108	2108	■	4108
	3208	4208	●

■ (   )

● (   )

핵심 NOTE

가로, 세로의 수 배열에서 몇씩 커지는지, 작아지는지 규칙을 찾아 문제를 해결합니다.

2 수의 배열에서 규칙을 찾아 ■, ●에 알맞은 수를 각각 구해 보세요.

1200	600	■	150
	1800	900	●

■ (   )

● (   )

3 수의 배열에서 규칙을 찾아 ■, ●에 알맞은 수를 각각 구해 보세요.

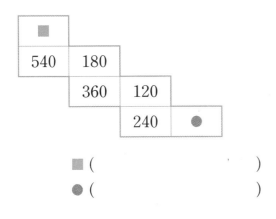

■ (   )

● (   )

4 곱셈식의 배열에서 규칙을 찾아 계산 결과가 555555가 되는 곱셈식을 써 보세요.

순서	곱셈식
첫째	$8547 \times 13 = 111111$
둘째	$8547 \times 26 = 222222$
셋째	$8547 \times 39 = 333333$

(   )

핵심 NOTE

반복되는 수, 증가하는 수, 자리 수 등을 살펴보며 계산 결과의 규칙을 찾습니다.

5 곱셈식의 배열에서 규칙을 찾아 계산 결과가 68888889가 되는 곱셈식을 써 보세요.

순서	곱셈식
첫째	$21 \times 9 = 189$
둘째	$321 \times 9 = 2889$
셋째	$4321 \times 9 = 38889$
넷째	$54321 \times 9 = 488889$

(   )

6 곱셈식의 배열에서 규칙을 찾아 계산 결과가 499999995가 되는 곱셈식을 써 보세요.

순서	곱셈식
첫째	$9 \times 5 = 45$
둘째	$99 \times 5 = 495$
셋째	$999 \times 5 = 4995$
넷째	$9999 \times 5 = 49995$

(   )

6

7 수 배열의 규칙에 맞게 ■, ●에 알맞은 수를 각각 구해 보세요.

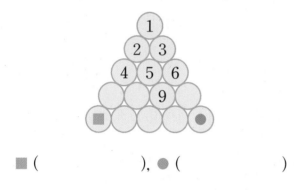

■ (   ), ● (   )

핵심 NOTE
구하려는 수의 위치를 확인하고 위의 숫자들의 규칙을 찾습니다.

8 수 배열의 규칙에 맞게 ■, ●에 알맞은 수를 각각 구해 보세요.

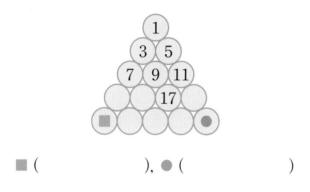

■ (   ), ● (   )

9 수 배열의 규칙에 맞게 ■, ●에 알맞은 수를 각각 구해 보세요.

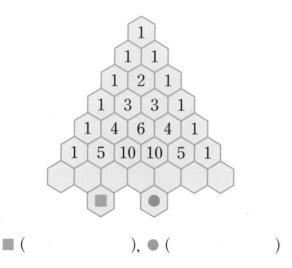

■ (   ), ● (   )

10 모양의 배열에서 규칙을 찾아 ☐ 안에 수수깡의 수를 써넣으세요.

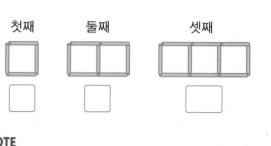

핵심 NOTE
모양을 만드는 데 필요한 물건의 수를 세어 모양과 관련된 규칙을 찾습니다.

11 모양의 배열에서 규칙을 찾아 ☐ 안에 면봉의 수를 써넣고, 여섯째에 알맞은 모양에서 면봉은 몇 개인지 구해 보세요.

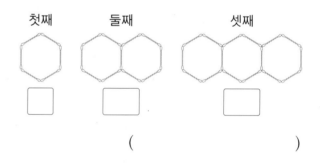

(   )

12 모양의 배열에서 규칙을 찾아 ☐ 안에 점의 수를 써넣고, 다섯째에 알맞은 모양에서 점은 몇 개인지 구해 보세요.

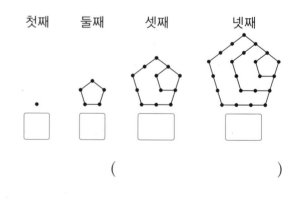

(   )

도전5 모양의 배열에서 규칙 찾기(2)

13 모양의 배열을 보고 여섯째에 알맞은 모양에서 초록색 사각형(■)과 노란색 사각형(□)의 수의 차는 몇 개인지 구해 보세요.

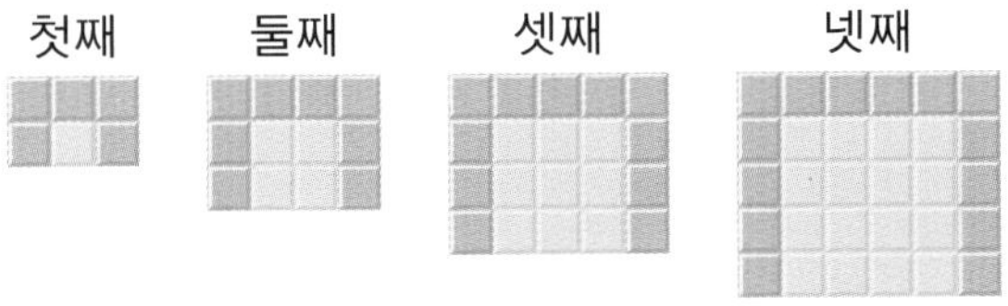
첫째
둘째
셋째
넷째

(　　　　　　　　　)

핵심 NOTE

초록색 사각형은 5개, 8개, 11개, 14개, ...로 3개씩 늘어납니다.
노란색 사각형은 1개, 4개, 9개, 16개, ...로 3개, 5개, 7개, ... 늘어납니다.

14 모양의 배열을 보고 여섯째에 알맞은 모양에서 검은색 바둑돌과 흰색 바둑돌의 수의 차는 몇 개인지 구해 보세요.

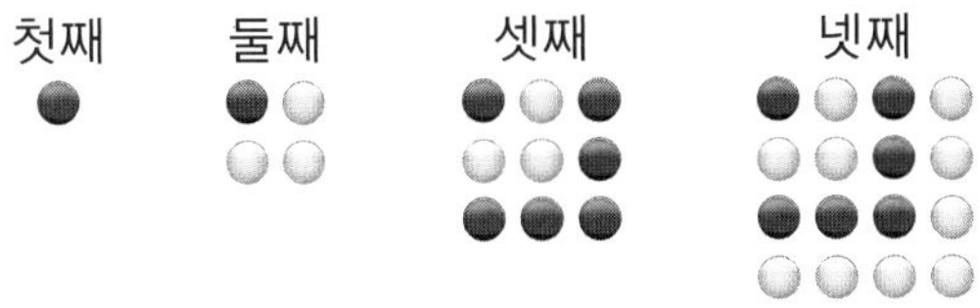
첫째
둘째
셋째
넷째

(　　　　　　　　　)

15 모양의 배열을 보고 다섯째에 알맞은 모양에서 빨간색 구슬과 파란색 구슬의 수의 차는 몇 개인지 구해 보세요.

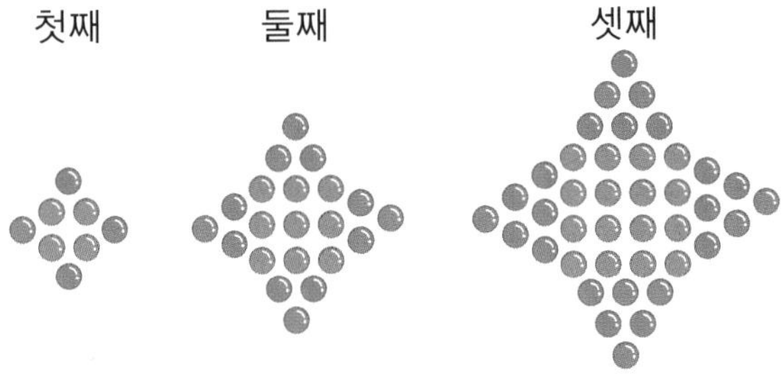
첫째
둘째
셋째

(　　　　　　　　　)

도전6 생활에서 규칙 찾기

16 계산기 버튼의 수에서 규칙적인 계산식을 찾아 □ 안에 알맞은 수를 써넣으세요.

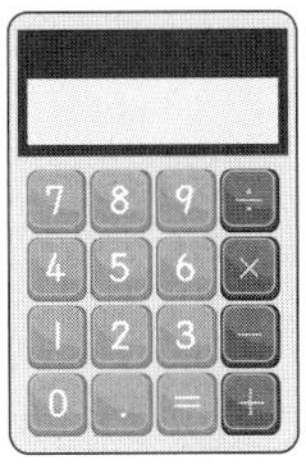

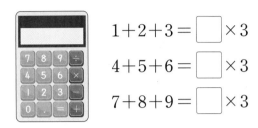

$1+2+3=\square\times3$

$4+5+6=\square\times3$

$7+8+9=\square\times3$

핵심 NOTE

가로, 세로, ↗ 방향, ↘ 방향에 따라 여러 가지 방법으로 규칙적인 계산식을 만들 수 있습니다.

17 달력의 ▭ 안에 있는 수의 배열에서 규칙적인 계산식을 찾아 써 보세요.

일	월	화	수	목	금	토
			1	2	3	4
5	6	7	8	9	10	11
12	13	14	15	16	17	18
19	20	21	22	23	24	25
26	27	28	29	30	31	

$5+13=6+12$　　$6+14=7+13$

$7+15=8+\square$　　$8+16=\square+15$

18 엘리베이터 버튼의 수에서 계산 결과가 16이 되는 두 식을 쓰고, 등호(=)를 사용하여 두 식을 하나의 식으로 나타내 보세요.

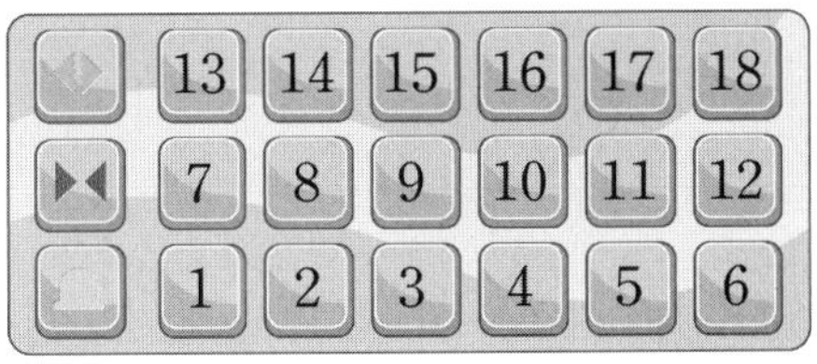
13 14 15 16 17 18
7 8 9 10 11 12
1 2 3 4 5 6

▭ — 16 — ▭

식 ....

6

[1~2] 수 배열표를 보고 물음에 답하세요.

10110	11110	12110	13110	14110
20110	21110	22110	23110	24110
30110	31110	32110	33110	34110
40110	41110	42110	43110	44110
50110	51110	52110	53110	54110

1 가로(→)에서 규칙을 찾아보세요.

규칙 오른쪽으로 [   ]씩 커집니다.

2 색칠된 칸에서 규칙을 찾아보세요.

규칙 10110부터 ↘ 방향으로 [   ]씩 커집니다.

3 수의 배열에서 규칙을 찾아 빈칸에 알맞은 수를 써넣으세요.

4170	5170	6170		8170	

4 뺄셈식의 배열에서 규칙을 찾아 ☐ 안에 알맞은 수를 써넣으세요.

$945-110=835$
$845-210=635$
$745-310=435$
$645-410=235$

백의 자리 수가 [ ]씩 작아지는 수에서

백의 자리 수가 [ ]씩 커지는 수를 빼면

계산 결과는 [ ]씩 작아집니다.

5 식을 보고 옳으면 ○표, 옳지 않으면 ×표 하세요.

(1) $43+16=40+19$ (   )

(2) $45\div3=90\div6$ (   )

(3) $16\times4=32\times8$ (   )

6 덧셈식의 배열에서 규칙을 찾아 빈칸에 알맞은 덧셈식을 써넣으세요.

순서	덧셈식
첫째	$1+2+1=4$
둘째	$1+2+3+2+1=9$
셋째	$1+2+3+4+3+2+1=16$
넷째	

[7~8] 모양의 배열을 보고 물음에 답하세요.

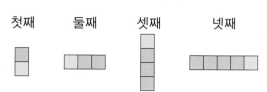

첫째   둘째   셋째   넷째

7 다섯째에 알맞은 모양을 그려 보세요.

8 모양의 배열에서 규칙을 찾아보세요.

규칙 _____

9 보기 와 같이 등호(＝)를 사용하여 크기가 같은 두 양을 식으로 나타내 보세요.

보기
$$5+5+5=5\times3$$

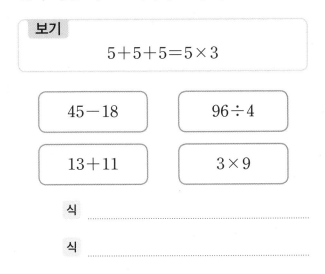

45－18	96÷4
13＋11	3×9

식 _____

식 _____

10 수의 배열에서 규칙을 찾아 빈칸에 알맞은 수를 써넣으세요.

4	12	36		324

11 규칙을 찾아 넷째에 알맞은 모양을 그리고 □ 안에 알맞은 수를 써넣으세요.

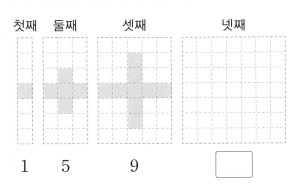

첫째　둘째　　셋째　　　넷째

1　　5　　　9　　　　□

12 ▨ 안의 수를 바르게 고쳐 옳은 식을 만들어 보세요.

$$54-27=47-\boxed{27}$$

옳은 식 _____

13 곱셈식의 배열에서 규칙을 찾아 빈칸에 알맞은 식을 써넣으세요.

$$8\times106=848$$
$$8\times1006=8048$$
$$8\times10006=80048$$

$$\boxed{}$$

$$8\times1000006=8000048$$

[14~15] 곱셈식의 배열을 보고 물음에 답하세요.

순서	곱셈식
첫째	$1\times1=1$
둘째	$11\times11=121$
셋째	$111\times111=12321$
넷째	

14 곱셈식의 배열에서 규칙을 찾아 빈칸에 알맞은 곱셈식을 써넣으세요.

15 계산 결과가 1234567654321이 되는 곱셈식을 써 보세요.

식 _____

6

16 수의 배열에서 규칙을 찾아 ■, ●에 알맞은 수를 각각 구해 보세요.

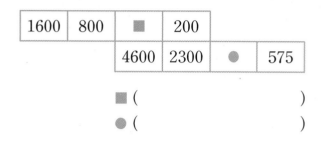

1600	800	■	200
	4600	2300	●	575

■ (   )

● (   )

17 보기 와 같은 규칙으로 수를 배열할 때 ㉠에 알맞은 수를 구해 보세요.

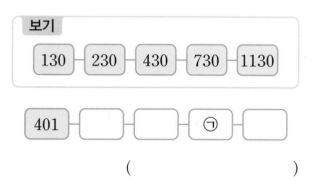

보기

| 130 |—| 230 |—| 430 |—| 730 |—| 1130 |

| 401 |—| |—| |—| ㉠ |—| |

(   )

18 보기 는 연속한 세 수의 합을 구한 것입니다. 규칙을 찾아 합이 24가 되는 연속한 세 수를 구해 보세요.

보기

$$1+2+3=6$$
$$2+3+4=9$$
$$3+4+5=12$$

(   )

19 규칙에 따라 바둑돌을 놓을 때 여섯째에 놓이는 바둑돌은 몇 개인지 풀이 과정을 쓰고 답을 구해 보세요.

첫째   둘째   셋째   넷째

풀이 _____

_____

_____

_____

답 _____

20 수 배열표에서 ■에 알맞은 수는 얼마인지 풀이 과정을 쓰고 답을 구해 보세요.

■			
20541	20542	20543	20544
30541	30542	30543	30544
40541	40542	40543	40544
50541	50542	50543	50544

풀이 _____

_____

_____

_____

답 _____

[1~2] 수 배열표를 보고 물음에 답하세요.

1202	1203	1204	1205	1206
1302	1303		1305	1306
1402	1403	1404		1406
1502		1504	1505	1506
1602	1603	1604	1605	

1 수 배열표에서 규칙을 찾아 빈칸에 알맞은 수를 써넣으세요.

2 ☐ 안의 수 배열에서 규칙을 찾아 써 보세요.

규칙

3 수의 배열에서 규칙을 찾아 빈칸에 알맞은 수를 써넣으세요.

768 — 192 — ☐ — 12 — 3

4 설명에 맞는 뺄셈식을 찾아 기호를 써 보세요.

> 같은 자리의 수가 똑같이 커지는 두 수의 차는 항상 일정합니다.

㉠
580 − 130 = 450
570 − 140 = 430
560 − 150 = 410
550 − 160 = 390

㉡
445 − 143 = 302
545 − 243 = 302
645 − 343 = 302
745 − 443 = 302

( )

5 크기가 같은 두 양을 찾아 이어 보고 등호(=)를 사용한 식으로 각각 나타내 보세요.

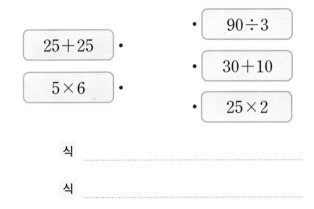

식

식

6 덧셈식의 배열에서 규칙을 찾아 ☐ 안에 알맞은 수를 써넣으세요.

$100 + 100 = 200$

$\boxed{} + 200 = 400$

$400 + \boxed{} = 800$

$700 + 700 = \boxed{}$

7 모양의 배열에서 규칙을 찾아 다섯째에 알맞은 모양에서 사각형(☐)은 몇 개인지 구해 보세요.

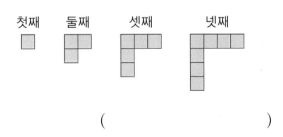

( )

8 곱셈식의 배열에서 규칙을 찾아 빈칸에 알맞은 식을 써넣으세요.

$30 \times 4 = 120$

$60 \times 8 = 480$

$90 \times 12 = 1080$

$\boxed{}$

9 저울의 양쪽 무게가 같아지도록 ☐ 안에 들어갈 수 있는 것을 모두 찾아 ○표 하세요.

80−4	80+2+2
42×2	96−8

10 덧셈식의 배열에서 규칙을 찾아 다섯째 덧셈식을 빈칸에 써넣으세요.

순서	덧셈식
첫째	2+4+6=12
둘째	2+4+6+8=20
셋째	2+4+6+8+10=30
넷째	2+4+6+8+10+12=42
다섯째	

11 우편함에 표시된 수의 배열에서 규칙적인 계산식을 찾아 빈칸에 알맞은 식을 써넣으세요.

401+302=402+301
402+303=403+302

12 수 배열표에서 규칙을 찾아 ☐ 안에 알맞은 수를 써넣으세요.

	☐	6	7	8
100	500	600	700	800
200	1000	1200	1400	☐
300	☐	1800	2100	2400
☐	2000	☐	2800	3200

13 수의 배열에서 규칙을 찾아 ■, ● 에 알맞은 수를 각각 구해 보세요.

1031	2032	■	4034	
		3133	4134	●

■ (   )
● (   )

14 나눗셈식의 배열에서 규칙을 찾아 계산 결과가 707이 되는 나눗셈식을 써 보세요.

순서	나눗셈식
첫째	1010÷10=101
둘째	2020÷10=202
셋째	3030÷10=303
넷째	4040÷10=404

(   )

15 다음과 같이 종이컵을 쌓았습니다. 6층으로 쌓으려면 종이컵이 몇 개 필요한지 구해 보세요.

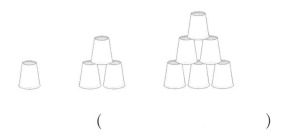

( )

16 수 카드를 한 번씩만 사용하여 식을 완성해 보세요.

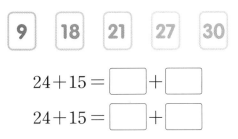

$$24+15=\boxed{}+\boxed{}$$

$$24+15=\boxed{}+\boxed{}$$

17 수 배열의 규칙에 맞게 ■, ●에 알맞은 수를 각각 구해 보세요.

```
        2
      2   2
    2   4   2
  2   6   6   2
2   8   ■   8   2
  2   8   ●   8   2
```

■ ( ), ● ( )

18 모양의 배열을 보고 여섯째에 알맞은 검은색 바둑돌과 흰색 바둑돌의 수의 차는 몇 개인지 구해 보세요.

첫째   둘째   셋째   넷째

( )

19 곱셈식의 배열에서 규칙을 찾아 셋째에 알맞은 곱셈식은 무엇인지 풀이 과정을 쓰고 답을 구해 보세요.

순서	곱셈식
첫째	$99 \times 89 = 8811$
둘째	$999 \times 889 = 888111$
셋째	
넷째	$99999 \times 88889 = 8888811111$

풀이 ....

....

....

답 ....

20 모양의 배열을 보고 여섯째에 알맞은 모양에서 구슬은 몇 개인지 풀이 과정을 쓰고 답을 구해 보세요.

첫째   둘째   셋째   넷째

풀이 ....

....

....

답 ....

● 규칙을 찾아 빈 곳에 알맞게 색칠해 보세요.

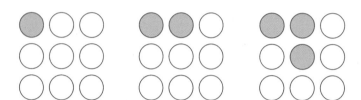

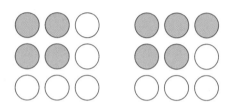 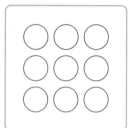

계산이 아닌

개념을 깨우치는

수학을 품은 연산

디딤돌 연산은 수학이다.

1~6학년(학기용)

수학 공부의 새로운 패러다임

상위권의 기준

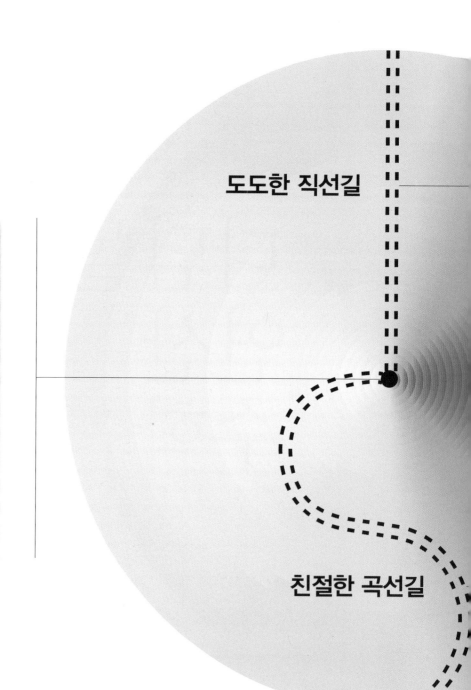

도도한 직선길

친절한 곡선길

수학 좀 한다면

수시 평가
자료집

4
1

수학 좀 한다면

초등수학 기본+유형

수시 평가 자료집

$$\frac{4}{1}$$

- **수시 평가 대비** | 시험에 잘 나오는 문제를 한 번 더 풀어 수시 평가에 대비해요.
- **서술형 50% 단원 평가** | 서술형 50%로 구성된 단원 평가로 단원을 확실히 마무리해요.

1 10000을 나타내는 수가 아닌 것은 어느 것일까요? (   )

① 9999보다 1만큼 더 큰 수
② 9990보다 10만큼 더 큰 수
③ 9000보다 1000만큼 더 큰 수
④ 1000이 10개인 수
⑤ 100을 1000배 한 수

2 ☐ 안에 알맞은 수를 써넣으세요.

10000이 5개 ─┐
1000이 8개 ─┤
100이 2개 ─┤인 수는 [   ]
10이 9개 ─┤
1이 3개 ─┘

3 설명하는 수를 쓰고 읽어 보세요.

만이 630개, 일이 5261개인 수

쓰기 ....

읽기 ....

4 ☐ 안에 알맞은 수를 써넣으세요.

억이 4100개, 만이 6850개, 일이 5735개이면

[   ] 입니다.

5 밑줄 친 숫자 6이 나타내는 값을 써 보세요.

3<u>6</u>7921084754

(   )

6 수를 읽어 보세요.

4379507004200091

(   )

7 ☐ 안에 알맞은 수를 써넣으세요.

3485751229800000은 조가 [   ]개,

억이 [   ]개, 만이 [   ]개인 수입니다.

8 얼마씩 뛰어 세었는지 써 보세요.

6254000 ─ 7254000 ─ 8254000 ─ 9254000

(   )

9 빈칸에 알맞은 수를 써넣으세요.

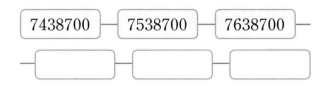

10 두 수의 크기를 비교하여 ○ 안에 >, =, < 중 알맞은 것을 써넣으세요.

(1) 3075471 ◯ 705935

(2) 6374억 530만 ◯ 6374억 1062만

11 다음을 12자리 수로 나타낼 때 0은 모두 몇 개인지 구해 보세요.

팔천구백억 이천구만 십사

( )

12 숫자 9가 나타내는 값이 가장 큰 수를 찾아 써 보세요.

67493   18934   96354   59762

( )

13 7585조에서 10조씩 4번 뛰어 센 수는 얼마일까요?

( )

14 수직선에서 ㉠에 알맞은 수는 얼마일까요?

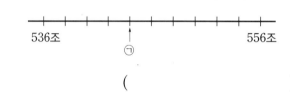

( )

15 0부터 9까지의 수 중에서 ☐ 안에 들어갈 수 있는 수를 모두 구해 보세요.

342☐7329 > 34268576

( )

1

16 작은 수부터 차례로 기호를 써 보세요.

> ㉠ 731609527329
> ㉡ 73131593681
> ㉢ 731630546354

(   )

17 ☐ 안에는 0부터 9까지 어느 수를 넣어도 됩니다. 두 수의 크기를 비교하여 ○ 안에 >, =, < 중 알맞은 것을 써넣으세요.

82048706   ○   82☐72075

18 어떤 수의 1000배는 8236489050000입니다. 어떤 수에서 숫자 6이 나타내는 값은 얼마일까요?

(   )

19 백억의 자리 숫자와 천만의 자리 숫자의 합은 얼마인지 풀이 과정을 쓰고 답을 구해 보세요.

> 958126400000

풀이 _____

_____

_____

_____

답 _____

20 수 카드를 한 번씩 사용하여 일곱 자리 수를 만들려고 합니다. 만들 수 있는 수 중에서 십만의 자리 수가 5인 가장 큰 수는 얼마인지 풀이 과정을 쓰고 답을 구해 보세요.

[0] [1] [3] [4] [5] [7] [8]

풀이 _____

_____

_____

_____

답 _____

1. 큰 수

1 10000에 대한 설명입니다. ☐ 안에 알맞은 수를 써넣으세요.

- 10이 ☐ 개인 수입니다.
- 9900보다 ☐ 만큼 더 큰 수입니다.

2 보기 와 같이 수를 읽어 보세요.

보기
56836580000
➡ 568억 3658만
➡ 오백육십팔억 삼천육백오십팔만

326306750000

➡ ....

➡ ....

3 수를 쓰고 읽어 보세요.

만이 1078개, 일이 21개인 수

쓰기 ( )
읽기 ( )

4 ☐ 안에 알맞은 말이나 수를 써넣으세요.

60847226000에서 8은 ☐ 의 자리 숫자

이고 ☐ 을 나타냅니다.

5 다음을 8자리 수로 나타낼 때 0은 모두 몇 개인지 써 보세요.

오천사백이만 천

( )

6 만의 자리 숫자가 가장 큰 수는 어느 것일까요?

( )

① 94507 　　② 70764
③ 65045 　　④ 28391
⑤ 18753

7 준수와 지혜가 두 수의 크기를 비교한 것입니다. 바르게 비교한 사람은 누구일까요?

준수: 65984273 < 65949451
지혜: 257억 607만 > 257억 98만

( )

8 십만의 자리 숫자가 다른 하나는 어느 것일까요?

( )

① 6564127 　　② 38530189
③ 47516402 　　④ 26751096
⑤ 76539820

9 뛰어 세기를 하여 ㉠에 알맞은 수를 구해 보세요.

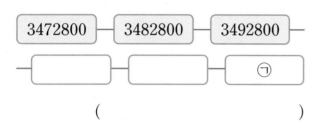

( )

10 빈칸에 알맞은 수를 써넣으세요.

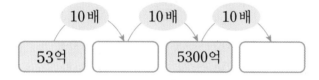

11 십조의 자리 숫자가 더 큰 수의 기호를 써 보세요.

㉠ 6273489104234709
㉡ 8257052167504693

( )

12 더 작은 수의 기호를 써 보세요.

㉠ 억이 621개, 만이 7948개인 수
㉡ 육백이십일억 칠천구십사만 팔천

( )

13 수애의 저금통에는 10000원짜리 지폐가 7장, 1000원짜리 지폐가 4장, 100원짜리 동전이 5개, 10원짜리 동전이 9개 들어 있습니다. 수애의 저금통에 들어 있는 돈은 모두 얼마일까요?

( )

14 ㉠이 나타내는 값은 ㉡이 나타내는 값의 몇 배일까요?

546726048471
㉠ ㉡

( )

15 9조 7300억에서 100억씩 5번 뛰어 세기 한 수는 얼마일까요?

( )

✏ 서술형 문제 ◑ 정답과 풀이 57쪽

16 0부터 9까지의 수 중에서 ☐ 안에 들어갈 수 있는 수는 모두 몇 개일까요?

> 84억 5734만 < 8☐억 1807만

(   )

17 한 권의 두께가 23 mm인 국어사전이 있습니다. 같은 국어사전 1000만 권의 두께는 몇 km일까요?

(   )

18 ☐ 안에는 0부터 9까지의 어느 수를 넣어도 됩니다. 가장 큰 수를 찾아 기호를 써 보세요.

> ㉠ 4☐803☐312   ㉡ 498029☐80
> ㉢ 498019☐26   ㉣ 498☐67892

(   )

19 어떤 수에서 4000만씩 10번 뛰어 세었더니 7억 5000만이 되었습니다. 어떤 수는 얼마인지 풀이 과정을 쓰고 답을 구해 보세요.

풀이 _____

_____

_____

_____

답 _____

20 현아와 승현이가 각자 가지고 있는 수 카드를 한 번씩 사용하여 다섯 자리 수를 만들 때, 누가 더 큰 수를 만들 수 있는지 풀이 과정을 쓰고 답을 구해 보세요.

현아   4   2   0   9   7

승현   6   7   5   0   1

풀이 _____

_____

_____

답 _____

1

1 가장 작은 각은 어느 것일까요? (   )

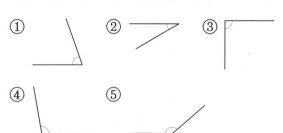

2 각도를 구해 보세요.

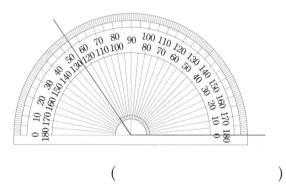

(   )

3 각도기를 사용하여 각도를 재어 보세요.

(   )

4 삼각자의 각과 비교하여 각도를 어림하고 각도기로 재어 확인해 보세요.

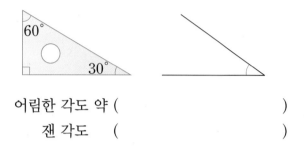

어림한 각도 약 (   )

잰 각도   (   )

5 ☐ 안에 알맞은 수를 써넣으세요.

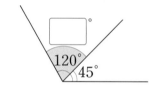

6 ☐ 안에 알맞은 수를 써넣으세요.

(1) $85° + 35° = $ ☐ °

(2) $110° - 25° = $ ☐ °

7 도형에서 찾을 수 있는 둔각은 모두 몇 개일까요?

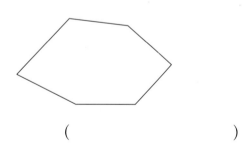

(   )

8 두 각도의 합과 차를 각각 구해 보세요.

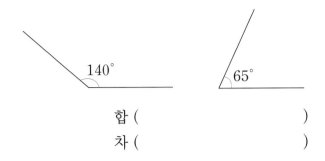

합 (   )

차 (   )

9 □ 안에 알맞은 수를 써넣으세요.

$$□° - 55° = 105°$$

10 시계의 긴바늘과 짧은바늘이 이루는 작은 쪽의 각이 예각인 것을 찾아 기호를 써 보세요.

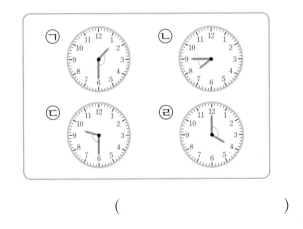

(   )

11 각도기를 사용하여 가장 큰 각과 가장 작은 각을 찾아 두 각도의 합을 구해 보세요.

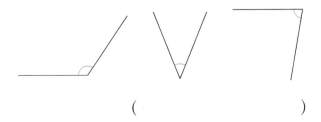

(   )

12 □ 안에 알맞은 수를 써넣으세요.

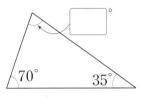

13 각 ㄴㄷㄹ의 크기를 구해 보세요.

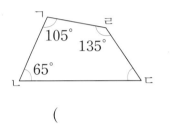

(   )

14 ㉠의 각도를 구해 보세요.

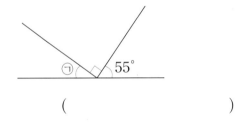

(   )

15 삼각형의 세 각의 크기가 될 수 없는 것을 찾아 기호를 써 보세요.

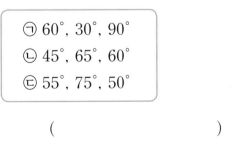

㉠ 60°, 30°, 90°
㉡ 45°, 65°, 60°
㉢ 55°, 75°, 50°

(   )

🖊 서술형 문제

➡ 정답과 풀이 58쪽

16 두 삼각자를 겹쳐서 만든 것입니다. ㉠의 각도를 구해 보세요.

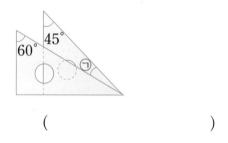

(   )

17 ㉠의 각도를 구해 보세요.

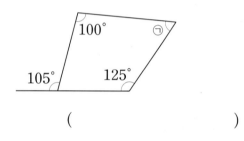

(   )

18 도형에서 6개의 각의 크기의 합을 구해 보세요.

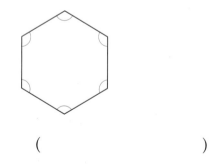

(   )

19 그림에서 찾을 수 있는 크고 작은 예각은 둔각보다 몇 개 더 많은지 풀이 과정을 쓰고 답을 구해 보세요.

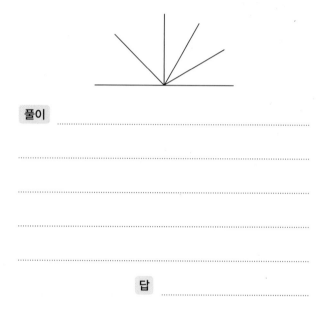

풀이 _____

_____

_____

_____

답 _____

20 ㉠과 ㉡의 각도의 합은 몇 도인지 풀이 과정을 쓰고 답을 구해 보세요.

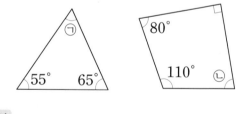

풀이 _____

_____

_____

_____

답 _____

2. 각도

1 시계의 긴바늘과 짧은바늘이 이루는 작은 쪽의 각이 큰 각부터 차례로 기호를 써 보세요.

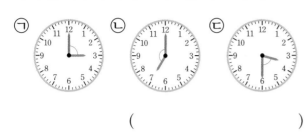

ㄱ   ㄴ   ㄷ

(   )

2 각도기를 사용하여 각도를 재어 보세요.

(   )

3 둔각을 모두 고르세요. (   )

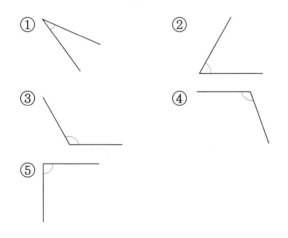

4 각도를 어림하고 각도기로 재어 확인해 보세요.

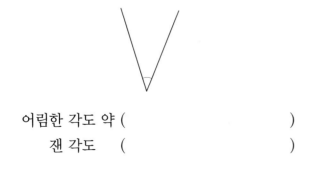

어림한 각도 약 (   )

잰 각도   (   )

5 점 ㄱ과 한 점을 이어서 둔각을 그리려고 합니다. 어느 점과 이어야 하는지 모두 고르세요.

(   )

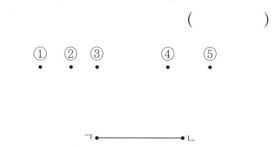

6 예각은 모두 몇 개일까요?

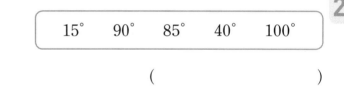

15°   90°   85°   40°   100°

(   )

7 각 ㄱㄴㄷ의 크기를 구해 보세요.

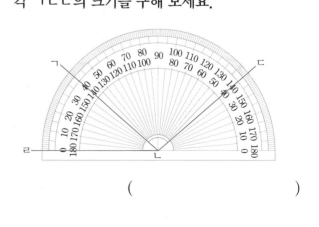

(   )

8 가장 큰 각과 가장 작은 각의 각도의 차를 구해 보세요.

230°	150°	85°

(   )

9 주어진 각도를 연우는 약 120°로, 민하는 약 105°로 어림하였습니다. 실제 각도와 더 가깝게 어림한 사람은 누구인지 각도기로 재어 확인해 보세요.

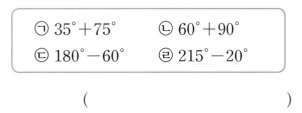

(   )

10 각도가 작은 것부터 차례로 기호를 써 보세요.

㉠ 35°+75°	㉡ 60°+90°
㉢ 180°−60°	㉣ 215°−20°

(   )

11 ☐ 안에 알맞은 수를 써넣으세요.

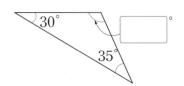

12 ☐ 안에 알맞은 수를 써넣으세요.

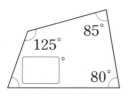

13 ㉠과 ㉡의 각도의 합을 구해 보세요.

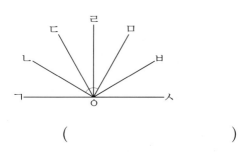

(   )

14 그림에서 작은 각들은 크기가 모두 같습니다. 각 ㄴㅇㅁ의 크기는 몇 도일까요?

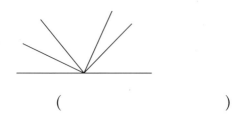

(   )

15 그림에서 찾을 수 있는 크고 작은 예각은 모두 몇 개일까요?

(   )

정답과 풀이 **59**쪽

서술형 문제

16 두 삼각자를 겹쳐서 만든 것입니다. ☐ 안에 알맞은 수를 써넣으세요.

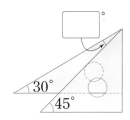

17 ㉠과 ㉡의 각도의 차를 구해 보세요.

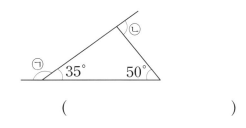

( )

18 각 ㄱㄴㄷ의 크기를 구해 보세요.

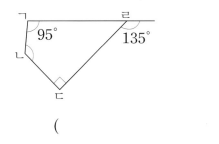

( )

19 각도기를 사용하여 두 각의 크기를 재어 보고 두 각도의 차를 구하려고 합니다. 풀이 과정을 쓰고 답을 구해 보세요.

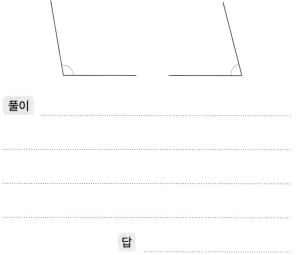

풀이

답

20 삼각형과 사각형을 한 직선 위에 놓은 것입니다. ㉠은 몇 도인지 풀이 과정을 쓰고 답을 구해 보세요.

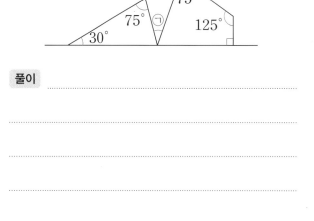

풀이

답

2

3. 곱셈과 나눗셈

1 700×60을 계산하려고 합니다. $7 \times 6 = 42$의 2를 어느 자리에 써야 할까요? (   )

$$
\begin{array}{r}
7\ 0\ 0 \\
\times \quad 6\ 0 \\
\hline
①\ ②\ ③\ ④\ ⑤
\end{array}
$$

2 어림하여 구한 값을 찾아 ○표 하세요.

497×30

9000   11000   15000

3 빈칸에 알맞은 수를 써넣으세요.

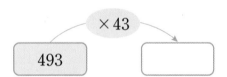

$\times 43$

493

4 나눗셈의 몫과 나머지를 구해 보세요.

$98 \div 43$

몫 (   )

나머지 (   )

5 나눗셈의 몫이 두 자리 수인 것을 모두 고르세요. (   )

① $577 \div 26$ ② $354 \div 42$
③ $571 \div 40$ ④ $225 \div 54$
⑤ $631 \div 75$

6 계산을 하고 나눗셈을 바르게 했는지 확인해 보세요.

$$18\overline{)284}$$

확인

7 두 곱의 합을 구해 보세요.

278×80 654×40

(   )

8 잘못 계산한 부분을 찾아 바르게 계산해 보세요.

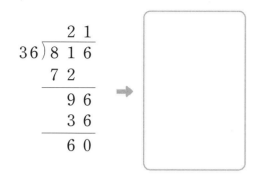

$$
\begin{array}{r}
2\ 1 \\
36\,)\overline{8\ 1\ 6} \\
7\ 2 \\
\hline
9\ 6 \\
3\ 6 \\
\hline
6\ 0
\end{array}
$$

➡

9 빈칸에 몫을 써넣고 ◯ 안에 나머지를 써넣으세요.

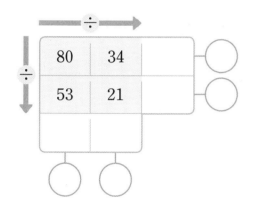

÷	
80	34
53	21

10 850원짜리 아이스크림 40개의 값은 얼마일까요?

(   )

11 귤이 165개씩 들어 있는 상자가 43상자 있습니다. 귤은 모두 몇 개일까요?

(   )

12 나머지가 더 큰 것의 기호를 써 보세요.

┌─────────────────────────┐
│ ㉠ 628÷39   ㉡ 962÷52 │
└─────────────────────────┘

(   )

13 곱이 큰 것부터 차례로 기호를 써 보세요.

┌──────────────┐
│ ㉠ 216×93 │
│ ㉡ 512×47 │
│ ㉢ 308×87 │
└──────────────┘

(   )

14 배 879개를 한 상자에 15개씩 담아 포장하였습니다. 포장하고 남은 배는 몇 개일까요?

(   )

15 ☐ 안에 들어갈 수 있는 수 중에서 가장 작은 자연수를 구해 보세요.

┌──────────────┐
│ 48×☐ >837 │
└──────────────┘

(   )

→ 정답과 풀이 **61**쪽

서술형 문제

16 수 카드를 모두 한 번씩만 사용하여 가장 큰 세 자리 수와 가장 작은 두 자리 수를 만들었습니다. 만든 두 수의 곱을 구해 보세요.

$$\boxed{2}\ \boxed{4}\ \boxed{5}\ \boxed{7}\ \boxed{9}$$

( )

17 어떤 수를 21로 나누면 몫은 38이고, 나머지는 16입니다. 어떤 수는 얼마일까요?

( )

18 ☐ 안에 알맞은 수를 써넣으세요.

```
      2 ☐
  31) 6 ☐ 8
     ☐ ☐
      3 ☐
      3 1
        ☐
```

19 시내버스의 초등학생 요금은 550원입니다. 정수네 반 학생 17명이 시내버스를 탔다면 얼마를 내야 하는지 풀이 과정을 쓰고 답을 구해 보세요.

풀이

답

20 ☐ 안에 들어갈 수 있는 가장 큰 수는 얼마인지 풀이 과정을 쓰고 답을 구해 보세요.

$$\boxed{\ ☐ \div 26 = 19 \cdots ●\ }$$

풀이

답

3. 곱셈과 나눗셈

1 ☐ 안에 알맞은 수를 써넣으세요.

$$500 \times 60 = \boxed{}$$

$$50 \times 600 = \boxed{}$$

$$5 \times 6000 = \boxed{}$$

2 $315 \div 38$을 어림하여 구한 몫으로 가장 적절한 것에 ○표 하세요.

7	8	70	80

3 계산 결과를 찾아 이어 보세요.

558×40　•　　•　40200

328×50　•　　•　22320

670×60　•　　•　16400

4 몫이 $350 \div 70$의 몫과 같은 것은 어느 것일까요? (　　　)

① $420 \div 60$　　② $270 \div 90$

③ $450 \div 90$　　④ $400 \div 50$

⑤ $350 \div 50$

5 잘못 계산한 부분을 찾아 바르게 고쳐 보세요.

```
      7 2 6
   ×    6 8
    5 8 0 8
    4 3 5 6
  1 0 1 6 4
```
➡ ☐

6 빈칸에 알맞은 수를 써넣으세요.

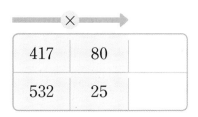

417	80	
532	25	

7 수진이의 돼지 저금통에는 500원짜리 동전이 70개 들어 있습니다. 수진이의 돼지 저금통에 들어 있는 돈은 얼마일까요?

(　　　　　　　　)

8 계산을 하고 몫이 큰 것부터 차례로 ◯ 안에 번호를 써넣으세요.

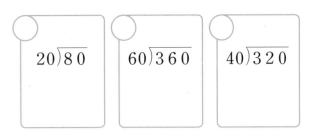

9 몫의 크기를 비교하여 ◯ 안에 >, =, < 중 알맞은 것을 써넣으세요.

$$459 \div 27 \bigcirc 896 \div 56$$

10 나머지가 가장 작은 것을 찾아 기호를 써 보세요.

㉠ $89 \div 17$
㉡ $65 \div 23$
㉢ $94 \div 33$

(   )

11 가장 큰 수와 가장 작은 수의 곱을 구해 보세요.

| 654 | 76 | 52 | 839 |

(   )

12 나눗셈의 몫이 한 자리 수인 것은 어느 것일까요?

(   )

① $276 \div 25$ ② $437 \div 44$
③ $516 \div 49$ ④ $912 \div 88$
⑤ $189 \div 17$

13 ☐ 안에 알맞은 수를 구해 보세요.

$$\square \div 27 = 15 \cdots 15$$

(   )

14 정원이 39명인 버스가 있습니다. 605명의 학생이 모두 버스를 타고 현장학습을 가려면 버스는 적어도 몇 대가 있어야 할까요?

(   )

15 곱이 가장 큰 것을 찾아 기호를 써 보세요.

㉠ 267×42
㉡ 431×21
㉢ 357×36

(   )

서술형 문제 ● 정답과 풀이 62쪽

16 어떤 수에 58을 곱해야 하는데 잘못하여 85로 나누었더니 몫이 7이고, 나머지가 23이었습니다. 바르게 계산하면 얼마일까요?

(   )

17 어떤 수를 59로 나누었을 때 나머지가 될 수 있는 수 중에서 가장 큰 수를 19로 나눈 몫과 나머지는 얼마일까요?

몫 (   )
나머지 (   )

18 수 카드를 한 번씩만 사용하여 몫이 가장 큰 (세 자리 수)÷(두 자리 수)를 만들었습니다. 만든 나눗셈의 몫과 나머지의 합은 얼마일까요?

2   3   4   6   8

(.   )

19 미애는 매일 줄넘기를 410번씩 했습니다. 미애가 3월 한 달 동안 매일 줄넘기를 넘었다면 미애가 한 줄넘기는 모두 몇 번인지 풀이 과정을 쓰고 답을 구해 보세요.

풀이 _____

_____

_____

답 _____

3

20 연필 369자루를 32명의 학생들에게 똑같이 나누어 주려고 하였더니 몇 자루가 모자랐습니다. 남는 연필 없이 똑같이 나누어 주려면 연필은 적어도 몇 자루 더 필요한지 풀이 과정을 쓰고 답을 구해 보세요.

풀이 _____

_____

_____

답 _____

1 설명하는 수를 쓰고 읽어 보세요.

> 10000이 3개, 1000이 8개, 100이 6개인 수

쓰기 (   )

읽기 (   )

2 계산해 보세요.

(1)
$$\begin{array}{r} 6\,5\,4 \\ \times\quad 2\,0 \\ \hline \end{array}$$

(2)
$$\begin{array}{r} 7\,0\,8 \\ \times\quad 1\,5 \\ \hline \end{array}$$

(3) 554×30

(4) 821×26

3 계산을 하고 나눗셈을 바르게 했는지 확인해 보세요.

$$92\overline{)749}$$

확인 ....

4 각도기를 사용하여 각도를 재어 보세요.

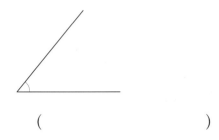

(   )

5 얼마씩 뛰어 세었는지 써 보세요.

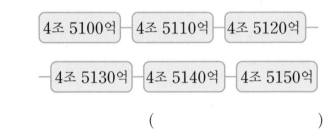

(   )

6 ㉠과 ㉡의 각도의 합을 구해 보세요.

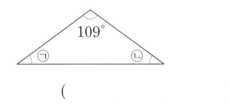

(   )

7 사각형의 네 각의 크기를 나타낸 것입니다. ☐ 안에 알맞은 수는 얼마인지 풀이 과정을 쓰고 답을 구해 보세요.

> 78°   ☐°   130°   52°

풀이

답

8 7082억에서 1000억씩 5번 뛰어 세면 얼마인지 풀이 과정을 쓰고 답을 구해 보세요.

풀이

답

9 곱이 큰 것부터 차례로 기호를 쓰려고 합니다. 풀이 과정을 쓰고 답을 구해 보세요.

> ㉠ 213×60   ㉡ 37×401   ㉢ 598×22

풀이

답

10 길이가 519 cm인 색 테이프를 한 도막이 39 cm가 되도록 잘라 리본을 만들려고 합니다. 리본을 몇 개 만들 수 있고 남는 색 테이프의 길이는 몇 cm인지 풀이 과정을 쓰고 답을 구해 보세요.

풀이

답   .

11 ㉠의 각도를 구해 보세요.

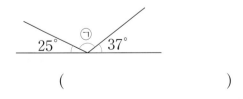

25°   ㉠   37°

(   )

12 숫자 8이 나타내는 값이 가장 큰 수를 찾아 기호를 써 보세요.

> ㉠ 8153204   ㉡ 684237796
> ㉢ 19783450   ㉣ 34507892131

(   )

13 ☐ 안에 알맞은 수를 구해 보세요.

> ☐ ÷ 16 = 38 ⋯ 12

(   )

14 ㉠이 나타내는 값은 ㉡이 나타내는 값의 몇 배인지 풀이 과정을 쓰고 답을 구해 보세요.

> 923687130458
>   ㉠   ㉡

풀이 _____

_____

_____

_____

답 _____

15 시계의 긴바늘과 짧은바늘이 이루는 작은 쪽의 각이 예각인 시각을 모두 찾아 기호를 써 보세요.

> ㉠ 1시45분   ㉡ 2시
> ㉢ 8시   ㉣ 5시30분

(   )

16 ㉠과 ㉡의 각도의 합을 구하려고 합니다. 풀이 과정을 쓰고 답을 구해 보세요.

풀이 _____

_____

_____

_____

_____

답 _____

17 보기 와 같이 수로 나타낼 때 0의 개수가 많은 것부터 차례로 기호를 쓰려고 합니다. 풀이 과정을 쓰고 답을 구해 보세요.

보기
삼천육백이십만 이천오백 ➡ 36202500

㉠ 오천일만 육십
㉡ 팔천사억 이천삼백칠십칠만
㉢ 구백구십삼만

풀이

답

18 ☐ 안에 들어갈 수 있는 수 중에서 가장 큰 자연수는 얼마인지 풀이 과정을 쓰고 답을 구해 보세요.

☐ × 42 < 817

풀이

답

19 1부터 9까지의 수를 모두 사용하여 만들 수 있는 아홉 자리 수 중 십만의 자리 수가 7인 가장 큰 수를 구하려고 합니다. 풀이 과정을 쓰고 답을 구해 보세요.

풀이

답

20 수 카드를 한 번씩만 사용하여 몫이 가장 큰 (세 자리 수) ÷ (두 자리 수)를 만들어 몫과 나머지를 차례로 구하려고 합니다. 풀이 과정을 쓰고 답을 구해 보세요.

2   4   5   7   8

풀이

답   ,

1 점을 오른쪽으로 3칸, 아래쪽으로 2칸 이동했을 때의 위치에 점을 표시해 보세요.

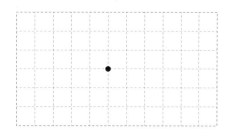

2 도형을 왼쪽과 오른쪽으로 밀었을 때의 도형을 각각 그려 보세요.

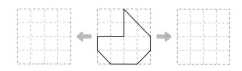

3 도형을 아래쪽으로 뒤집었습니다. 알맞은 것에 ○표 하세요.

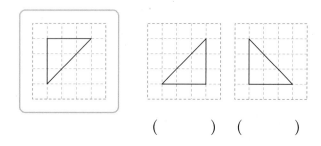

(   ) (   )

4 도형을 왼쪽으로 4 cm 민 다음 위쪽으로 3 cm 밀었을 때의 도형을 그려 보세요.

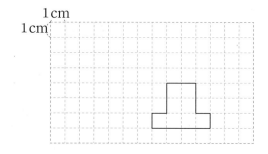

5 도형을 왼쪽으로 뒤집었을 때의 도형을 그려 보세요.

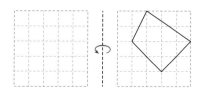

6 도형을 시계 방향으로 90°만큼 돌렸을 때의 도형을 그려 보세요.

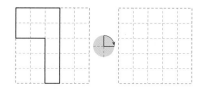

7 점 ㄱ을 점 ㄴ이 있는 위치로 이동하려고 합니다. □ 안에 알맞은 말이나 수를 써넣으세요.

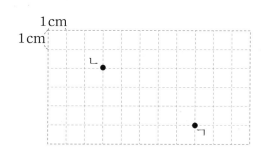

점 ㄱ을 ☐ 으로 ☐ cm, ☐ 으로 ☐ cm 이동해야 합니다.

8 가운데 도형을 다음과 같이 돌렸을 때의 도형을 각각 그려 보세요.

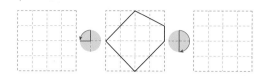

🔵 정답과 풀이 **64**쪽

9 오른쪽으로 뒤집었을 때 처음 모양과 같은 도형을 찾아 기호를 써 보세요.

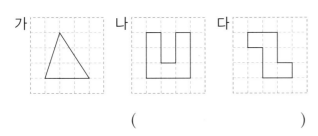

( )

10 오른쪽 도형을 돌렸을 때 생기는 도형이 아닌 것은 어느 것일까요?

( )

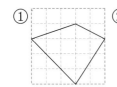

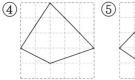

11 오른쪽 무늬는 어떤 모양을 뒤집기를 이용하여 규칙적인 무늬를 만든 것인지 왼쪽에 그려 보세요.

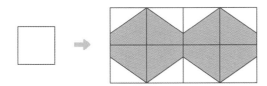

12 위쪽으로 뒤집었을 때 처음 모양과 같은 것은 모두 몇 개인지 구해 보세요.

( )

13 오른쪽 무늬는 왼쪽 모양을 어떻게 움직여서 만든 것인지 설명해 보세요.

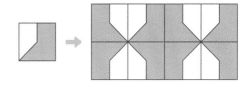

설명

14 왼쪽 도형을 돌렸더니 오른쪽 도형과 같았습니다. 어떻게 돌린 것인지 ⊕ 에 화살표로 표시해 보세요.

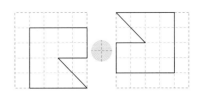

15 오른쪽 도형을 왼쪽으로 뒤집은 다음 시계 반대 방향으로 180°만큼 돌렸을 때의 도형을 각각 그려 보세요.

정답과 풀이 **64**쪽

16 도형을 시계 방향으로 90°만큼 5번 돌렸을 때의 도형을 그려 보세요.

17 어떤 도형을 오른쪽으로 뒤집은 도형입니다. 처음 도형을 그려 보세요.

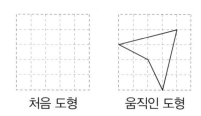

처음 도형   움직인 도형

18 오른쪽 도형을 움직였을 때 생기는 도형이 처음 도형과 다른 것을 찾아 기호를 써 보세요.

> ㉠ 왼쪽으로 3번 뒤집은 다음 오른쪽으로 뒤집기
> ㉡ 위쪽으로 4번 뒤집은 다음 시계 방향으로 360°만큼 돌리기
> ㉢ 아래쪽으로 5번 뒤집은 다음 위쪽으로 밀기

(   )

19 모양을 사용하여 무늬를 만들려고 합니다. 다음과 같이 움직여서 무늬를 완성할 때, 가에 들어갈 모양을 찾아 기호를 쓰고 설명해 보세요.

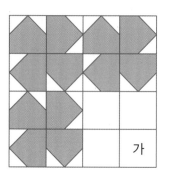

설명 ....

....

....

답 ....

20 수 카드를 오른쪽으로 뒤집었을 때 생기는 수와 시계 반대 방향으로 180°만큼 돌렸을 때 생기는 수의 차는 얼마인지 풀이 과정을 쓰고 답을 구해 보세요.

풀이 ....

....

....

답 ....

1 도형을 위쪽으로 밀었을 때의 도형을 그려 보세요.

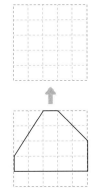

2 오른쪽 도형을 오른쪽으로 4번 밀었을 때의 도형을 찾아 기호를 써 보세요.

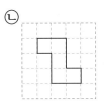

( )

3 도형을 왼쪽과 오른쪽으로 뒤집었을 때의 도형을 각각 그려 보세요.

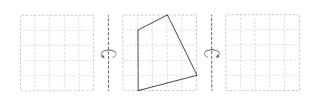

4 도형을 시계 반대 방향으로 270°만큼 돌렸을 때의 도형을 그려 보세요.

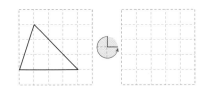

5 오른쪽 도형을 한 번 뒤집었을 때, 나올 수 없는 도형을 찾아 기호를 써 보세요.

( )

6 점을 오른쪽으로 4 cm, 위쪽으로 1 cm 이동했을 때의 위치입니다. 이동하기 전의 위치에 점을 표시해 보세요.

1 cm
1 cm

7 수 카드를 아래쪽으로 뒤집은 다음 오른쪽으로 뒤집었을 때 생기는 수를 써 보세요.

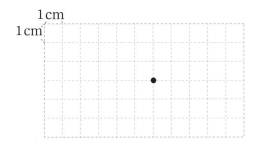

( )

8 주어진 모양으로 돌리기를 이용하여 규칙적인 무늬를 완성해 보세요.

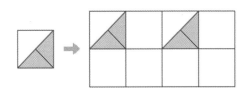

9 도형을 밀기, 뒤집기, 돌리기를 했을 때 생기는 모양이 모두 같은 도형은 어느 것일까요?

(   )

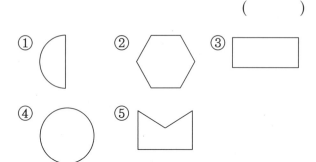

10 어떤 모양을 돌려 가며 이어 붙여서 만든 무늬일까요? (   )

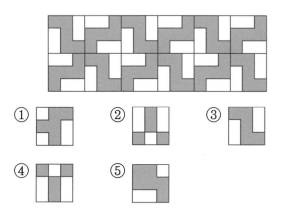

11 점을 차례로 이동하였을 때의 위치에 점을 표시해 보세요.

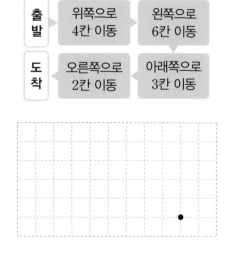

12 오른쪽 무늬는 주어진 모양을 밀기, 뒤집기, 돌리기 중에서 어떤 한 가지 방법을 이용하여 만들었는지 모두 써 보세요.

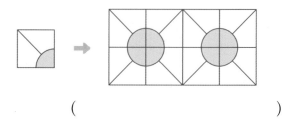

(   )

13 도형을 아래쪽으로 뒤집은 다음 시계 반대 방향으로 180°만큼 돌렸을 때의 도형을 그려 보세요.

14 도형을 아래쪽으로 3번 뒤집은 다음 오른쪽으로 4번 뒤집었을 때의 도형을 그려 보세요.

15 어떤 도형을 시계 반대 방향으로 180°만큼 돌렸더니 오른쪽 도형이 되었습니다. 돌리기 전의 도형을 그려 보세요.

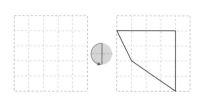

정답과 풀이 65쪽

서술형 문제

16 어떤 도형을 아래쪽으로 7번 뒤집었더니 오른쪽 도형이 되었습니다. 처음 도형을 그려 보세요.

17 왼쪽 도형을 움직였더니 오른쪽 도형이 되었습니다. 움직인 방법으로 알맞은 것을 찾아 기호를 써 보세요.

⊙ 도형을 왼쪽으로 뒤집은 다음 시계 반대 방향으로 90°만큼 돌렸습니다.

ⓛ 도형을 아래쪽으로 뒤집은 다음 오른쪽으로 뒤집었습니다.

ⓒ 도형을 시계 방향으로 90°만큼 돌린 다음 위쪽으로 뒤집었습니다.

( )

18 왼쪽 도형을 돌리기 하여 오른쪽 도형을 만들려고 합니다. 왼쪽 도형을 시계 반대 방향으로 270°만큼 적어도 몇 번 돌려야 할까요?

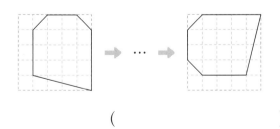

( )

19 다음 무늬는 어떤 두 가지 모양을 어떤 방법을 이용하여 만든 것인지 모양을 그리고 설명해 보세요.

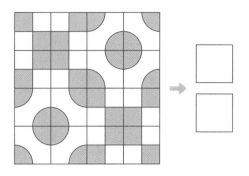

설명 ....

....

....

....

20 어떤 도형을 왼쪽으로 뒤집어야 할 것을 잘못하여 위쪽으로 뒤집었습니다. 바르게 움직이면 어떤 도형이 되는지 풀이 과정을 쓰고 바르게 움직인 도형을 그려 보세요.

잘못 움직인 도형   바르게 움직인 도형

풀이 ....

....

....

5. 막대그래프

[1~4] 학생들이 좋아하는 음료수를 조사하여 나타낸 막대그래프입니다. 물음에 답하세요.

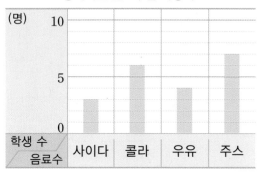

좋아하는 음료수별 학생 수

1 세로 눈금 한 칸은 몇 명을 나타낼까요?

( )

2 사이다를 좋아하는 학생은 몇 명일까요?

( )

3 가장 많은 학생이 좋아하는 음료수는 무엇일까요?

( )

4 우유보다 더 많은 학생들이 좋아하는 음료수를 모두 찾아 써 보세요.

( )

[5~7] 학생들이 좋아하는 민속놀이를 조사하였습니다. 물음에 답하세요.

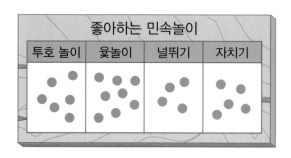

5 조사한 자료를 보고 표로 나타내 보세요.

좋아하는 민속놀이별 학생 수

민속놀이	투호 놀이	윷놀이	널뛰기	자치기	합계
학생 수(명)					

6 표를 보고 막대그래프로 나타내 보세요.

좋아하는 민속놀이별 학생 수

7 표와 막대그래프 중 가장 많은 학생이 좋아하는 민속놀이를 알아보기에 더 편리한 것은 어느 것일까요?

( )

정답과 풀이 67쪽

8 학생들의 장래 희망을 조사하여 나타낸 표입니다. 막대그래프로 나타내려면 학생 수를 나타내는 눈금은 적어도 몇 명까지 나타낼 수 있어야 할까요?

장래 희망별 학생 수

장래 희망	요리사	가수	의사	선생님	합계
학생 수(명)		7	8	9	36

( )

[9~11] 민수네 학교 4학년의 반별 자전거를 탈 줄 아는 학생 수를 조사하여 나타낸 표입니다. 물음에 답하세요.

반별 자전거를 탈 줄 아는 학생 수

반	1반	2반	3반	4반	합계
학생 수(명)	10	12		24	56

9 3반에서 자전거를 탈 줄 아는 학생은 몇 명일까요?

( )

10 막대그래프를 완성해 보세요.

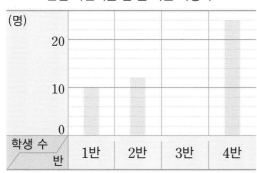

반별 자전거를 탈 줄 아는 학생 수

11 자전거를 탈 줄 아는 학생 수가 2반의 2배인 반은 몇 반일까요?

( )

[12~14] 어느 중국 음식점에서 점심 시간에 팔린 음식의 판매량을 조사하여 나타낸 표입니다. 물음에 답하세요.

음식별 판매량

음식	짜장면	짬뽕	볶음밥	탕수육	합계
판매량(그릇)	28	20	18	10	76

12 표를 보고 막대그래프로 나타내 보세요.

	0	10	20	30
짜장면				
짬뽕				
볶음밥				
탕수육				

음식 / 판매량 (그릇)

13 가장 많이 팔린 음식과 가장 적게 팔린 음식 수의 차는 몇 그릇일까요?

( )

14 내가 만약 음식점 주인이라면 내일 어떤 음식의 재료를 가장 많이 준비하는 것이 좋을까요?

( )

[15~18] 주희와 동욱이가 어느 달 8일부터 11일까지 4일 동안 수학 공부를 한 시간을 조사하여 나타낸 막대그래프입니다. 물음에 답하세요.

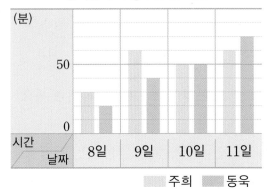

날짜별 수학 공부를 한 시간

15 동욱이가 수학 공부를 가장 많이 한 날은 며칠이고, 몇 분 동안 했을까요?

(   ), (   )

16 주희와 동욱이가 수학 공부를 한 시간이 같은 날은 며칠일까요?

(   )

17 주희와 동욱이가 수학 공부를 한 시간의 차가 가장 큰 날은 며칠일까요?

(   )

18 4일 동안 수학 공부를 한 시간은 주희와 동욱이 중 누가 몇 분 더 많을까요?

(   ), (   )

[19~20] 어느 지역의 과수원별 수박 생산량을 조사하여 나타낸 막대그래프입니다. 물음에 답하세요.

과수원별 수박 생산량

19 수박을 가장 적게 생산한 과수원은 어느 과수원인지 풀이 과정을 쓰고 답을 구해 보세요.

풀이

답

20 네 과수원에서 생산한 수박은 모두 몇 통인지 풀이 과정을 쓰고 답을 구해 보세요.

풀이

답

5. 막대그래프

[1~4] 학생들이 배우고 싶어 하는 운동을 조사하여 나타낸 표와 막대그래프입니다. 물음에 답하세요.

배우고 싶어 하는 운동별 학생 수

운동	수영	태권도	발레	골프	합계
학생 수(명)	11	6	5	3	25

배우고 싶어 하는 운동별 학생 수

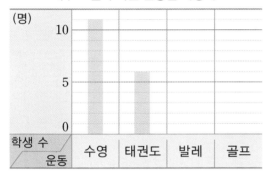

1 막대그래프에서 세로 눈금 한 칸은 몇 명을 나타낼까요?

( )

2 표를 보고 막대그래프를 완성해 보세요.

3 가장 많은 학생이 배우고 싶어 하는 운동은 무엇일까요?

( )

4 표와 막대그래프 중 조사한 전체 학생 수를 알아보기에 더 편리한 것은 어느 것일까요?

( )

[5~7] 학급 문고의 종류별 책의 수를 조사하여 나타낸 막대그래프입니다. 물음에 답하세요.

종류별 책의 수

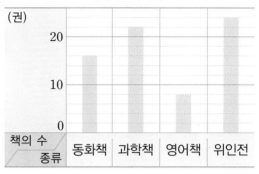

5 막대그래프에서 세로 눈금 한 칸은 몇 권을 나타낼까요?

( )

6 가장 많은 종류의 책은 무엇이고, 몇 권일까요?

( ), ( )

7 동화책 수는 영어책 수의 몇 배일까요?

( )

[8~11] 학생들이 좋아하는 색깔을 조사하여 나타낸 표입니다. 물음에 답하세요.

좋아하는 색깔별 학생 수

색깔	빨강	노랑	초록	파랑	보라	합계
학생 수(명)	9	5	12	7	5	38

8 표를 보고 막대그래프를 완성해 보세요.

좋아하는 색깔별 학생 수

9 둘째로 많은 학생이 좋아하는 색깔은 무엇일까요?

(   )

10 좋아하는 학생 수가 같은 색깔은 무엇과 무엇일까요?

(   )

11 좋아하는 색깔의 학생 수가 보라보다 많고 초록보다 적은 색깔을 모두 찾아 써 보세요.

(   )

[12~15] 어느 마을의 과수원에 있는 감나무의 수를 조사하여 나타낸 막대그래프입니다. 물음에 답하세요.

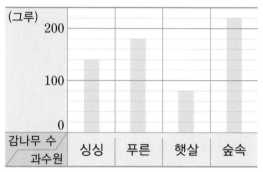

과수원별 감나무 수

12 막대그래프에서 가로와 세로는 각각 무엇을 나타낼까요?

가로 (   )

세로 (   )

13 세로 눈금 한 칸은 몇 그루를 나타낼까요?

(   )

14 감나무 수가 100그루보다 적은 과수원은 어느 과수원일까요?

(   )

15 싱싱 과수원과 푸른 과수원의 감나무 수의 차는 몇 그루일까요?

(   )

정답과 풀이 68쪽

[16~18] 윤아네 반 학생들이 좋아하는 간식을 조사하여 나타낸 표입니다. 탕후루를 좋아하는 학생은 마카롱을 좋아하는 학생보다 3명 더 많다고 합니다. 물음에 답하세요.

좋아하는 간식별 학생 수

간식	떡볶이	김밥	햄버거	탕후루	마카롱	합계
학생 수(명)	6	3	4			30

16 탕후루와 마카롱을 좋아하는 학생은 몇 명인지 각각 구해 보세요.

탕후루 ( )
마카롱 ( )

17 표를 보고 막대그래프로 나타내 보세요.

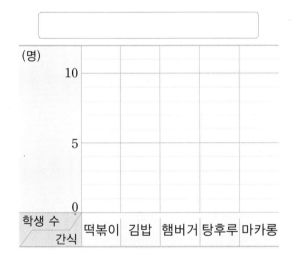

18 선생님이 윤아네 반 학생들에게 나누어 줄 간식을 준비한다면 어떤 간식을 준비하는 것이 좋을까요?

( )

[19~20] 수민이네 학교 4학년의 반별 안경을 쓴 학생 수를 조사하여 나타낸 막대그래프입니다. 물음에 답하세요.

반별 안경을 쓴 학생 수

19 3반의 안경을 쓴 학생은 몇 명인지 풀이 과정을 쓰고 답을 구해 보세요.

풀이

답

20 안경을 쓴 학생 수가 가장 많은 반과 가장 적은 반의 학생 수의 차는 몇 명인지 풀이 과정을 쓰고 답을 구해 보세요.

풀이

답

[1~2] 수 배열표를 보고 물음에 답하세요.

50110	51110	52110	53110	54110
60110	61110	62110	63110	64110
70110	71110	72110	73110	74110
80110	81110	82110	83110	84110
90110	91110	92110	93110	94110

1 가로(→) 방향에서 규칙을 찾아 써 보세요.

규칙 50110부터 시작하여 오른쪽으로

☐ 씩 커집니다.

2 색칠된 칸에서 규칙을 찾아 써 보세요.

규칙 50110부터 시작하여 ↘ 방향으로

☐ 씩 커집니다.

3 수의 배열에서 규칙을 찾아 빈칸에 알맞은 수를 써넣으세요.

7160	6160	5160		3160	

4 설명에 맞는 계산식을 찾아 기호를 써 보세요.

> 같은 자리의 수가 똑같이 커지는 두 수의 차
> 는 항상 일정합니다.

㉠	㉡
$123-100=23$	$945-110=835$
$223-200=23$	$845-210=635$
$323-300=23$	$745-310=435$
$423-400=23$	$645-410=235$
$523-500=23$	$545-510=35$

( )

5 크기가 같은 두 양을 찾아 등호(=)를 사용한 식으로 나타내 보세요.

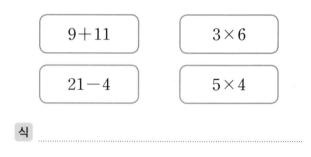

$9+11$ $3×6$

$21-4$ $5×4$

식 _____

6 수의 배열에서 규칙을 찾아 빈칸에 알맞은 수를 써넣으세요.

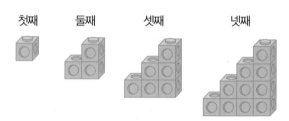

5 — 15 — 45 — 135 — ☐

[7~8] 모형의 배열을 보고 물음에 답하세요.

첫째   둘째   셋째   넷째

7 모형의 배열에서 규칙을 찾아 써 보세요.

규칙 _____

_____

8 다섯째에 알맞은 모양에서 모형의 수를 구해 보세요.

( )

9 옳은 식이 되도록 ☐ 안에 알맞은 수를 써넣으세요.

(1) $53+17=50+$ ☐

(2) $24÷4=$ ☐ $÷8$

10 덧셈식의 배열에서 규칙을 찾아 ☐ 안에 알맞은 수를 써넣고 규칙을 써 보세요.

$100 + 100 = 200$
☐ $+ 200 = 400$
$300 +$ ☐ $= 600$
$400 + 400 =$ ☐

규칙

11 나눗셈식의 배열에서 규칙을 찾아 ☐ 안에 알맞은 나눗셈식을 써넣으세요.

$2÷2=1$
$4÷2÷2=1$
☐
$16÷2÷2÷2÷2=1$

12 수의 배열에서 규칙을 찾아 ■, ●에 알맞은 수를 구해 보세요.

3200	1600	■	400	
	5400	2700	●	675

■ (   )
● (   )

[13~14] 사각형의 배열을 보고 물음에 답하세요.

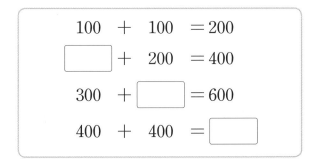

순서	첫째	둘째	셋째	넷째
배열				
식	1	$1+3$		
수	1	4		

13 사각형의 배열에서 규칙을 찾아 셋째와 넷째에 알맞은 식과 수를 써넣으세요.

14 찾은 규칙에 따라 다섯째에 알맞은 사각형의 수를 식으로 나타내고 구해 보세요.

식 _____

수 _____

15 보기 와 같은 규칙으로 수를 배열할 때 ㉠에 알맞은 수를 구해 보세요.

보기

230 — 330 — 530 — 830 — 1230

801 — ☐ — ☐ — ㉠ — ☐

(   )

6

● 정답과 풀이 69쪽

[16~17] 곱셈식의 배열을 보고 물음에 답하세요.

순서	곱셈식
첫째	$1 \times 1 = 1$
둘째	$11 \times 11 = 121$
셋째	
넷째	$1111 \times 1111 = 1234321$

16 곱셈식의 배열에서 규칙을 찾아 셋째에 알맞은 곱셈식을 빈칸에 써넣으세요.

17 계산 결과가 12345654321인 곱셈식을 써 보세요.

식 _____

18 수 배열표에서 규칙을 찾아 ■, ●에 알맞은 수를 구해 보세요.

	401	402	403	404
3	3	6	9	2
4	4	8	■	6
5	5	0	5	0
6	6	2	8	●

■ (   )

● (   )

19 ■ 안의 수를 바르게 고쳐 옳은 식을 만들려고 합니다. 풀이 과정을 쓰고 답을 구해 보세요.

$$70 - 43 = 67 - \boxed{43}$$

풀이 _____

_____

_____

_____

답 _____

20 수 배열표에서 ■에 알맞은 수는 얼마인지 풀이 과정을 쓰고 답을 구해 보세요.

■			
30541	30542	30543	30544
40541	40542	40543	40544
50541	50542	50543	50544
60541	60542	60543	60544

풀이 _____

_____

_____

_____

답 _____

[1~3] 수 배열표를 보고 물음에 답하세요.

1004	1105	1206	1307	1408
2004	2105	2206	2307	2408
3004	3105	3206	3307	3408
4004	4105	4206	4307	4408
5004	5105	5206	5307	5408

1 가로(→) 방향에서 규칙을 찾아 써 보세요.

규칙 1004부터 시작하여 오른쪽으로

☐ 씩 커집니다.

2 세로(↓) 방향에서 규칙을 찾아 써 보세요.

규칙 1004부터 시작하여 아래쪽으로

☐ 씩 커집니다.

3 5408부터 시작하여 1101씩 작아지는 칸에 색 칠해 보세요.

4 크기가 같은 두 양을 찾아 이어 보고 등호(=) 를 사용한 식으로 각각 나타내 보세요.

65－20	·		·	15×5
			·	70÷2
25＋25＋25	·		·	31＋14

식 _____

식 _____

5 옳은 식을 모두 찾아 기호를 써 보세요.

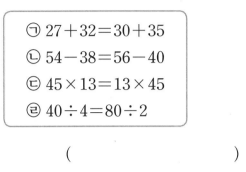

㉠ 27＋32＝30＋35
㉡ 54－38＝56－40
㉢ 45×13＝13×45
㉣ 40÷4＝80÷2

(   )

6 수의 배열에서 규칙을 찾아 빈칸에 알맞은 수를 써넣으세요.

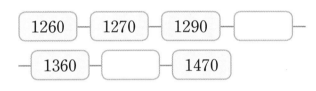

1260 — 1270 — 1290 — ☐

— 1360 — ☐ — 1470

[7~8] 덧셈식의 배열을 보고 물음에 답하세요.

순서	덧셈식
첫째	1＋2＋1＝4
둘째	1＋2＋3＋2＋1＝9
셋째	1＋2＋3＋4＋3＋2＋1＝16
넷째	

7 넷째에 알맞은 덧셈식을 빈칸에 써넣으세요.

8 계산 결과가 49인 덧셈식은 몇째인지 구해 보 세요.

(   )

6

[9~10] 사각형의 배열을 보고 물음에 답하세요.

첫째　　둘째　　셋째　　넷째

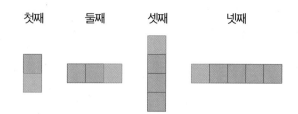

9 다섯째에 알맞은 모양을 그려 보세요.

10 사각형의 배열에서 규칙을 찾아 써 보세요.

규칙 _____

_____

11 곱셈식 배열에서 규칙을 찾아 ☐ 안에 알맞은 곱셈식을 써넣으세요.

$$8 \times 106 = 848$$
$$8 \times 1006 = 8048$$
$$8 \times 10006 = 80048$$
$$8 \times 100006 = 800048$$

☐

12 수의 배열에서 규칙을 찾아 ■, ●에 알맞은 수를 구해 보세요.

120	240	■	960	
	880	1760	3520	●

■ (　　　　　　　)
● (　　　　　　　)

[13~14] 뺄셈식의 배열을 보고 물음에 답하세요.

순서	뺄셈식
첫째	$500 - 250 = 250$
둘째	$500 - 240 = 260$
셋째	$500 - 230 = 270$
넷째	

13 뺄셈식의 배열에서 규칙을 찾아 써 보세요.

규칙 _____

_____

14 넷째에 알맞은 뺄셈식을 빈칸에 써넣으세요.

15 규칙을 찾아 모눈종이에 알맞은 도형을 그리고 ☐ 안에 알맞은 수를 써 보세요.

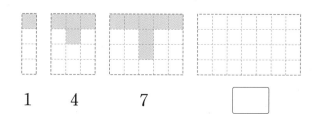

1　　4　　7　　☐

→ 정답과 풀이 70쪽

16 나눗셈식의 배열에서 규칙을 찾아 다섯째 나눗셈식을 빈칸에 써넣으세요.

순서	나눗셈식
첫째	$111111111 \div 9 = 12345679$
둘째	$222222222 \div 18 = 12345679$
셋째	$333333333 \div 27 = 12345679$
넷째	$444444444 \div 36 = 12345679$
다섯째	

17 수의 배열에서 규칙을 찾아 ■, ●에 알맞은 수를 구해 보세요.

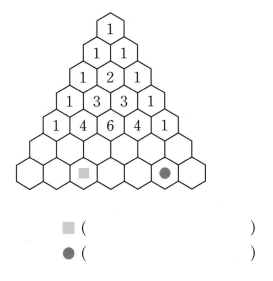

■ ( )

● ( )

18 덧셈식의 배열에서 규칙을 찾아 계산 결과가 48인 덧셈식을 써 보세요.

순서	덧셈식
첫째	$1 + 2 + 3 = 6$
둘째	$2 + 3 + 4 = 9$
셋째	$3 + 4 + 5 = 12$
넷째	$4 + 5 + 6 = 15$

식

19 보기 와 같은 규칙으로 수를 배열할 때 ㉠에 알맞은 수는 얼마인지 풀이 과정을 쓰고 답을 구해 보세요.

보기

2470 — 3470 — 4470 — 5470 — 6470

1356 — ☐ — ☐ — ☐ — ㉠

풀이

답

20 구슬의 배열에서 규칙을 찾아 여섯째에 알맞은 모양에서 구슬은 몇 개인지 풀이 과정을 쓰고 답을 구해 보세요.

첫째 둘째 셋째 넷째

풀이

답

1 가운데 도형을 왼쪽과 오른쪽으로 밀었을 때의 도형을 각각 그려 보세요.

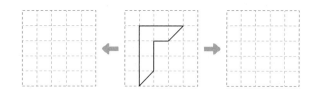

2 옳은 식이 되도록 ☐ 안에 알맞은 수를 써넣으세요.

(1) $84 - 38 = \boxed{} - 40$

(2) $24 \times 6 = 12 \times \boxed{}$

3 왼쪽 도형을 돌렸더니 오른쪽 도형과 같았습니다. 어느 방향으로 돌렸는지 알맞은 것을 모두 고르세요. ( )

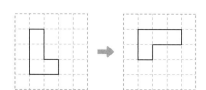

① ② ③

④ ⑤

[4~6] 호영이네 반 학생들이 좋아하는 운동을 조사하여 나타낸 막대그래프입니다. 물음에 답하세요.

좋아하는 운동별 학생 수

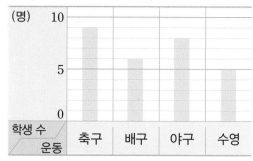

4 배구를 좋아하는 학생은 몇 명일까요?

( )

5 가장 많은 학생이 좋아하는 운동은 무엇일까요?

( )

6 야구보다 더 적은 학생들이 좋아하는 운동을 모두 찾아 쓰려고 합니다. 풀이 과정을 쓰고 답을 구해 보세요.

풀이

답

7 수의 배열에서 규칙을 찾아 쓰고 빈칸에 알맞은 수를 써넣으세요.

720	725	730	735
620		630	635
520	525	530	
	425	430	435

규칙 ....

....

[8~9] 삼각형의 배열을 보고 물음에 답하세요.

 첫째   둘째   셋째

8 삼각형의 배열에서 규칙을 찾아 써 보세요.

규칙 ....

....

9 넷째에 알맞은 모양을 그려 보세요.

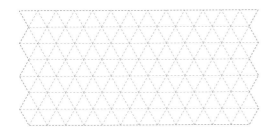

10 도형을 아래쪽으로 뒤집은 다음 시계 방향으로 90°만큼 돌렸을 때의 도형을 각각 그려 보세요.

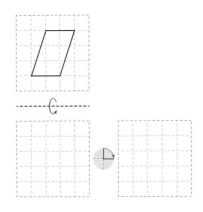

11 곱셈식의 배열에서 규칙을 찾아 쓰고 ☐ 안에 알맞은 곱셈식을 써넣으세요.

$$3 \times 107 = 321$$
$$3 \times 1007 = 3021$$
$$3 \times 10007 = 30021$$

☐

$$3 \times 1000007 = 3000021$$

규칙 ....

....

12 모양을 뒤집기를 이용하여 규칙적인 무늬를 완성해 보세요.

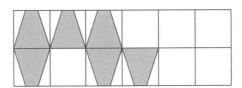

[13~14] 어느 달의 날씨를 조사하여 막대그래프로 나타내려고 합니다. 물음에 답하세요.

날씨별 날수

날씨	맑음	흐림	비	눈	합계
날수(일)	11	9	4		31

13 눈이 온 날수는 며칠인지 풀이 과정을 쓰고 답을 구해 보세요.

풀이

답

14 표를 보고 막대그래프로 나타내 보세요.

날씨별 날수

	0	5	10	15
맑음				
흐림				
비				
눈				

날씨 / 날수 (일)

15 아래쪽으로 뒤집었을 때 모양이 변하지 않는 도형은 어느 것일까요? ( )

①   ②

③   ④

⑤

16 수의 배열에서 규칙을 찾아 ◆에 알맞은 수는 얼마인지 풀이 과정을 쓰고 답을 구해 보세요.

◆			
23783	23785	23787	23789
33783	33785	33787	33789
43783	43785	43787	43789

풀이

답

[17~18] 진경이의 과목별 시험 성적을 조사하여 나타낸 막대그래프입니다. 물음에 답하세요.

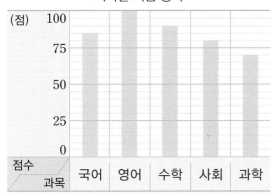

과목별 시험 성적

17 진경이의 사회 점수는 몇 점인지 풀이 과정을 쓰고 답을 구해 보세요.

풀이

답

18 점수가 가장 높은 과목과 가장 낮은 과목의 점수의 차는 몇 점인지 풀이 과정을 쓰고 답을 구해 보세요.

풀이

답

19 수 카드를 오른쪽으로 뒤집었을 때 생기는 수와 시계 방향으로 180°만큼 돌렸을 때 생기는 수의 차는 얼마인지 풀이 과정을 쓰고 답을 구해 보세요.

851

풀이

답

20 곱셈식의 배열에서 규칙을 찾아 다섯째 곱셈식을 구하려고 합니다. 풀이 과정을 쓰고 답을 구해 보세요.

순서	곱셈식
첫째	$9 \times 5 = 45$
둘째	$99 \times 5 = 495$
셋째	$999 \times 5 = 4995$
넷째	$9999 \times 5 = 49995$

풀이

답

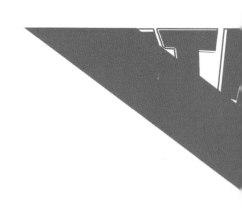

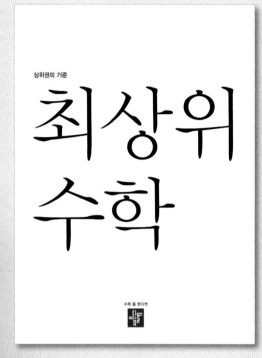

한 걸음 한 걸음 디딤돌을 걷다 보면
수학이 완성됩니다.

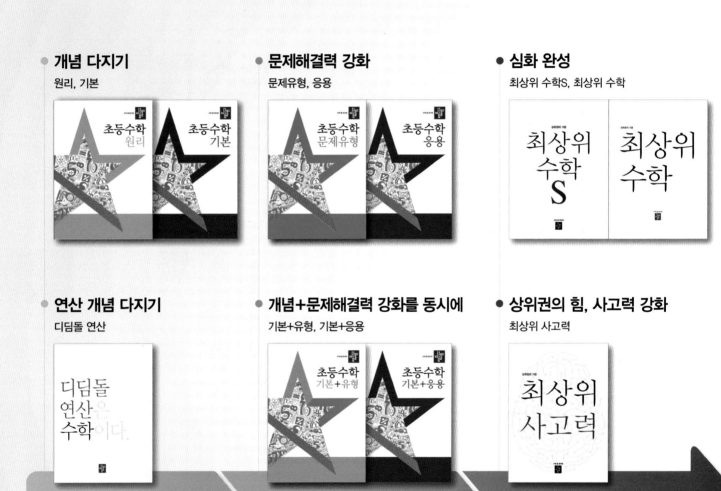

● 개념 다지기
원리, 기본

● 문제해결력 강화
문제유형, 응용

● 심화 완성
최상위 수학S, 최상위 수학

● 연산 개념 다지기
디딤돌 연산

● 개념+문제해결력 강화를 동시에
기본+유형, 기본+응용

● 상위권의 힘, 사고력 강화
최상위 사고력

개념 이해   **개념 응용**   **개념 확장**

학습 능력과 목표에 따라
맞춤형이 가능한 디딤돌 초등 수학

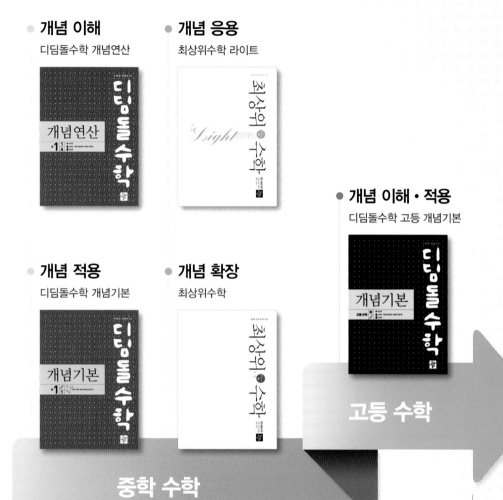

- **개념 이해**
  디딤돌수학 개념연산

- **개념 응용**
  최상위수학 라이트

- **개념 적용**
  디딤돌수학 개념기본

- **개념 확장**
  최상위수학

- **개념 이해 · 적용**
  디딤돌수학 고등 개념기본

중학 수학

고등 수학

초등부터
고등까지

수학 좀 한다면

개념을 이해하고, 깨우치고, 꺼내 쓰는
올바른 중고등 개념 학습서

수능까지 연결되는 독해 로드맵

디딤돌 독해력은 수능까지 연결되는 체계적인 라인업을 통하여

수능에서 요구하는 핵심 독해 원리에 대한 이해는 물론,

단계 별로 심화되며 연결되는 학습의 과정을 통해

깊이 있고 종합적인 독해 사고의 능력까지 기를 수 있도록 도와줍니다.

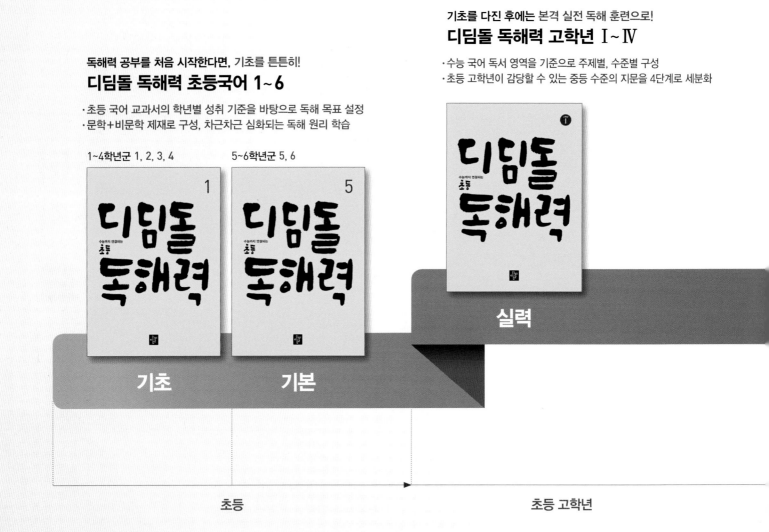

기초를 다진 후에는 본격 실전 독해 훈련으로!
디딤돌 독해력 고학년 Ⅰ~Ⅳ

· 수능 국어 독서 영역을 기준으로 주제별, 수준별 구성
· 초등 고학년이 감당할 수 있는 중등 수준의 지문을 4단계로 세분화

독해력 공부를 처음 시작한다면, 기초를 튼튼히!
디딤돌 독해력 초등국어 1~6

· 초등 국어 교과서의 학년별 성취 기준을 바탕으로 독해 목표 설정
· 문학+비문학 제재로 구성, 차근차근 심화되는 독해 원리 학습

1~4학년군 1, 2, 3, 4   5~6학년군 5, 6

실력

기초   기본

초등   초등 고학년

기본+유형 │ 정답과 풀이

4
1

수학 좀 한다면

디딤돌

진도책 정답과 풀이

1 큰 수

과학, 산업, 정보 기술의 눈부신 발전은 시대를 거치며 인구의 증가와 함께 수많은 생산물과 정보를 만들어냈습니다. 이렇게 방대해진 인구와 생산물 및 정보를 표현하기 위해서는 큰 수의 사용이 필요합니다. 이제 초등학교에서도 큰 수를 다루어야 하는 일이 많고, 4학년 사회 교과에서 다루는 인구나 경제 및 지역 사회의 개념 이해 탐구를 위해 2학년 때 배운 네 자리 수 이상의 큰 수를 사용하게 됩니다. 이에 따라 이번 단원에서는 다섯 자리 이상의 수를 학습합니다. 10000 이상의 수를 구체물로 표현하는 것은 어렵지만, 십진법에 의한 자릿값의 원리는 네 자리 수와 똑같으므로 네 자리 수의 개념을 바탕으로 다섯 자리 이상의 수로 확장할 수 있도록 지도합니다.

STEP 1 교과개념 1. 다섯 자리 수 알아보기   7쪽

1 (예) 1000 1000 1000 1000 1000 1000 1000
   1000 1000 1000 1000 1000 1000 1000

2 5, 3 / 53862

3 ① 칠만 이천사백팔십삼   ② 팔만 천육백오
   ③ 35962   ④ 64087

4 80000, 600 / 80000, 600

1 10000은 1000이 10개인 수이므로 1000 을 10개 색칠합니다.

2 만의 자리부터 차례로 숫자를 쓰면 53862입니다.

3 ② 십의 자리 숫자가 0이므로 십의 자리는 읽지 않습니다.

4 89674는 10000이 8개, 1000이 9개, 100이 6개, 10이 7개, 1이 4개인 수이므로
   89674=80000+9000+600+70+4입니다.

STEP 1 교과개념 2. 십만, 백만, 천만 알아보기   9쪽

1 (선 잇기)   2 2608만, 이천육백팔만

3 ① 9, 9000:0000 (또는 9000만)
   ② 9, 9:0000 (또는 9만)

4 5, 4 / 7000:0000, 80:0000

1 • 10000이 10개인 수는 10:0000 또는 10만이라고 씁니다.
   • 10000이 100개인 수는 100:0000 또는 100만이라고 씁니다.
   • 10000이 1000개인 수는 1000:0000 또는 1000만이라고 씁니다.

2 일의 자리부터 네 자리씩 끊어서 읽습니다.
   26080000 ➡ 2608만
   만   ➡ 이천육백팔만

3 9129:0000
   ↳ 천만의 자리 숫자, 9000:0000
   ↳ 백만의 자리 숫자, 100:0000
   ↳ 십만의 자리 숫자, 20:0000
   ↳ 만의 자리 숫자, 9:0000

   참고 | 숫자 뒤의 0이 천만은 7개, 백만은 6개, 십만은 5개, 만은 4개입니다.

4 7584:0000은 천만이 7개, 백만이 5개, 십만이 8개, 만이 4개인 수입니다.

STEP 1 교과개념 3. 억 알아보기   11쪽

1 (선 잇기)   2 1000만, 100만, 10만

3 9020억 537만, 구천이십억 오백삼십칠만

4 1, 8, 4, 5 / ① 백억, 800:0000:0000 (또는 800억)
   ② 4, 40:0000:0000 (또는 40억)

1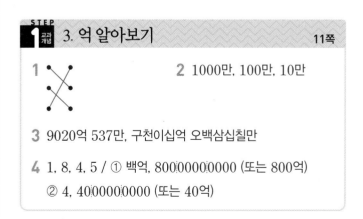

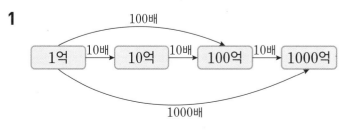

정답과 풀이 **1**

2

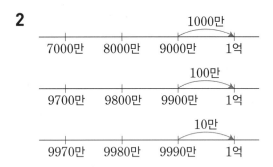

3 902005370000
　억　만

4 184500000000
　억　만

1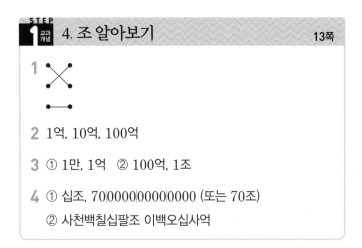

2 1억, 10억, 100억

3 ① 1만, 1억　② 100억, 1조

4 ① 십조, 70|0000|0000|0000 (또는 70조)
　② 사천백칠십팔조 이백오십사억

1
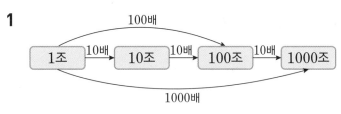

2
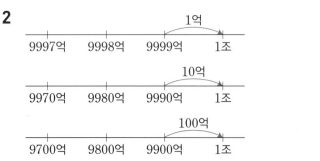

3 ② 1000억의 10배인 수 ➡ 1000억이 10개인 수 ➡ 1조

4 일의 자리부터 네 자리씩 끊은 다음 만, 억, 조를 사용하여 차례로 읽습니다.

1 ① 만, 10000　② 56|0000

2 ① 3563|0000, 3763|0000　② 1759억, 1779억

3 ① 10|0000씩　② 1000억씩

4 ① 1528|0000, 1628|0000
　② 563조 8만, 573조 8만

1 ② 55|0000에서 10000만큼 뛰어 센 수는 56|0000입니다.

2 ① 100만씩 뛰어 세면 백만의 자리 수가 1씩 커집니다.
② 10억씩 뛰어 세면 십억의 자리 수가 1씩 커집니다.

3 ① 십만의 자리 수가 1씩 커지므로 10만씩 뛰어 세었습니다.
② 천억의 자리 수가 1씩 커지므로 1000억씩 뛰어 세었습니다.

4 ① 백만의 자리 수가 1씩 커지므로 100만씩 뛰어 셉니다.
② 십조의 자리 수가 1씩 커지므로 10조씩 뛰어 셉니다.

1 ① 7　② >

2 작습니다에 ○표

3 67|5800, <, 69|4500

4 ① <　② >　③ <

1 $\underset{\text{9자리 수}}{2\,8491\,0000} > \underset{\text{7자리 수}}{723\,0000}$

2 수직선에서는 오른쪽에 있는 수가 더 큰 수이므로 23800은 24200보다 작습니다.

3 67|5800 < 69|4500
　　└ 7 < 9 ┘

4 ① $\underset{\text{7자리 수}}{927\,4800} < \underset{\text{8자리 수}}{1827\,0000}$
② 29|4510|0000 > 27|8250|0000
　　└ 9 > 7 ┘
③ 724조 490억 < 724조 4900억
　　　└ 490억 < 4900억 ┘

1 1000, 100, 10

2 (예)

3 7000, 10000　　　(준비) 998, 1000

4 9997, 9999, 10000　　**5** (1) 30　(2) 60

6 4000원

7 (예) (1) 10, 1000　(2) 9500, 500

8 30개

9 (위에서부터) 이만 칠천팔백오, 46040

10 5, 6, 4, 9, 8　　　**11** 40000, 7000, 900, 2

12 (1) 76213　(2) 37694　**13** 24750원

14 (그림) / 3, 4

15 (1) 7254　(2) 254　(3) 54　(4) 4

16 10000, 1000, 100　　**17** ㉢

18 (1) 7, 7000 0000 (또는 7000만)
　　(2) 십만, 50 0000 (또는 50만)

19 630 8200　　　　　**20** (1) ㉠　(2) ㉢

21 (1) 삼백오십육만　(2) 백오십팔만 사천

(준비) 5000, 500

22 70 0000 (또는 70만), 700 0000 (또는 700만)

23 5000 0000, 20 0000

24 ④　　　　　　　**25** 1080 0000 m

26 유리　　　　　　**27** 320 5000

28 ㉠　　　　　　　**29** (예) 897 5421

30 1000만, 100만, 10만

(준비) 71850　　　**31** 1400 2360 1800

32 (1) 4, 400 0000 0000 (또는 400억)
　　(2) 천억, 5000 0000 0000 (또는 5000억)

33 1000 0000, 5000

34 (위에서부터) 1억 800만, 2 2800 0000,
　　7억 7800만, 14 2700 0000

35 300 0000 0000 (또는 300억)

36 ㉠　　　　　**37** 1억, 10억, 100억

38 (위에서부터) 600억, 6000억, 6조

39 ㉡　　　　　**40** ㉠

41 (위에서부터) 89 8000 0000 0000, 12조 5000억,
　　26 5000 0000 0000, 59조 4000억

42 십조 칠천구백오십팔억 오천만

43 800 0000 0000 (또는 800억)

44 (1) 5435만, 5535만, 5735만
　　(2) 440억, 460억, 470억

45 (1) 1527조, 1530조, 1531조
　　(2) 18억 62만, 22억 62만, 24억 62만

46 1380조　　　　**47** 84억

48 (위에서부터) 51조 4억, 60조 4억, 39조 4억

49 406만, 416만

50 (예) 5억, 10억, 15억, 20억

51

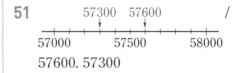

57600, 57300

(준비) (1) ＞　(2) ＜　　**52** (1) ＞　(2) ＜

53 94562, 1억 8만 / 76756, 8900만

54 (　　)(　×　)(　　)

55 (예) 580 0000　　**56** 2개

57 모자

1 각 수에 얼마를 더하면 10000이 되는지 알아봅니다.

2 10000은 1000이 10개인 수이므로 (1000)을 10개 색칠합
니다.

4 수가 1씩 커지는 규칙입니다.
9996보다 1만큼 더 큰 수는 9997,
9998보다 1만큼 더 큰 수는 9999,
9999보다 1만큼 더 큰 수는 10000입니다.

참고 | 수가 1씩 커지는 규칙은 수를 순서대로 쓰는 것과 같으
므로 9995부터 수를 순서대로 세어 봅니다.

5 (2) 9940보다 60만큼 더 큰 수가 10000이므로 9940은 10000보다 60만큼 더 작은 수입니다.

6 10000은 6000보다 4000만큼 더 큰 수입니다.
따라서 4000원이 더 있어야 합니다.

😊 내가 만드는 문제
7 10000에 대해 바르게 썼는지 확인합니다.

서술형
8 예 30000은 1000이 30개인 수이므로 클립 30000개를 한 상자에 1000개씩 담으려면 상자는 모두 30개 필요합니다.

단계	문제 해결 과정
①	30000은 1000이 몇 개인 수인지 알았나요?
②	상자는 모두 몇 개 필요한지 구했나요?

9 읽지 않은 자리에는 0을 씁니다.

10 56498은 10000이 5개, 1000이 6개, 100이 4개, 10이 9개, 1이 8개인 수입니다.

12 (1) 3<u>7</u>694 ➡ 600, <u>7</u>6213 ➡ 6000, 83<u>7</u>65 ➡ 60
(2) <u>3</u>7694 ➡ 30000, 76213 ➡ 3, 8<u>3</u>765 ➡ 3000

13 10000원짜리 지폐가 2장, 1000원짜리 지폐가 4장, 100원짜리 동전이 7개, 10원짜리 동전이 5개이므로 24750원입니다.

14 오만 삼천사십이 ➡ 53042
구슬을 천의 자리에 3개, 십의 자리에 4개 그립니다.

15 87254 = 80000 + 7000 + 200 + 50 + 4

16 각 수에 얼마를 더하면 10:0000이 되는지 알아봅니다.

17 ㉠ 1000의 1000배인 수는 100:0000(100만)입니다.
㉡ 10000이 100개인 수는 100:0000(100만)입니다.
㉢ 990만보다 10만만큼 더 큰 수는 1000만입니다.

18

천	백	십	일	천	백	십	일
			만				일
7	3	5	9	0	0	0	0

19 만이 630개, 일이 8200개인 수
➡ 630만 8200 ➡ 630:8200

20 주어진 수에 가까운 수직선의 위치를 찾습니다.

21 (1) 냉장고: 356:0000 ➡ 삼백오십육만
(2) 에어컨: 158:4000 ➡ 백오십팔만 사천

22 ㉠ 49<u>7</u>2:0000에서 7은 십만의 자리 숫자이므로 70:0000을 나타냅니다.
㉡ 5<u>7</u>36:0000에서 7은 백만의 자리 숫자이므로 700:0000을 나타냅니다.

24 ① 856:4128 ➡ 5
② 7453:0189 ➡ 5
③ 2951:6402 ➡ 5
④ 3578:1029 ➡ 7
⑤ 1853:9820 ➡ 5

25 ㉠에서 ㉡까지의 거리가 1000:0000 m, ㉡에서 ㉢까지의 거리가 80:0000 m이므로 ㉠에서 ㉡을 지나 ㉢까지의 거리는 1000:0000 + 80:0000 = 1080:0000 (m)입니다.

26

백	십	일	천	백	십	일
	만					일
1	6	7	8	0	9	4

십만의 자리 숫자는 6입니다.

27 100:0000이 3개, 10:0000이 2개, 1000이 5개인 수이므로 320:5000입니다.

28 ㉠ 사천육백오십만 구백 ➡ 4650:0900(4개)
㉡ 이백사십만 삼천사백이 ➡ 240:3402(2개)
㉢ 오천이만 사천팔백육 ➡ 5002:4806(3개)
따라서 0의 개수가 가장 많은 것은 ㉠입니다.

😊 내가 만드는 문제
29 8을 포함한 수 카드 7장을 고른 후 백만의 자리 숫자가 8인 수를 만들면 8□□□□□□입니다.

30 각 수에 얼마를 더하면 1억이 되는지 알아봅니다.

준비 7만 1850 ➡ 71850

31 1400억 2360만 1800 ➡ 1400:2360:1800

32

천	백	십	일	천	백	십	일	천	백	십	일
			억				만				일
5	4	2	3	9	7	1	8	6	0	0	0

33 4:1600:5000 = 40000:0000 + 1000:0000 + 600:0000 + 5000

35 9386210806574에서 숫자 3은 백억의 자리 숫자이므로 300000000000을 나타냅니다.

36 ㉠ 5073489100000 ➡ 7
㉡ 8257052100000 ➡ 5

37 각 수에 얼마를 더하면 1조가 되는지 알아봅니다.

38 수를 10배, 100배, … 하면 수의 뒤에 0을 1개, 2개, … 붙인 것과 같습니다.

39 ㉠ 1조는 10억의 1000배인 수입니다.
㉡ 1조는 9000억보다 1000억만큼 더 큰 수입니다.

40 ㉠ 7000조, ㉡ 70조, ㉢ 7000억, ㉣ 7억, ㉤ 70만

42 10795850000000을 읽으면 십조 칠천구백오십팔억 오천만입니다.

43 (예) 173조 4876억 52만이므로 1734876005200000입니다. 숫자 8은 백억의 자리 숫자이므로 80000000000을 나타냅니다.

단계	문제 해결 과정
①	설명하는 수를 구했나요?
②	숫자 8이 나타내는 값을 구했나요?

44 (1) 100만씩 뛰어 세면 백만의 자리 수가 1씩 커집니다.
(2) 10억씩 뛰어 세면 십억의 자리 수가 1씩 커집니다.

45 (1) 조의 자리 수가 1씩 커지므로 1조씩 뛰어 센 것입니다.
(2) 억의 자리 수가 2씩 커지므로 2억씩 뛰어 센 것입니다.

46 백조의 자리 수가 2씩 커지므로 200조씩 뛰어 센 것입니다.
380조-580조-780조-980조-1180조-1380조 이므로 ★에 알맞은 수는 1380조입니다.

47 76억부터 2억씩 4번 뛰어 세면
76억-78억-80억-82억-84억입니다.

48 오른쪽으로 10조씩 뛰어 센 것입니다.
위쪽으로 1조씩 뛰어 센 것입니다.

49 십만의 자리 수가 1씩 커지므로 10만씩 뛰어 센 것입니다.

😊 내가 만드는 문제
50 (예) 5억씩 뛰어 세기: 5억-10억-15억-20억
(예) 3억씩 뛰어 세기: 9억-12억-15억-18억

51 수직선에서는 오른쪽에 있는 수가 더 크므로 57600은 57300보다 큽니다.

52 (1) 6075476 > 805935
       7자리 수   6자리 수
(2) 3674억 ◯890만 < 3674억 1045만
              0 < 1

53 76756 < 94562, 1억 8만 > 8900만
       7 < 9   9자리 수   8자리 수

54 400000보다 크고 600000보다 작은 수가 아닌 것은 1089001입니다.

😊 내가 만드는 문제
55 5000000+40000=5040000이므로 5040000보다 큰 수를 써넣습니다.

56 (예) 3600000보다 큰 수는 ㉡ 4263000, ㉢ 15040000으로 모두 2개입니다.

단계	문제 해결 과정
①	3600000보다 큰 수를 모두 찾았나요?
②	3600000보다 큰 수는 모두 몇 개인지 구했나요?

57 지갑: 135000 > 120000, 모자: 79000 < 120000,
시계: 200000 > 120000
따라서 현서가 12만 원으로 살 수 있는 것은 모자입니다.

STEP 3 실수하기 쉬운 유형 26~28쪽

1 254306	**2** 91548001004
3 6개	**4** 700억, 7000억, 7조
5 200만, 2억, 200억	**6** 1조 8000억
7 ㉡	**8** ㉢
9 ㉡	**10** 42584
11 55295	**12** 62983
13 134조	**14** 873억
15 558억	**16** ㉡
17 ㉡	**18** ㉠, ㉢, ㉡

1 이십오만 사천삼백육 ➡ 25만 4306 ➡ 254306

2 구백십오억 사천팔백만 천사
➡ 915억 4800만 1004 ➡ 91548001004

3 오천육백억 삼천구만 십오
➡ 5600억 3009만 15 ➡ 5600│3009│0015(6개)

4 수를 10배 하면 수의 뒤에 0을 1개 붙인 것과 같습니다.

5 수를 100배 하면 수의 뒤에 0을 2개 붙인 것과 같습니다.

6 수를 10배 하면 수의 뒤에 0을 1개 붙인 것과 같습니다.
18억─180억─1800억─1조 8000억이므로 ㉠에 알맞은 수는 1조 8000억입니다.

7 ㉠ 1$\underline{3}$264 ➡ 3000   ㉡ $\underline{3}$7158 ➡ 30000
따라서 숫자 3이 나타내는 값이 더 큰 수는 ㉡입니다.

8 ㉠ 2│48$\underline{7}$6│3950 ➡ 70│0000
㉡ 5$\underline{7}$6│3894 ➡ 70│0000
㉢ 8│6$\underline{7}$25│4301 ➡ 700│0000
따라서 숫자 7이 나타내는 값이 가장 큰 수는 ㉢입니다.

9 ㉠ 1$\underline{8}$6억 350만 ➡ 80억
㉡ 3$\underline{8}$│7654│0200 ➡ 8│0000│0000(8억)
㉢ 1$\underline{8}$26억 1547만 ➡ 800억
따라서 숫자 8이 나타내는 값이 가장 작은 수는 ㉡입니다.

10 10000이 3개: 30000
　 1000이 12개: 12000
　　 100이 5개:　 500
　　　 10이 8개:　　 80
　　　　 1이 4개:　　　 4
　　　　　　　　　 42584

11 10000이 5개: 50000
　 1000이 2개: 2000
　　 100이 32개: 3200
　　　 10이 9개:　　 90
　　　　 1이 5개:　　　 5
　　　　　　　　　 55295

12 10000이 4개: 40000
　 1000이 22개: 22000
　　 100이 8개:　 800
　　　 10이 18개:　 180
　　　　 1이 3개:　　　 3
　　　　　　　　　 62983

13 126조와 136조 사이를 똑같이 5칸으로 나누었으므로 작은 눈금 한 칸의 크기는 10조÷5=2조입니다.

㉠은 126조에서 2조씩 4번 뛰어 센 수이므로 126조─128조─130조─132조─134조입니다.

14 913억─813억=100억을 똑같이 5칸으로 나누었으므로 작은 눈금 한 칸의 크기는 100억÷5=20억입니다.
㉠은 813억에서 20억씩 3번 뛰어 센 수이므로 813억─833억─853억─873억입니다.

15 590억─534억=56억을 똑같이 7칸으로 나누었으므로 작은 눈금 한 칸의 크기는 56억÷7=8억입니다.
㉠은 534억에서 8억씩 3번 뛰어 센 수이므로 534억─542억─550억─558억입니다.

16 $\underset{\text{6자리 수}}{84│7259}$ < $\underset{\text{7자리 수}}{538│7654}$

17 ㉠ 14조 1826억
㉡ 십사조 이천사백억 ➡ 14조 2400억
천억의 자리 수가 1<2이므로 더 큰 수는 ㉡입니다.

18 ㉠ 22│1574│8900
㉡ 16│7800│0000
㉢ 십팔억 구천구백만 ➡ 18억 9900만
➡ 18│9900│0000
자리 수가 모두 같으므로 십억의 자리 수를 비교하면 ㉠이 가장 크고, ㉡과 ㉢의 억의 자리 수를 비교하면 ㉡이 가장 작습니다.

<table>
<tr><td colspan="2">STEP
4 상위권 도전 유형   29~32쪽</td></tr>
<tr><td>1 10000배</td><td>2 1000배</td></tr>
<tr><td>3 200배</td><td>4 632│0000원</td></tr>
<tr><td>5 5억 8000만 원</td><td>6 40000원씩</td></tr>
<tr><td>7 3385만</td><td>8 3조 6000억</td></tr>
<tr><td>9 2조 7500억</td><td>10 0, 1, 2, 3, 4, 5</td></tr>
<tr><td>11 7, 8, 9</td><td>12 5</td></tr>
<tr><td>13 978│6543</td><td>14 1502│3467</td></tr>
<tr><td>15 5│0123│4879</td><td>16 35241</td></tr>
<tr><td>17 42130</td><td>18 36│4152</td></tr>
</table>

1 ㉠은 천만의 자리 숫자이므로 2000:0000을 나타내고, ㉡은 천의 자리 숫자이므로 2000을 나타냅니다.
2000:0000은 2000보다 0이 4개 더 많으므로 ㉠이 나타내는 값은 ㉡이 나타내는 값의 10000배입니다.

2 ㉠은 십억의 자리 숫자이므로 50:0000:0000을 나타내고, ㉡은 백만의 자리 숫자이므로 500:0000을 나타냅니다.
50:0000:0000은 500:0000보다 0이 3개 더 많으므로 ㉠이 나타내는 값은 ㉡이 나타내는 값의 1000배입니다.

3 ㉠은 억의 자리 숫자이므로 6:0000:0000을 나타내고, ㉡은 백만의 자리 숫자이므로 300:0000을 나타냅니다.
6:0000:0000은 300:0000보다 0이 2개 더 많고 $6 \div 3 = 2$이므로 ㉠이 나타내는 값은 ㉡이 나타내는 값의 200배입니다.

4

	1개월 후	2개월 후
4820000	5120000	5420000

3개월 후	4개월 후	5개월 후
5720000	6020000	6320000

따라서 5개월 후에 모은 돈은 모두 632:0000원이 됩니다.

5

	1개월 후	2개월 후
4억 6000만	4억 8000만	5억

3개월 후	4개월 후	5개월 후
5억 2000만	5억 4000만	5억 6000만

6개월 후
5억 8000만

따라서 6개월 후에 작년부터의 전체 판매 금액은 모두 5억 8000만 원이 됩니다.

6 16:7000에서 4번 뛰어 센 수가 32:7000이므로 32:7000 − 16:7000 = 16:0000이 늘어났습니다.
□씩 4번 뛰어 센 수가 16:0000이므로 □는 40000입니다.
따라서 민아는 매달 40000원씩 저금하였습니다.

7 300만씩 10번 뛰어 세면 3000만이 커집니다.
따라서 어떤 수는 6385만보다 3000만만큼 더 작은 수인 3385만입니다.

8 2000억씩 10번 뛰어 세면 2조가 커집니다.
따라서 어떤 수는 5조 6000억보다 2조만큼 더 작은 수인 3조 6000억입니다.

9 3조 200억에서 1000억씩 거꾸로 3번 뛰어 세면
3조 200억 − 2조 9200억 − 2조 8200억 − 2조 7200억
이므로 어떤 수는 2조 7200억입니다.
2조 7200억에서 100억씩 3번 뛰어 세면
2조 7200억 − 2조 7300억 − 2조 7400억 − 2조 7500억
이므로 바르게 뛰어 세면 2조 7500억입니다.

10 865:3000 > 8□:57:000에서 백만의 자리 수와 만의 자리 수가 같고 천의 자리 수가 3 < 7이므로 십만의 자리에서 6 > □입니다.
따라서 □ 안에 들어갈 수 있는 수는 0, 1, 2, 3, 4, 5입니다.

11 5416:8000 < 541□:7000에서 천만의 자리 수부터 십만의 자리 수까지 같고 천의 자리 수가 8 > 7이므로 만의 자리에서 6 < □입니다.
따라서 □ 안에 들어갈 수 있는 수는 7, 8, 9입니다.

12 5674:9800 < 567㉠:7000에서 천만의 자리 수부터 십만의 자리 수까지 같고 천의 자리 수가 9 > 7이므로 4 < ㉠입니다.
➡ ㉠에 들어갈 수 있는 수: 5, 6, 7, 8, 9
7359:64:000 > 7359㉡:8000에서 억의 자리 수부터 십만의 자리 수까지 같고 천의 자리 수가 4 < 8이므로 6 > ㉡입니다.
➡ ㉡에 들어갈 수 있는 수: 0, 1, 2, 3, 4, 5
따라서 ㉠과 ㉡에 공통으로 들어갈 수 있는 수는 5입니다.

13 십만의 자리 숫자가 7인 일곱 자리 수는 □7□□□□□입니다.
가장 큰 수를 만들려면 높은 자리부터 큰 수를 차례로 놓아야 합니다.
따라서 십만의 자리 숫자가 7인 가장 큰 수는 978:6543입니다.

14 백만의 자리 숫자가 5인 여덟 자리 수는 □5□□□□□□입니다.
가장 작은 수를 만들려면 맨 앞에는 0이 올 수 없으므로 십만의 자리에 0을 놓고 높은 자리부터 작은 수를 차례로 놓습니다. 따라서 백만의 자리 숫자가 5인 가장 작은 수는 1502:3467입니다.

15 억의 자리 숫자가 5이고 백의 자리 숫자가 8인 아홉 자리 수는 5□□□□□8□□입니다.

가장 작은 수를 만들려면 높은 자리부터 작은 수를 차례로 놓아야 합니다.

따라서 조건을 만족시키는 가장 작은 수는 5012|3489입니다.

16 35000보다 크고 35400보다 작은 수이므로 35□□□입니다.

1부터 5까지의 수 중 3과 5를 사용했으므로 남은 수 1, 2, 4 중에서 홀수는 1입니다. 따라서 일의 자리 수는 1입니다.

35□□1이 35400보다 작으므로 조건을 모두 만족시키는 수는 35241입니다.

17 42000보다 크고 42300보다 작은 수이므로 42□□□입니다.

0부터 4까지의 수 중 2와 4를 사용했으므로 남은 수 0, 1, 3 중에서 짝수가 되려면 일의 자리에 0이 들어가야 합니다.

42□□0이 42300보다 작아야 하므로 조건을 모두 만족시키는 수는 42130입니다.

18 36|4000보다 크고 36|4500보다 작은 수이므로 36|4□□□입니다.

1부터 6까지의 수 중 3, 4, 6을 사용했으므로 남은 수 1, 2, 5 중에서 짝수가 되려면 일의 자리에 2가 들어가야 합니다.

36|4□□2가 36|4500보다 작아야 하므로 조건을 모두 만족시키는 수는 36|4152입니다.

19 100만 원짜리 수표 15장은 1500|0000원, 5만 원짜리 지폐 20장은 100|0000원입니다.
➡ 1500|0000+100|0000=1600|0000(원)
1600|0000은 10만이 160개인 수이므로 10만 원짜리 수표 160장으로 바꿀 수 있습니다.

20 100만 원짜리 수표 12장은 1200|0000원, 5만 원짜리 지폐 30장은 150|0000원입니다.
➡ 1200|0000+150|0000=1350|0000(원)
1350|0000은 10만이 135개인 수이므로 10만 원짜리 수표 135장으로 바꿀 수 있습니다.

21 10만 원짜리 수표 150장은 1500|0000원, 5만 원짜리 지폐 40장은 200|0000원,

만 원짜리 지폐 220장은 220|0000원입니다.
➡ 1500|0000+200|0000+220|0000
  =1920|0000(원)
1920|0000은 100만이 19개, 10만이 2개인 수이므로 100만 원짜리 수표로 19장까지 바꿀 수 있습니다.

22 ㉠의 □ 안에 가장 작은 수인 0을 넣고 ㉡의 □ 안에 가장 큰 수인 9를 넣어도 천의 자리 수가 8>1이므로 더 큰 수는 ㉠입니다.

23 ㉠의 □ 안에 가장 작은 수인 0을 넣고 ㉡의 □ 안에 가장 큰 수인 9를 넣어도 백만의 자리 수가 5>3이므로 더 큰 수는 ㉠입니다.

24 ㉠의 □ 안에 가장 큰 수인 9를 넣어도 천만의 자리 수가 4<6이므로 ㉠이 가장 작습니다.
㉡과 ㉢을 비교하면 ㉢의 □ 안에 가장 작은 수인 0을 넣어도 십만의 자리 수가 4<6이므로 ㉢이 더 큽니다.
따라서 가장 큰 수는 ㉢입니다.

수시 평가 대비 Level ❶
33~35쪽

1 ⑤ **2** 2100|6850|2137

3 2194억 675만 3800,
이천백구십사억 육백칠십오만 삼천팔백

4 62099, 62100, 62101, 62102

5 300|0000|0000 (또는 300억)

6 50개 **7** ④

8 573|8600, 583|8600, 593|8600

9 6번 **10** 460억, 4조 6000억

11 (위에서부터) 41692, 3억 2000만 /
41567, 3|0290|0000

12 ㉠ **13** 77590원

14 1023|5789 **15** 334조

16 6000|0000 (또는 6000만)

17 4개월 **18** ㉣

19 7 **20** 5개

1 ⑤ 1000의 100배인 수는 10|0000입니다.

2 2100억 6850만 2137 ➡ 2100|6850|2137

3 2194|0675|3800
　　　억　　　만

4 작은 수부터 차례로 쓰면 62099, 62100, 62101, 62102입니다.

5 5379|2108|1687
　　　억　　　만
➡ 3은 백억의 자리 숫자이므로 300|0000|0000을 나타냅니다.

6 50000은 1000이 50개인 수이므로 단추 50000개를 한 상자에 1000개씩 담으려면 상자는 모두 50개 필요합니다.

7 ① 756|4128 ➡ 5　　② 4753|0189 ➡ 5
③ 8151|6402 ➡ 5　　④ 9378|1096 ➡ 7
⑤ 6053|9820 ➡ 5

8 십만의 자리 수가 1씩 커지므로 10만씩 뛰어 세었습니다.

9 구천칠백억 삼천구만 십일
➡ 9700억 3009만 11 ➡ 9700|3009|0011

10 ●의 10배인 수는 ●의 뒤에 0을 1개 붙인 것과 같습니다.

11 · 41567 < 41692
　　　　　└5 < 6┘
· 3|0290|0000 ➡ 3억 290만이므로
3억 2000만 > 3억 290만입니다.

12 ㉠ 억이 521개, 만이 7948개인 수 ➡ 521억 7948만
㉡ 오백이십일억 칠천구십사만 팔천
➡ 521억 7094만 8000
백만의 자리 수를 비교하면 9 > 0이므로 더 큰 수는 ㉠입니다.

13 10000원짜리 지폐가 6장이면 60000원, 1000원짜리 지폐가 17장이면 17000원, 100원짜리 동전이 5개이면 500원, 10원짜리 동전이 9개이면 90원이므로 저금통에 들어 있는 돈은 모두
60000+17000+500+90=77590(원)입니다.

14 가장 작은 수를 만들려면 높은 자리부터 작은 수를 차례로 놓습니다. 가장 높은 자리에는 0을 놓을 수 없으므로 둘째로 작은 수를 가장 높은 자리에 놓으면 만들 수 있는 가장 작은 수는 1023|5789입니다.

15 346조 − 326조 = 20조를 똑같이 10칸으로 나누었으므로 한 칸은 20조 ÷ 10 = 2조입니다.
㉠은 326조에서 2조씩 4번 뛰어 센 수이므로
326조 − 328조 − 330조 − 332조 − 334조입니다.

16 어떤 수의 1000배는 어떤 수에 0을 3개 더 붙인 것과 같으므로 9|1674|8905|0000은 9|1674|8905의 1000배입니다.
따라서 어떤 수는 9|1674|8905이고 숫자 6이 나타내는 값은 600|0000입니다.

17 24|0000에서 3|0000씩 뛰어 세면
24|0000 − 27|0000 − 30|0000 − 33|0000 − 36|0000입니다.
24|0000에서 3|0000씩 4번 뛰어 세면 36|0000이 되므로 4개월이 걸립니다.

18 모두 9자리 수이므로 높은 자리 수부터 비교합니다.
㉣의 □ 안에 가장 작은 수인 0을 넣고 ㉠, ㉡, ㉢의 □ 안에 가장 큰 수인 9를 넣어도 만의 자리 수를 비교하면 ㉣이 가장 큽니다. 따라서 가장 큰 수는 ㉣입니다.

19 예 6581|2630|0000에서 백억의 자리 숫자는 5이고, 천만의 자리 숫자는 2입니다.
따라서 두 수의 합은 5+2=7입니다.

평가 기준	배점
백억의 자리 숫자와 천만의 자리 숫자를 각각 구했나요?	4점
두 수의 합을 구했나요?	1점

20 예 자리 수가 같으므로 높은 자리부터 차례로 비교합니다. 십억의 자리 수가 같고 천만의 자리 수를 비교하면 3 > 1이므로 4 < □이어야 합니다.
따라서 □ 안에 들어갈 수 있는 수는 5, 6, 7, 8, 9로 모두 5개입니다.

평가 기준	배점
□ 안에 들어갈 수 있는 수의 범위를 구했나요?	3점
□ 안에 들어갈 수 있는 수는 모두 몇 개인지 구했나요?	2점

수시 평가 대비 Level ❷
36~38쪽

1 (1) 9990 (2) 500

2 (위에서부터) 3000, 4000

3 75134

4 90000＋2000＋50＋9

5 (1) 백육십오만 구백팔십 (2) 삼천칠십육만 구천팔십칠

6 1억, 1조

7 3460억 7200만 / 3460`7200`0000

8 백조, 700`0000`0000`0000 (또는 700조)

9 3조 4500억, 3조 4600억, 3조 4800억

10 (1) ＞ (2) ＜   **11** ㉢

12 ㉡, ㉠, ㉢   **13** 36`0000원

14 58장

15 8`0000`0000`0000 (또는 8조)

16 1, 2, 3   **17** 3억 5000만

18 9874`5210 / 1024`7589

19 53950원   **20** 10000배

2 10000은 7000보다 3000만큼 더 큰 수이고, 6000보다 4000만큼 더 큰 수입니다.

3 10000이 7개이면 70000, 1000이 5개이면 5000, 100이 1개이면 100, 10이 3개이면 30, 1이 4개이면 4이므로 75134입니다.

5 (1) 165`0980 ➡ 165만 980 ➡ 백육십오만 구백팔십
 (2) 3076`9087 ➡ 3076만 9087
    ➡ 삼천칠십육만 구천팔십칠

6 1의 10000배는 1만, 1만의 10000배는 1억, 1억의 10000배는 1조입니다.

8 8753`0924`3651`0000
     조 억 만
 7은 백조의 자리 숫자이고 700`0000`0000`0000를 나타냅니다.

9 백억의 자리 수가 1씩 커지므로 100억씩 뛰어 센 것입니다.

10 (1) 806`5476＞804`7352
        └─ 6＞4 ─┘

 (2) 2847억 ◯690만＜2847억 1320만
        └─── 0＜1 ───┘

11 ㉠ 375`9`4218 ➡ 9`0000(9만)
 ㉡ 492`8513 ➡ 90`0000(90만)
 ㉢ 6897`3`1452 ➡ 900`0000(900만)
 ㉣ 5147`9564 ➡ 9000
 따라서 숫자 9가 나타내는 값이 가장 큰 수는 ㉢입니다.

12 ㉠ 구천팔백이십오만 ➡ 9825`0000
 ㉢ 4538만 ➡ 4538`0000
 1`0854`0000＞9825`0000＞4538`0000이므로 큰 수부터 차례로 기호를 쓰면 ㉡, ㉠, ㉢입니다.

13 30000씩 4번 뛰어 셉니다.

 참고 | 30000씩 뛰어 세면 만의 자리 수가 3씩 커집니다.

14 5820`0000은 100만이 58개, 10만이 2개인 수이므로 100만 원짜리 수표로 58장까지 찾을 수 있고 20만 원이 남습니다.

15 1조 5800억을 100배 하면 158조입니다.
 158조에서 8은 8조(8`0000`0000`0000)를 나타냅니다.
 참고 | 수를 100배 하면 수의 뒤에 0을 2개 붙인 것과 같습니다.

16 자리 수가 6개로 같고 만의 자리 수가 2＜7이므로 십만의 자리에서 4＞□입니다.
 따라서 □ 안에 들어갈 수 있는 수는 1, 2, 3입니다.
 주의 □ 안에 4를 넣으면 42`6420＜47`3430이므로
   □ 안에 4는 들어갈 수 없습니다.

17 3000만씩 10번 뛰어 세면 3억이 커집니다.
 따라서 어떤 수는 6억 5000만보다 3억만큼 더 작은 수인 3억 5000만입니다.

18 만의 자리 숫자가 4인 여덟 자리 수는 □□□4□□□□
이고, 남은 수를 큰 수부터 차례로 쓰면 98745210입니다.
천의 자리 숫자가 7인 여덟 자리 수는 □□□□7□□□
이고, 남은 수를 작은 수부터 차례로 쓸 때 0은 천만의 자
리에 올 수 없으므로 10247589입니다.

서술형
19 ⑩ 10000원짜리 지폐 4장은 40000원, 1000원짜리 지
폐 13장은 13000원, 100원짜리 동전 9개는 900원,
10원짜리 동전 5개는 50원이므로
40000＋13000＋900＋50＝53950(원)입니다.

평가 기준	배점
지폐와 동전이 각각 얼마인지 구했나요?	3점
저금한 돈은 모두 얼마인지 구했나요?	2점

서술형
20 ⑩ ㉠은 백억의 자리 숫자이므로 40000000000을 나타
내고 ㉡은 백만의 자리 숫자이므로 4000000을 나타냅
니다. 40000000000은 4000000보다 0이 4개 더 많
으므로 ㉠이 나타내는 값은 ㉡이 나타내는 값의 10000
배입니다.

평가 기준	배점
㉠, ㉡이 나타내는 값을 각각 구했나요?	2점
㉠이 나타내는 값은 ㉡이 나타내는 값의 몇 배인지 구했나요?	3점

2 각도

각은 다각형을 정의하는 데 필요한 요소로서 도형 영역에서
기초가 되는 개념이며, 사회과나 과학과 등 타 교과뿐만 아니
라 일상생활에서도 폭넓게 사용됩니다. 3학년 1학기에서는
구체적인 생활 속의 사례나 활동을 통해 각과 직각을 학습하
였습니다. 이 단원에서는 각의 크기, 즉 각도에 대해 배우게
됩니다. 각의 크기를 비교하는 활동을 통하여 표준 단위인 도
(°)를 알아보고 각도기를 이용하여 각도를 측정할 수 있게 합
니다. 각도는 4학년 2학기에 배우는 여러 가지 삼각형, 여러
가지 사각형 등 후속 학습의 중요한 기초가 되므로 다양한 조
작 활동과 의사소통을 통해 체계적으로 지도해야 합니다.

STEP 1 교과개념 **1. 각의 크기 비교, 각의 크기 재기** 41쪽

1 가

2 (   ) (○)

3 (   ) (○)

4 ① 80   ② 100

2 두 변의 벌어진 정도가 작을수록 작은 각입니다.

3 각도를 잴 때는 각도기의 중심을 각의 꼭짓점에, 각도기
의 밑금을 각의 한 변에 맞춰야 합니다.

4 ① 각의 한 변이 안쪽 눈금 0에 맞춰져 있으므로 안쪽 눈
금을 읽으면 80°입니다.
② 각의 한 변이 바깥쪽 눈금 0에 맞춰져 있으므로 바깥
쪽 눈금을 읽으면 100°입니다.

STEP 1 교과개념 **2. 예각과 둔각 알아보기, 각도 어림하고 재기** 43쪽

1 ① 둔각   ② 예각

2 ① ㉠   ② ㉡

3 ⑩ 25, 25

4 ① ⑩ 55, 55   ② ⑩ 120, 120

1 ① 직각보다 크고 180°보다 작으므로 둔각입니다.
② 0°보다 크고 직각보다 작으므로 예각입니다.

2 ①
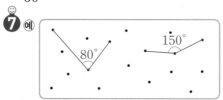
②

점 ㄴ을 ㉠과 이으면 예각, ㉡과 이으면 직각, ㉢과 이으면 둔각이 됩니다.

3 삼각자의 30°보다 약간 작으므로 약 25°라고 어림할 수 있습니다.

STEP **1** 교과 개념 **3. 각도의 합과 차** 45쪽

1 30, 45, 75

2 120, 65, 55

3 ① 85, 85 ② 165, 165 ③ 30, 30 ④ 50, 50

4 145, 35

1 30°+45° ➡ 30+45=75 ➡ 30°+45°=75°

2 120°−65° ➡ 120−65=55 ➡ 120°−65°=55°

3 ① 55°+30°=85°
　　　55+30=85
② 60°+105°=165°
　　　60+105=165
③ 70°−40°=30°
　　　70−40=30
④ 85°−35°=50°
　　　85−35=50

4 합: 90°+55°=145°
차: 90°−55°=35°

STEP **1** 교과 개념 **4. 삼각형의 세 각의 크기의 합** 47쪽

1 ① 20, 130, 30 ② 20, 130, 30, 180

2 65

3 ① 180, 180, 50 ② 180, 180, 30

4 ① 180, 180, 110 ② 180, 180, 75

2 한 직선이 이루는 각도는 180°이므로 180°에서 주어진 두 각의 크기를 뺍니다.

STEP **1** 교과 개념 **5. 사각형의 네 각의 크기의 합** 49쪽

1 ① 75, 110, 45, 130 ② 75, 110, 45, 130, 360

2 2, 180, 2, 360

3 ① 360, 360, 100 ② 360, 360, 95

4 ① 360, 360, 175 ② 360, 360, 150

STEP **2** 꼭 나오는 유형 50~55쪽

1 나

2 (　　)(○)

3 다, 가, 나

4 60°, 50°

5 70, 70

6 ⑩ 각의 한 변이 안쪽 눈금 0에 맞춰져 있으므로 각도기의 안쪽 눈금을 읽어야 하는데 바깥쪽 눈금을 읽었습니다. / 60°

7 ⑩

8 ④

9 가, 다, 라 / 나, 마, 바

10 (위에서부터) 둔, 둔, 예

준비 2개

11 2개

12
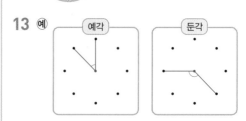
/ 예각

13 ⑩

14 ⑩ 40, 40

15 ⑩ 각 ㄷㅇㄹ

16 ⑩ 120 / ／ 130

17 (1) 155 (2) 55

18 (1) 90 (2) 180 (3) 270 (4) 360

19 125°, 25°

20 (1) 예 45 (2) 예 60

21

22 (1) > (2) <

23 (1) 150 (2) 230 (3) 35

(준비) 45

24 (1) 75 (2) 125

25 25°

26 45°

27 =

28 50

29 45°

30 125°

31 민호 / 예 삼각형의 세 각의 크기의 합은 180°인데 민호가 잰 세 각의 크기의 합은 190°입니다.

32 (1) 예 30, 80 (2) 예 50, 110

33 60

34 40

35 =

36 (1) 60 (2) 105

37 85°

38 203°

39 170°, 20°

40 100

41 145

---

2 시계의 긴바늘과 짧은바늘을 각의 두 변으로 생각하여 각도를 비교합니다.
두 변이 벌어진 정도가 클수록 큰 각입니다.

3 변의 길이에 관계없이 두 변이 가장 적게 벌어진 각이 가장 작은 각입니다.

4 각 ㄱㄴㄷ의 크기는 변 ㄴㄱ이 바깥쪽 눈금 0에 맞춰져 있으므로 바깥쪽 눈금을 읽으면 60°입니다.
각 ㄹㄴㅁ의 크기는 변 ㄴㅁ이 안쪽 눈금 0에 맞춰져 있으므로 안쪽 눈금을 읽으면 50°입니다.

5 각도기의 중심을 각의 꼭짓점에 맞추고, 각도기의 밑금을 각의 한 변에 맞추어 각도를 잽니다.

서술형
6

단계	문제 해결 과정
①	각도를 잘못 구한 까닭을 썼나요?
②	각도를 바르게 구했나요?

😊 내가 만드는 문제
7 두 개의 점을 이어 선분을 그은 후 선분의 한 끝점과 다른 점을 이어 크기가 다른 2개의 각을 그리고 그린 두 각의 크기를 재어 봅니다.

8 점 ㄱ과 ①, ②를 이으면 예각, ③을 이으면 직각이 됩니다.

---

9 0°보다 크고 직각보다 작은 각은 예각, 직각보다 크고 180°보다 작은 각은 둔각입니다.

11 0°보다 크고 직각보다 작은 각을 찾아 봅니다. ➡ 2개

13 0°보다 크고 직각보다 작은 각이 되도록 세 점을 연결하면 예각이 됩니다.
직각보다 크고 180°보다 작은 각이 되도록 세 점을 연결하면 둔각이 됩니다.

14 주어진 각도가 삼각자의 30°보다 조금 크므로 약 40°로 어림할 수 있습니다.
주어진 각도를 각도기로 재어 보면 40°입니다.

15 각의 두 변이 벌어진 정도를 비교하면 각 ㄱㅇㄴ과 각 ㄷㅇㄹ의 크기가 비슷합니다.

😊 내가 만드는 문제
16 먼저 각도를 정한 뒤 각도기를 사용하지 않고 자를 사용하여 각을 그리고 각도기로 재어 확인해 봅니다.

17 (1) 85+70=155 ➡ 85°+70°=155°
(2) 130−75=55 ➡ 130°−75°=55°

19 합: 75°+50°=125°
차: 75°−50°=25°

20 (1) 각 ㄴㅇㄷ은 각 ㄱㅇㄴ의 3배쯤이므로 약 45°로 어림할 수 있습니다.
(2) 각 ㄷㅇㄹ은 각 ㄱㅇㄴ의 4배쯤이므로 약 60°로 어림할 수 있습니다.

21 65°+40°=105° ➡ 둔각
170°−95°=75° ➡ 예각

22 (1) 75°+60°=135°, 90°+35°=125°
➡ 135° > 125°
(2) 150°−75°=75°, 165°−85°=80°
➡ 75° < 80°

23 (1) 한 직선이 이루는 각도는 180°이므로
□°=180°−30°=150°입니다.
(2) 한 바퀴는 360°이므로
□°=360°−130°=230°입니다.

(3)

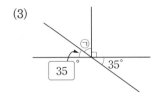

한 직선이 이루는 각도는 $180°$이므로
㉠$=180°-90°-35°=55°$입니다.
따라서 ☐°$=180°-90°-55°=35°$입니다.

준비 ☐$=130-85=45$

24 (1) $45°+$☐°$=120°$ ➡ ☐°$=120°-45°=75°$
(2) $145°-$☐°$=20°$ ➡ ☐°$=145°-20°=125°$

서술형
25 ㉘ 직사각형의 한 각의 크기는 $90°$입니다.
따라서 ●$=90°-40°-25°=25°$입니다.

단계	문제 해결 과정
①	직사각형의 한 각의 크기가 $90°$임을 알고 있나요?
②	●의 각도를 구했나요?

26 등받이를 처음보다 $150°-105°=45°$ 더 눕혔습니다.

27 모양과 크기에 관계없이 삼각형의 세 각의 크기의 합은 항상 $180°$입니다.

28 삼각형의 세 각의 크기의 합은 $180°$이므로
☐°$=180°-100°-30°=50°$입니다.

29 한 직선이 이루는 각도는 $180°$이므로
㉠$=180°-65°-70°=45°$입니다.

30 삼각형의 세 각의 크기의 합은 $180°$이므로
㉠$+$㉡$+55°=180°$,
㉠$+$㉡$=180°-55°=125°$입니다.

31 삼각형의 세 각의 크기의 합은 $180°$입니다.
현서: $65°+80°+35°=180°$
민호: $120°+30°+40°=190°$
준영: $90°+45°+45°=180°$
따라서 삼각형의 세 각의 크기를 잘못 잰 사람은 민호입니다.

내가 만드는 문제
㉜ 삼각형의 세 각의 크기의 합이 $180°$가 되도록 두 각의 크기를 정합니다.

33

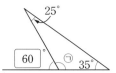

삼각형의 세 각의 크기의 합은 $180°$입니다.
$25°+$㉠$+35°=180°$,
㉠$=180°-35°-25°=120°$
한 직선이 이루는 각도는 $180°$이므로
☐°$=180°-120°=60°$입니다.

34

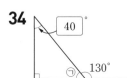

한 직선이 이루는 각도는 $180°$이므로
㉠$=180°-130°=50°$입니다.
삼각형의 세 각의 크기의 합은 $180°$이므로
☐°$=180°-90°-50°=40°$입니다.

35 모양과 크기에 관계없이 사각형의 네 각의 크기의 합은 항상 $360°$입니다.

36 사각형의 네 각의 크기의 합은 $360°$입니다.
(1) ☐°$=360°-100°-85°-115°=60°$
(2) ☐°$=360°-45°-120°-90°=105°$

서술형
37 ㉘ 한 바퀴는 $360°$이므로 $360°$에서 주어진 세 각의 크기를 빼면 나머지 한 각의 크기를 구할 수 있습니다.
따라서 ㉠$=360°-95°-130°-50°=85°$입니다.

단계	문제 해결 과정
①	사각형의 네 각의 크기의 합이 $360°$임을 알고 있나요?
②	㉠의 각도를 구했나요?

38 한 직선이 이루는 각도는 $180°$이므로 어린이 공원 왼쪽 아래 각도는 $180°-88°=92°$입니다.
사각형의 네 각의 크기의 합은 $360°$이므로
㉠$+$㉡$+65°+92°=360°$,
㉠$+$㉡$=360°-65°-92°=203°$입니다.

39 삼각형의 세 각의 크기의 합은 $180°$이므로
㉠$=180°-45°-60°=75°$입니다.
사각형의 네 각의 크기의 합은 $360°$이므로
㉡$=360°-75°-100°-90°=95°$입니다.
➡ 합: $75°+95°=170°$, 차: $95°-75°=20°$

40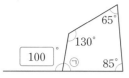

사각형의 네 각의 크기의 합은 360°이므로
㉠=360°−85°−65°−130°=80°입니다.
한 직선이 이루는 각도는 180°이므로
□°=180°−80°=100°입니다.

41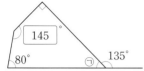

한 직선이 이루는 각도는 180°이므로
㉠=180°−135°=45°입니다.
사각형의 네 각의 크기의 합은 360°이므로
□°=360°−80°−90°−45°=145°입니다.

56~58쪽

STEP 3 실수하기 쉬운 유형

1 135° **2** 125°

3 80° **4** 125

5 (1) 75 (2) 155 (3) 115 (4) 65

6 (1) 45 (2) 105

7 150° **8** 170°

9 160° **10** 105

11 140 **12** 115

13 ①, ⑤ **14** ㉡, ㉢

15 둔각 **16** 60

17 75 **18** 75°

---

1 각의 한 변이 안쪽 눈금 0에 맞춰져 있으므로 각도기의 안쪽 눈금을 읽습니다.

2 각의 한 변이 바깥쪽 눈금 0에 맞춰져 있으므로 각도기의 바깥쪽 눈금을 읽습니다.

3 각의 한 변이 바깥쪽 눈금 0에 맞춰져 있으므로 각도기의 바깥쪽 눈금을 읽습니다.

(각 ㄷㄴㄹ)=120°, (각 ㄱㄴㄹ)=40°
따라서 (각 ㄱㄴㄷ)=(각 ㄷㄴㄹ)−(각 ㄱㄴㄹ)
　　　　　　　　　=120°−40°=80°입니다.

4 80°+□=205° ➡ □=205°−80°=125°

5 (1) 195°−□°=120° ➡ □°=195°−120°=75°
(2) □°−65°=90° ➡ □°=90°+65°=155°
(3) □°+145°=260° ➡ □°=260°−145°=115°
(4) 50°+□°=115° ➡ □°=115°−50°=65°

6 (1) 160°−85°=□°+30°, 75°=□°+30°
➡ □°=75°−30°=45°
(2) 180°−□°=130°−55°, 180°−□°=75°
➡ □°=180°−75°=105°

7 삼각형의 세 각의 크기의 합은 180°이므로
30°+㉠+㉡=180°, ㉠+㉡=180°−30°=150°
입니다.

8 사각형의 네 각의 크기의 합은 360°이므로
100°+㉠+90°+㉡=360°,
㉠+㉡=360°−100°−90°=170°입니다.

9 사각형의 네 각의 크기의 합은 360°이므로
㉠+70°+130°+㉡=360°,
㉠+㉡=360°−70°−130°=160°입니다.

10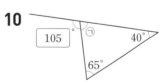

삼각형의 세 각의 크기의 합은 180°이므로
㉠=180°−65°−40°=75°입니다.
한 직선이 이루는 각도는 180°이므로
□°=180°−75°=105°입니다.

11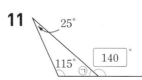

삼각형의 세 각의 크기의 합은 180°이므로
㉠=180°−115°−25°=40°입니다.
한 직선이 이루는 각도는 180°이므로
□°=180°−40°=140°입니다.

12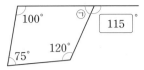

사각형의 네 각의 크기의 합은 360°이므로
㉠=360°−100°−75°−120°=65°입니다.
한 직선이 이루는 각도는 180°이므로
□°=180°−65°=115°입니다.

13 ① 둔각 ② 예각 ③ 직각 ④ 예각 ⑤ 둔각

14

15 6시 20분에서 2시간 후는 8시 20분입니다.

 ➡ 둔각

16 □°=90°−30°=60°

17 □°=45°+30°=75°

18

㉡=45°, ㉢=90°−45°=45°
삼각형의 세 각의 크기의 합은 180°이므로
㉣=180°−30°−㉢=180°−30°−45°=105°입니다.
한 직선이 이루는 각도는 180°이므로
㉠=180°−㉣=180°−105°=75°입니다.

STEP 4 상위권 도전 유형 59~62쪽

1 135° **2** 60°
3 120° **4** 210°

5 30° **6** 300°, 60°
7 540° **8** 720°
9 900° **10** 8개
11 3개 **12** 11개, 5개
13 50° **14** 25°
15 95° **16** 60
17 80 **18** 90
19 50 **20** 60°
21 40° **22** 60, 60
23 (위에서부터) 40, 80, 110

1 한 직선이 이루는 각도는 180°이므로 가장 작은 각의 크기는 180°÷4=45°입니다.
따라서 (각 ㄱㅇㄹ)=45°×3=135°입니다.

2 한 직선이 이루는 각도는 180°이므로 가장 작은 각의 크기는 180°÷6=30°입니다.
따라서 (각 ㄷㅇㅁ)=30°×2=60°입니다.

3 한 바퀴는 360°이므로 가장 작은 각의 크기는 360°÷6=60°입니다.
따라서 ㉠=60°×2=120°입니다.

4 숫자 눈금 한 칸의 크기는 180°÷6=30°입니다.
2시는 2칸이므로 30°×2=60°,
7시는 5칸이므로 30°×5=150°입니다.
따라서 두 각도의 합은 60°+150°=210°입니다.

5 숫자 눈금 한 칸의 크기는 180°÷6=30°입니다.
10시는 2칸이므로 30°×2=60°,
3시는 3칸이므로 30°×3=90°입니다.
따라서 두 각도의 차는 90°−60°=30°입니다.

6 숫자 눈금 한 칸의 크기는 180°÷6=30°입니다.
6시는 180°, 8시는 4칸이므로 30°×4=120°입니다.
따라서 두 각도의 합은 180°+120°=300°,
차는 180°−120°=60°입니다.

7

주어진 도형은 삼각형 3개로 나눌 수 있으므로 도형에서 5개의 각의 크기의 합은 180°×3=540°입니다.

8

주어진 도형은 사각형 2개로 나눌 수 있으므로 도형에서 6개의 각의 크기의 합은 $360° \times 2 = 720°$입니다.

9

주어진 도형은 사각형 2개, 삼각형 1개로 나눌 수 있으므로 도형에서 7개의 각의 크기의 합은 $360° + 360° + 180° = 900°$입니다.

10

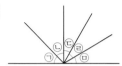

작은 각 1개짜리: ㉠, ㉡, ㉢, ㉣, ㉤ → 5개
작은 각 2개짜리: ㉡+㉢, ㉢+㉣, ㉣+㉤ → 3개
➡ $5 + 3 = 8$(개)

11

작은 각 2개짜리: ㉠+㉡ → 1개
작은 각 3개짜리: ㉠+㉡+㉢, ㉡+㉢+㉣ → 2개
➡ $1 + 2 = 3$(개)

12

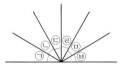

한 직선이 이루는 각도는 $180°$이므로
가장 작은 각의 크기는 $180° \div 6 = 30°$입니다.
찾을 수 있는 예각의 크기는 $30°$, $60°$이고, 둔각의 크기는 $120°$, $150°$입니다.
예각: ㉠, ㉡, ㉢, ㉣, ㉤, ㉥, ㉠+㉡, ㉡+㉢, ㉢+㉣, ㉣+㉤, ㉤+㉥ ➡ 11개
둔각: ㉠+㉡+㉢+㉣, ㉡+㉢+㉣+㉤, ㉢+㉣+㉤+㉥, ㉠+㉡+㉢+㉣+㉤, ㉡+㉢+㉣+㉤+㉥ ➡ 5개

13

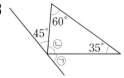

삼각형의 세 각의 크기의 합은 $180°$이므로
㉡$= 180° - 60° - 35° = 85°$입니다.
한 직선이 이루는 각도는 $180°$이므로
㉠$= 180° - 45° - 85° = 50°$입니다.

14

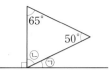

삼각형의 세 각의 크기의 합은 $180°$이므로
㉡$= 180° - 50° - 65° = 65°$입니다.
한 직선이 이루는 각도는 $180°$이므로
㉠$= 180° - 90° - 65° = 25°$입니다.

15

한 직선이 이루는 각도는 $180°$이므로
㉡$= 180° - 60° - 50° = 70°$입니다.
사각형의 네 각의 크기의 합은 $360°$이므로
㉠$= 360° - 110° - 85° - 70° = 95°$입니다.

16 각 ㄱㄷㄴ의 크기를 ★이라 하면 각 ㄱㄴㄷ의 크기는
★$+20°$입니다.
삼각형의 세 각의 크기의 합은 $180°$이므로
★$+$★$+20°+80° = 180°$,
★$+$★$= 180° - 20° - 80° = 80°$, ★$= 40°$입니다.
➡ ☐°$=$★$+20° = 40° + 20° = 60°$

17 각 ㄱㄴㄷ의 크기를 ★이라 하면 각 ㄴㄷㄹ의 크기는
★$+40°$입니다.
사각형의 네 각의 크기의 합은 $360°$이므로
★$+$★$+40°+70°+90° = 360°$,
★$+$★$= 360° - 90° - 70° - 40° = 160°$,
★$= 80°$입니다.

18 삼각형의 세 각의 크기는 ㉠, ㉡$=$㉠, ㉠$\times 2 =$㉠$+$㉠
이고, 삼각형의 세 각의 크기의 합은 $180°$이므로
㉠$+$㉠$+$㉠$+$㉠$= 180°$, ㉠$\times 4 = 180°$,
㉠$= 180° \div 4 = 45°$입니다.
➡ ☐°$= 45° \times 2 = 90°$

19

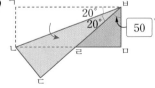

접은 부분의 각도는 같으므로
(각 ㄱㅂㄴ)$=$(각 ㄴㅂㄹ)$= 20°$입니다.
직사각형의 한 각의 크기는 $90°$이므로
$20° + 20° +$(각 ㄹㅂㅁ)$= 90°$입니다.
따라서 (각 ㄹㅂㅁ)$= 90° - 40° = 50°$입니다.

20 직사각형의 한 각의 크기는 90°이고 삼각형의 세 각의 크기의 합은 180°이므로
(각 ㄹㄴㄷ)=180°−90°−75°=15°입니다.
접은 부분의 각도는 같으므로
(각 ㄹㄴㄷ)=(각 ㄹㄴㅁ)=15°입니다.
따라서 ㉠=90°−15°−15°=60°입니다.

21
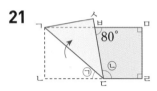

직사각형의 한 각의 크기는 90°이고 사각형의 네 각의 크기의 합은 360°이므로 사각형 ㅂㄷㄹㅁ에서
㉡=360°−90°−90°−80°=100°입니다.
접은 부분의 각도는 같으므로 (각 ㄱㄷㄴ)=(각 ㄱㄷㅂ)이고 한 직선이 이루는 각도는 180°이므로
㉠+㉠+100°=180°, ㉠+㉠=80°입니다.
따라서 ㉠=40°입니다.

22 종이를 펼쳤을 때의 삼각형은 종이를 반으로 접었을 때의 삼각형이 마주 보고 붙어 있는 모양과 같습니다.
따라서 각 ㄱㄷㄴ은 30°인 각이 2개이므로 60°이고 겹친 부분의 각도는 같으므로 (각 ㄱㄴㄷ)=(각 ㄷㄱㄴ)=60°입니다.

23 종이를 펼쳤을 때의 사각형은 종이를 반으로 접었을 때의 삼각형이 마주 보고 붙어 있는 모양과 같습니다.
겹친 부분의 각도는 같으므로
(각 ㄴㄷㄹ)=(각 ㄴㄱㄹ)=110°입니다.
사각형의 네 각의 크기의 합은 360°이므로
(각 ㄱㄹㄷ)=360°−110°−60°−110°=80°이고,
각 ㄱㄹㄴ의 크기는 각 ㄱㄹㄷ의 크기의 절반이므로
80°÷2=40°입니다.

수시 평가 대비 Level **1**
63~65쪽

1 ④   **2** 95°
3 65°   **4** ①, ⑤
5 ①, ③   **6** (1) 145 (2) 95
7 ㉢   **8** (1) 예 20 (2) 예 60
9 45°   **10** ㉢, ㉡, ㉣, ㉠
11 민호   **12** ㉢
13 115   **14** 205°
15 5개   **16** 720°
17 100°   **18** 105°
19 170°   **20** 40°

1 각의 두 변이 많이 벌어질수록 큰 각입니다.

2 각의 한 변이 안쪽 눈금 0에 맞춰져 있으므로 각도기의 안쪽 눈금을 읽으면 95°입니다.

3 각도기의 중심과 각의 꼭짓점을 맞추고, 각도기의 밑금과 각의 한 변을 맞춘 다음 각도를 잽니다.

4 점 ㄱ과 ① 또는 점 ㄴ과 ⑤를 각각 이으면 둔각이 됩니다.

5 예각은 0°보다 크고 직각보다 작은 각입니다.

6 (1) 90+55=145 ➡ 90°+55°=145°
(2) 135−40=95 ➡ 135°−40°=95°

7 예각은 0°보다 크고 직각보다 작은 각이므로 ㉢입니다.

8 (1) 각 ㄴㅇㄷ은 30°보다 조금 작으므로 약 20°로 어림할 수 있습니다.
(2) 각 ㄷㅇㄹ은 30°의 2배쯤 되므로 약 60°로 어림할 수 있습니다.

9 책을 읽을 때: 60°
필기를 할 때: 15°
➡ 60°−15°=45°

10 ㉠ 45°+95°=140°
㉡ 90°+80°=170°
㉢ 270°−60°=210°
㉣ 180°−15°=165°
➡ 210°>170°>165°>140°
   ㉢   ㉡   ㉣   ㉠

11 각도기로 재어 보면 75°이므로 실제 각도에 더 가깝게 어림한 사람은 민호입니다.

12 세 각의 크기의 합이 $180°$가 아닌 것을 찾아봅니다.
ㄱ $95°+35°+50°=180°$
ㄴ $65°+70°+45°=180°$
ㄷ $45°+75°+50°=170°$

13 삼각형의 세 각의 크기의 합은 $180°$이므로
$\square°=180°-30°-35°=115°$입니다.

14 사각형의 네 각의 크기의 합은 $360°$이므로
$㉠+70°+㉡+85°=360°$,
$㉠+㉡=360°-85°-70°=205°$입니다.

15

$㉠+㉡+㉢$, $㉡+㉢+㉣$, $㉢+㉣+㉤$,
$㉠+㉡+㉢+㉣$, $㉡+㉢+㉣+㉤$ ➡ 5개

16
 주어진 도형은 사각형 2개로 나눌
수 있습니다.
따라서 도형에서 6개의 각의 크기의
합은 $360°+360°=720°$입니다.

17
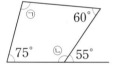

한 직선이 이루는 각도는 $180°$이므로
$㉡=180°-55°=125°$입니다.
사각형의 네 각의 크기의 합은 $360°$이므로
$㉠=360°-75°-125°-60°=100°$입니다.

18

$㉡=180°-90°-60°=30°$
$㉢=90°-30°=60°$
$㉣=180°-45°-60°=75°$
➡ $㉠=180°-㉣=180°-75°=105°$

19 예 각도를 재어 보면 각각 $75°$, $95°$입니다.
따라서 각도의 합은 $75°+95°=170°$입니다.

평가 기준	배점
각도를 각각 재었나요?	2점
각도의 합을 구했나요?	3점

20
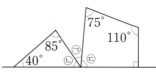

예 삼각형의 세 각의 크기의 합은 $180°$이므로
$㉡=180°-85°-40°=55°$입니다.
사각형의 네 각의 크기의 합은 $360°$이므로
$㉢=360°-75°-90°-110°=85°$입니다.
한 직선이 이루는 각도는 $180°$이므로
$㉠=180°-55°-85°=40°$입니다.

평가 기준	배점
㉡과 ㉢의 각도를 각각 구했나요?	3점
㉠의 각도를 구했나요?	2점

수시 평가 대비 Level ❷

66~68쪽

1 ( )(○)	2 가
3 $135°$	4 예 50, 50
5 다, 라 / 나, 바 / 가, 마	
6	7 $35°$, $17°$, $89°$에 ○표
8 민수	9 85
10 $120°$	11 $40°$
12 $105°$	13 $150°$
14 ㉠, ㉢	15 (1) $65°$ (2) $115°$
16 15	17 (위에서부터) 45, 100
18 $1080°$	19 $105°$
20 $60°$	

1 두 변이 벌어진 정도가 클수록 더 큰 각입니다.

2 시계의 긴바늘과 짧은바늘이 벌어진 정도가 작을수록 더 작은 각입니다.

5 $0°$보다 크고 직각보다 작은 각은 예각, $90°$는 직각, 직각보다 크고 $180°$보다 작은 각은 둔각입니다.

6 $55+60=115 \Rightarrow 55°+60°=115°$
$160-35=125 \Rightarrow 160°-35°=125°$

7 예각은 $0°$보다 크고 직각보다 작은 각입니다.

8 각도기로 잰 각도는 $110°$입니다.
어림한 각도와 잰 각도의 차가 적은 민수가 실제 각도에
더 가깝게 어림했습니다.

9 삼각형의 세 각의 크기의 합은 $180°$이므로
$\square°=180°-50°-45°=85°$입니다.

10 한 직선이 이루는 각도는 $180°$이므로 가장 작은 각의 크
기는 $180°÷6=30°$입니다.
따라서 (각 ㄴㅇㅂ)$=30°×4=120°$입니다.

11 한 직선이 이루는 각도는 $180°$이므로
$115°+㉠+25°=180°$,
$㉠=180°-115°-25°=40°$입니다.

12 사각형의 네 각의 크기의 합은 $360°$이므로 나머지 한 각
의 크기는 $360°-45°-85°-125°=105°$입니다.

13 사각형의 네 각의 크기의 합은 $360°$이므로
$㉠+㉡=360°-120°-90°=150°$입니다.

14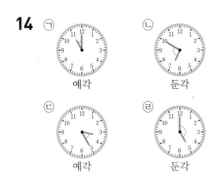

15 (1) 삼각형의 세 각의 크기의 합은 $180°$이므로
$㉡=180°-55°-60°=65°$입니다.
(2) 한 직선이 이루는 각도는 $180°$이므로
$㉠=180°-65°=115°$입니다.

16 한 각이 $30°$인 삼각자의 직각이 아닌 나머지 각의 크기
는 $60°$입니다.
따라서 $\square°=60°-45°=15°$입니다.

17 겹친 부분의 각도는 같으므로
(각 ㄴㄷㄹ)$=$(각 ㄴㄷㄱ)$=100°$입니다.
사각형의 네 각의 크기의 합은 $360°$이므로

(각 ㄱㄹㄷ)$=360°-100°-70°-100°=90°$이고
각 ㄱㄹㄴ의 크기는 각 ㄱㄹㄷ의 크기의 절반이므로
$90°÷2=45°$입니다.

18

주어진 도형은 사각형 3개로 나눌 수 있으므로 8개의 각
의 크기의 합은 $360°×3=1080°$입니다.

다른 풀이 주어진 도형은 삼각형 6개로
나눌 수 있으므로 8개의 각의 크기의
합은 $180°×6=1080°$입니다.

서술형
19 예 두 삼각자의 각도는 $45°$, $90°$, $45°$와 $30°$, $60°$, $90°$
입니다. 두 삼각자를 이어 붙여서 만들 수 있는 가장 작
은 각도는 $30°+45°=75°$이고, 둘째로 작은 각도는
$45°+60°=105°$입니다.

평가 기준	배점
두 삼각자의 각의 크기를 알고 있나요?	2점
두 삼각자를 이어 붙여서 만들 수 있는 각도 중 둘째로 작은 각도를 구했나요?	3점

서술형
20

예 한 직선이 이루는 각도는 $180°$이므로
$㉡=180°-100°=80°$입니다.
사각형의 네 각의 크기의 합은 $360°$이므로
$㉠=360°-125°-95°-80°=60°$입니다.

평가 기준	배점
㉡의 각도를 구했나요?	2점
㉠의 각도를 구했나요?	3점

3 곱셈과 나눗셈

생활에서 물건의 수를 세거나 물건을 나누어 가질 때 등 곱셈과 나눗셈이 필요한 상황을 많이 겪게 됩니다. 2학년 1학기에는 곱셈의 의미에 대하여 학습하였고, 3학년 1학기에 나눗셈의 의미와 곱셈과 나눗셈 사이의 관계에 대하여 학습하였습니다. 이 단원에서는 곱하는 수와 나누는 수가 두 자리 수인 곱셈과 나눗셈을 학습합니다. 이 단원은 자연수의 곱셈과 나눗셈의 계산을 학습하는 마지막 단계이므로 보다 큰 수의 곱셈과 나눗셈, 소수의 곱셈과 나눗셈에서도 계산 원리를 일반화하여 적용할 수 있도록 곱셈과 나눗셈의 계산 원리를 충실히 학습해야 합니다. 또한 곱셈과 나눗셈이 가진 연산의 성질을 경험하게 하여 중등 과정에서의 교환법칙, 결합법칙, 분배법칙 등의 개념과도 연결될 수 있도록 지도합니다.

STEP 1 교과개념   1. (세 자리 수)×(몇십)   71쪽

1 320, 320, 30, 9600

2 ① 4, 2, 8   ② 4, 4, 8   ③ 8, 4, 8   ④ 1, 3, 9, 2

3 ① 860, 8600   ② 735, 7350

4 ① 14, 14   ② 45, 45

3 ① $430×20$은 $430×2$의 10배이므로 $430×2$를 계산한 값에 0을 1개 붙입니다.
   ② $147×50$은 $147×5$의 10배이므로 $147×5$를 계산한 값에 0을 1개 붙입니다.

4 ① $700×20=14000$
   ② $500×90=45000$

STEP 1 교과개념   2. (세 자리 수)×(몇십몇)   73쪽

1 400, 30, 400, 30, 12000

2 30 / 3105, 18630, 21735

3 (왼쪽에서부터) 825, 16500, 17325 / 825 / 16500

4 ① 28720, 29438   ② 1420, 28400, 29820

2 곱하는 수 35를 5와 30으로 나누어 계산한 후 두 곱을 더합니다.

---

3 (세 자리 수)×(두 자리 수)는 두 자리 수를 일의 자리 수와 십의 자리 수로 나누어 계산한 후 두 곱을 더합니다.

STEP 1 교과개념   3. 몇십으로 나누기   75쪽

1 ① 3 / 3, 150   ② 4, 5 / 4, 120, 5

2 60, 80, 100, 120, 140 / 7

3 ① 9, 630, 0 / 9, 630
   ② 9, 450, 21 / 9, 450, 450, 21

1 ① 150은 50씩 3묶음이므로 $150÷50=3$입니다.
   ② 125는 30씩 4묶음이고 5가 남으므로
   $125÷30=4⋯5$입니다.

2 $7×20=140$이므로 $140÷20=7$입니다.

STEP 1 교과개념   4. 몇십몇으로 나누기(1)   77쪽

1 ① $21×3=63$에 ○표   ② $16×5=80$에 ○표

2 7 / 7, 161, 작게에 ○표 /

$$
\begin{array}{r}
6 \\
23\overline{)141} \\
\underline{138} \\
3
\end{array}
$$

/ 6, 3

3 ① 4에 ○표   ② 5에 ○표

4 ① 3, 57, 7 / 3, 57, 57, 7
   ② 7, 504, 20 / 7, 504, 20

1 곱셈식의 곱이 나누어지는 수보다 크지 않으면서 나누어지는 수에 가장 가까운 경우를 찾습니다.

3 ① 121을 120쯤으로, 28을 30쯤으로 어림하여 몫을 구하면 약 $120÷30=4$이므로 $121÷28$의 몫을 4로 어림할 수 있습니다.
   ② 316을 300쯤으로, 61을 60쯤으로 어림하여 몫을 구하면 약 $300÷60=5$이므로 $316÷61$의 몫을 5로 어림할 수 있습니다.

4 ① $19×2=38$, $19×3=57$, $19×4=76$이므로 몫을 3으로 정해야 합니다.
   ② $72×6=432$, $72×7=504$, $72×8=576$이므로 몫을 7로 정해야 합니다.

STEP 1 교과개념 5. 몇십몇으로 나누기(2) 79쪽

1 360, 540, 720, 900 / 30, 40

2 ( ) ( ) (○)

3 ① (위에서부터) 300, 3, 45
　② (위에서부터) 30, 889, 7, 168

4 ① (위에서부터) 32, 51, 34, 34, 0 / 32
　② (위에서부터) 22, 58, 60, 58, 2
　　　/ 22, 638, 638, 2, 640

1 673은 540보다 크고 720보다 작으므로 673÷18의 몫은 30보다 크고 40보다 작습니다.

2 $513 \div 52 \Rightarrow 51 < 52$이므로 몫은 한 자리 수입니다.
$298 \div 36 \Rightarrow 29 < 36$이므로 몫은 한 자리 수입니다.
$259 \div 24 \Rightarrow 25 > 24$이므로 몫은 두 자리 수입니다.

STEP 2 꼭 나오는 유형 80~87쪽

1 35 / 35

2 ㉢

준비 (1) 2172　(2) 3032

3 (1) 21720　(2) 30320

4 8000에 ○표 / 7960

5

6 (위에서부터) (1) 24000 / 2, 2 / 48000
　(2) 10600 / 3, 3 / 31800

7 ㉢

8 9720

9 (왼쪽에서부터) 744, 1116, 11904 / 744 / 1116

10 (1) 20800, 936, 21736　(2) 836, 20900, 21736

11 (1) 30168　(2) 30240

12 (1) 316　(2) 725

13
```
        5 7 2
      ×   5 6
      -------
      3 4 3 2
    2 8 6 0
    ---------
    3 2 0 3 2
```

14 8 / 406, 8 / 3248

15 예 54 / 27648

16 예 200, 30, 6000

17
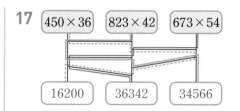

450×36	823×42	673×54

16200	36342	34566

준비 >

18 <

19 식 $125 \times 35 = 4375$ (또는 125×35)
답 4375 g

20 예 한 상자에 구슬이 320개씩 들어 있습니다. 25상자에 들어 있는 구슬은 모두 몇 개일까요? / 8000개

21 21504 킬로칼로리

22 5405 cm

23 (1) 4, 4　(2) 7, 7

24 20에 ○표

25 (1) 4　(2) 8　(3) 7…4　(4) 9…8

26
```
          7
    60)4 3 8
      4 2 0
      -----
        1 8
```
확인　60×7=420,
　　　420+18=438

27 31에 ×표

28 (1) >　(2) <

29 5, 26 / 4, 47

30 예 $254 \div 30 = 8 \cdots 14$ (또는 $254 \div 30$) / 8, 14

31 $15 \times 5 = 75$에 ○표 / 5, 75, 3

32 (1) 3…14　(2) 7…15

33 (위에서부터) (1) 6 / 30　(2) 7 / 42

34 3 / 3, 1 / 3, 2　　**준비** ㉡

35 ㉡

36
```
          7
    23)1 7 2
      1 6 1
      -----
        1 1
```

37 4개

38 6, 16 / 6, 10 / 6, 4

39 5, 2, 7

40 지수

41 8도막 / 6도막

42 6개

43 예 초콜릿 252개를 학생 63명에게 똑같이 나누어 주려고 합니다. 한 명에게 몇 개씩 나누어 줄 수 있을까요? / $252 \div 63 = 4$ (또는 $252 \div 63$) / 4개

44 7, 21

45 (1) 예 5, 1　(2) 예 3, 1

46

228÷19	512÷64	169÷13
252÷36	225÷25	630÷42

47 (1)
```
        2 8
   24)6 7 2
      4 8
      1 9 2
      1 9 2
            0
```
확인 24×28=672

(2)
```
        2 7
   31)8 3 7
      6 2
      2 1 7
      2 1 7
            0
```
확인 31×27=837

48 3, 3, 51

49 (1) 18, 18 (2) 14, 14

50 20, 20, 20　　　　　**51** ㉠

52 19

53
```
        1 8
   47)8 8 9
      4 7
      4 1 9
      3 7 6
        4 3
```
확인 47×18=846,
　　　 846+43=889

54 15번　　　　**55**
```
        2 4
   24)5 9 3
      4 8
      1 1 3
        9 6
        1 7
```

56 12, 28

57 ⑩ 693÷45=15…18 (또는 693÷45) / 15, 18

58 ⑩ 600, 20 / 충분합니다에 ○표

59 983

---

1 (몇)×(몇)의 계산 결과에 곱하는 두 수의 0의 개수만큼 0을 붙입니다.

2
```
       6 4 3
   ×     4 0
   2 5 7 2 0
```

3 (1) 362×6=2172 ➡ 362×60=21720
　　(2) 758×4=3032 ➡ 758×40=30320

4 398을 어림하면 400쯤이므로 398×20을 어림하여 구하면 약 400×20=8000입니다.
　➡ 398×20=7960

5 90×6=540, 90×60=5400, 90×600=54000

다른 풀이
(몇)×(몇)의 계산 결과에 곱하는 두 수의 0의 개수만큼 0을 1개, 2개, 3개 붙입니다.

6 (1) 곱하는 수가 2배가 되면 곱도 2배가 됩니다.
　　(2) 곱하는 수가 3배가 되면 곱도 3배가 됩니다.

7 ㉠ 800×50=40000
　　㉡ 400×100=40000
　　㉢ 20×1000=20000
　　따라서 곱이 다른 하나는 ㉢입니다.

다른 풀이
800×50　　곱해지는 수가 작아진 만큼 곱하는 수가
↑2배 ↓2배　 커지므로 곱은 같습니다.
400×100

8 ㉠은 324, ㉡은 30을 나타냅니다.
　➡ ㉠×㉡=324×30=9720

9 일의 자리 수와의 곱과 십의 자리 수와의 곱을 구하여 더합니다.

10 418×52는 418을 400+18 또는 52를 50+2로 생각하여 계산할 수 있습니다.

11 (1)
```
       4 1 9
   ×     7 2
       8 3 8
   2 9 3 3
   3 0 1 6 8
```
(2)
```
       4 2 0
   ×     7 2
       8 4 0
   2 9 4 0
   3 0 2 4 0
```
곱해지는 수가 1만큼 더 커지면 곱은 곱하는 수인 72만큼 더 커집니다.

12 (1) 316×24는 316을 24번 더한 것과 같고, 316×23은 316을 23번 더한 것과 같으므로 316×23에 316을 한 번 더 더해야 316×24와 계산 결과가 같아집니다.
　　(2) 725×51은 725를 51번 더한 것과 같고, 725×50은 725를 50번 더한 것과 같으므로 725×50에 725를 한 번 더 더해야 725×51과 계산 결과가 같아집니다.

13 56에서 5는 십의 자리 수이므로 세로셈에서 572×5를 계산할 때에는 572×50으로 생각하여 자리를 맞춰 써야 합니다.

14 $16 = 2 \times 8$이므로 203×16은 203×2에 8을 곱한 것과 같습니다.

😊 내가 만드는 문제
⓯ $512 \times 69 = 35328$, $512 \times 54 = 27648$,
$512 \times 38 = 19456$

16 203을 어림하면 200쯤이고, 29를 어림하면 30쯤이므로 203×29를 어림하여 구하면 약 $200 \times 30 = 6000$입니다. 따라서 사탕은 약 6000개입니다.

17 $450 \times 36 = 16200$, $823 \times 42 = 34566$,
$673 \times 54 = 36342$

준비 $123 \times 8 = 984$, $475 \times 2 = 950$ ➡ $984 > 950$

18 $123 \times 38 = 4674$, $475 \times 12 = 5700$
➡ $4674 < 5700$

19 (설탕 한 봉지의 무게) × (봉지 수)
$= 125 \times 35 = 4375$ (g)

20 $320 \times 25 = 8000$(개)

서술형
21 예 하루에 소모된 열량은 672 킬로칼로리이므로 32일 동안 소모된 열량은 $672 \times 32 = 21504$ (킬로칼로리)입니다.

단계	문제 해결 과정
①	소모된 열량을 구하는 곱셈식을 세웠나요?
②	소모된 열량은 모두 몇 킬로칼로리인지 구했나요?

22 막대 한 개의 길이는 $200 + 35 = 235$ (cm)입니다.
따라서 막대 23개를 이어 붙인 전체 길이는
$235 \times 23 = 5405$ (cm)입니다.

23 (1) $240 \div 60 = 4$ (2) $630 \div 90 = 7$
$24 \div 6 = 4$ $63 \div 9 = 7$

24 604를 어림하면 600쯤이므로 $604 \div 30$의 몫을 어림하여 구하면 약 $600 \div 30 = 20$입니다.

25 (1) $280 \div 70 = 4$ (2) $720 \div 90 = 8$
$28 \div 7 = 4$ $72 \div 9 = 8$

(3)
$$\begin{array}{r} 7 \\ 20\overline{)144} \\ 140 \\ \hline 4 \end{array}$$
(4)
$$\begin{array}{r} 9 \\ 20\overline{)188} \\ 180 \\ \hline 8 \end{array}$$

27 나머지는 나누는 수보다 항상 작아야 하므로 나누는 수 30보다 큰 31은 나머지가 될 수 없습니다.

28 (1) $480 \div 60 = 8$, $480 \div 80 = 6$ ➡ $8 > 6$
(2) $365 \div 50 = 7 \cdots 15$, $365 \div 40 = 9 \cdots 5$ ➡ $7 < 9$
다른 풀이
나누어지는 수가 같을 때에는 나누는 수가 작을수록 몫이 큽니다.

29 $326 \div 60 = 5 \cdots 26$ ➡ 5시간 26분
$287 \div 60 = 4 \cdots 47$ ➡ 4시간 47분

😊 내가 만드는 문제
㉚ 나누어지는 수는 254, 157, 567 중 하나를 고르고, 나누는 수는 40, 80, 30 중 하나를 고릅니다.
예 ●=254와 ▲=30을 고른다면
$254 \div 30 = 8 \cdots 14$입니다.

31 곱셈식의 곱이 나누어지는 수보다 크지 않으면서 가장 가까운 경우를 찾습니다.

32 (1)
$$\begin{array}{r} 3 \\ 25\overline{)89} \\ 75 \\ \hline 14 \end{array}$$
(2)
$$\begin{array}{r} 7 \\ 37\overline{)274} \\ 259 \\ \hline 15 \end{array}$$

33 (1) $15 = 3 \times 5$이므로 $90 \div 15$는 90을 3으로 나눈 후 그 몫을 5로 나눈 것과 같습니다.
(2) $24 = 4 \times 6$이므로 $168 \div 24$는 168을 4로 나눈 후 그 몫을 6으로 나눈 것과 같습니다.

34 나누는 수가 같을 때 나누어지는 수가 커지면 몫 또는 나머지가 커집니다.

준비 ㉠ $37 \div 5 = 7 \cdots 2$, ㉡ $52 \div 7 = 7 \cdots 3$
$2 < 3$이므로 나머지가 더 큰 것은 ㉡입니다.

35 ㉠ $92 \div 27 = 3 \cdots 11$, ㉡ $78 \div 22 = 3 \cdots 12$
$11 < 12$이므로 나머지가 더 큰 것은 ㉡입니다.

36 $23 \times 7 = 161$이므로 7을 몫의 일의 자리에 써야 합니다.

37 예 $220 \div 24 = 9 \cdots 4$

따라서 음료수를 한 상자에 24개씩 9상자에 담고 남은 음료수는 4개입니다.

단계	문제 해결 과정
①	음료수를 담을 상자 수와 남은 음료수 수를 구하는 식을 세웠나요?
②	남은 음료수는 몇 개인지 구했나요?

38 나누어지는 수가 같을 때 나누는 수가 커지면 몫 또는 나머지가 작아집니다.

39 $160 + 64 = 224$이므로 $224 \div 32$는 $160 \div 32$와 $64 \div 32$를 계산한 몫의 합과 같습니다.

40 $656 \div 78 = 8 \cdots 32$

나머지는 78보다 작고 나머지가 있습니다.

41 초록색 실: $288 \div 36 = 8$(도막)

보라색 실: $216 \div 36 = 6$(도막)

42 $150 \div 25 = 6$(개)

43 $252 \div 63 = 4$(개)

44 $\square \times 21 = 147$, $\square = 147 \div 21 = 7$

$7 \times 21 = 147$에서 $147 \div 21 = 7$

내가 만드는 문제
45 (1) $155 \div 51$, $165 \div 52$, $175 \div 53$, ... 등 여러 가지 경우로 만들 수 있습니다.

(2) $130 \div 41$, $140 \div 42$, $150 \div 43$, ... 등 여러 가지 경우로 만들 수 있습니다.

46 나누어지는 수의 앞의 두 자리 수가 나누는 수와 같거나 크면 몫은 두 자리 수입니다.

49

50 나누어지는 수와 나누는 수가 모두 반이 되면 몫은 같습니다.

51 한 장의 가격을 각각 구하면

㉠ $270 \div 15 = 18$(원), ㉡ $425 \div 25 = 17$(원)입니다.

따라서 $18 > 17$이므로 한 장의 가격이 더 비싼 색종이는 ㉠입니다.

52 예 어떤 수를 $\square$라고 하면 $38 \times \square = 722$에서

$\square = 722 \div 38 = 19$입니다.

따라서 어떤 수는 19입니다.

단계	문제 해결 과정
①	어떤 수를 구하는 식을 세웠나요?
②	어떤 수를 구했나요?

54 $864 \div 56 = 15 \cdots 24$이므로 864에서 56을 최대한 15번 뺄 수 있습니다.

55 나머지 41이 나누는 수 24보다 크므로 몫을 1만큼 더 크게 하여 계산합니다.

56 $336 \div 10 = 33 \cdots 6$, $336 \div 12 = 28$,

$336 \div 15 = 22 \cdots 6$

따라서 남는 떡이 없어야 하므로 12개짜리 떡을 28묶음 팔 수 있습니다.

내가 만드는 문제
57 예 왼쪽 주머니에서 693, 오른쪽 주머니에서 45를 골랐다면 $693 \div 45 = 15 \cdots 18$입니다.

58 쿠키 수 595를 어림하면 600쯤이므로 $595 \div 30$의 몫을 어림하여 구하면 약 $600 \div 30 = 20$입니다.

따라서 봉지가 약 20개 필요하므로 봉지 22개는 쿠키를 모두 담는 데 충분합니다.

59 예 $42 \times 23 = 966$, $966 + 17 = 983$입니다.

따라서 $\square$ 안에 알맞은 수는 983입니다.

단계	문제 해결 과정
①	나눗셈을 바르게 했는지 확인하는 방법을 알고 있나요?
②	$\square$ 안에 알맞은 수를 구했나요?

STEP 3 실수하기 쉬운 유형 88~90쪽

1 70

2 400

3 500

4 ④, ⑤

5 10, 11, 12, 13, 14

6 51

7
$$\begin{array}{r} 6 \\ 14{\overline{\smash{\big)}\,86}} \\ \underline{8\ 4} \\ 2 \end{array}$$

8
$$\begin{array}{r} 8 \\ 30{\overline{\smash{\big)}\,246}} \\ \underline{2\ 4\ 0} \\ 6 \end{array}$$

9 ⑩ 나머지 34는 27로 한 번 더 나눌 수 있
으므로 몫을 12보다 1만큼 더 크게 해
야 합니다.

$$\begin{array}{r} 1\,3 \\ 27\overline{)3\,5\,8} \\ 2\,7 \\ \hline 8\,8 \\ 8\,1 \\ \hline 7 \end{array}$$

10 9개   **11** 22개

12 12대   **13** 7

14 12   **15** 599

16 5 L   **17** 11 km

18 51년 7개월

1 $9 \times 7 = 63$이고 900에는 0이 2개, 곱 63000에는 0이
3개이므로 □에는 0이 $3 - 2 = 1$(개)입니다.
➡ $□ = 70$

2 $4 \times 8 = 32$이고 80에는 0이 1개, 곱 32000에는 0이 3
개이므로 □에는 0이 $3 - 1 = 2$(개)입니다.
➡ $□ = 400$

3 $4 \times 5 = 20$이고 40에는 0이 1개, 곱 20000에서 0의
개수는 20의 0을 제외하고 3개이므로 □에는 0이
$3 - 1 = 2$(개)입니다. ➡ $□ = 500$

4 나머지는 나누는 수보다 작아야 하므로 40과 같거나 40
보다 큰 수는 나머지가 될 수 없습니다.

5 나머지는 나누는 수보다 작아야 하므로 15보다 작은 수
중에서 두 자리 수는 10, 11, 12, 13, 14입니다.

6 나머지는 나누는 수보다 작아야 합니다. 나머지가 될 수
있는 수 중에서 가장 큰 두 자리 수는 (나누는 수)-1이
므로 51입니다.

7 나머지 16이 나누는 수 14보다 크므로 몫을 1만큼 더 크
게 하여 계산합니다.

8 $30 \times 8 = 240$이므로 8을 몫의 일의 자리에 써야 합니다.

9 나머지는 나누는 수보다 작아야 하므로 몫을 1만큼 더 크
게 하여 계산합니다.

10 $254 \div 30 = 8 \cdots 14$
상자 8개에 담고 남은 14개도 상자에 담아야 하므로 상
자는 적어도 $8 + 1 = 9$(개) 필요합니다.

11 $538 \div 25 = 21 \cdots 13$
주머니 21개에 담고 남은 13개도 주머니에 담아야 하므
로 주머니는 적어도 $21 + 1 = 22$(개) 필요합니다.

12 (남학생 수)$+$(여학생 수)$= 156 + 168 = 324$(명)
$324 \div 28 = 11 \cdots 16$
버스 11대에 타고 남은 16명도 버스에 타야 하므로 버스
는 적어도 $11 + 1 = 12$(대) 필요합니다.

13 어떤 수를 □라고 하면 $□ \times 85 = 595$입니다.
$□ = 595 \div 85 = 7$이므로 어떤 수는 7입니다.

14 어떤 수를 □라고 하면 $□ \times 67 = 804$입니다.
$□ = 804 \div 67 = 12$이므로 어떤 수는 12입니다.

15 어떤 수를 □라고 하면 $□ \div 48 = 12 \cdots 23$입니다.
$48 \times 12 = 576$, $576 + 23 = 599$이므로 $□ = 599$입니
다.
따라서 어떤 수는 599입니다.

16 (하루에 마시는 우유의 양)$\times$(날수)
$= 250 \times 20 = 5000$ (mL) ➡ 5 L

17 (한 시간에 갈 수 있는 거리)$\times$(가는 시간)
$= 220 \times 50 = 11000$ (m) ➡ 11 km

18 1년은 12개월이므로 $619 \div 12 = 51 \cdots 7$입니다.
따라서 영조가 왕위를 지킨 기간은 51년 7개월입니다.

STEP 4 상위권 도전 유형   91~94쪽

1 25   **2** 18

3 9   **4** 4860

5 3, 4   **6** 34, 4

7 16개   **8** 24개

9 20권   **10** (위에서부터) 3, 4

11 (위에서부터) 6, 4, 9   **12** (위에서부터) 4, 7, 4, 6

13 (위에서부터) 7, 2, 0, 8   **14** (위에서부터) 2, 1

15 (위에서부터) 2, 6, 7, 8, 7, 5

16 7, 5, 8, 63252   **17** 6, 4, 7, 46866

18 479, 26, 12454   **19** 975, 23, 42, 9

20 876, 35, 25, 1 **21** 3, 84

22 0, 1, 2, 3, 4 **23** 2, 3, 4, 5

24 6

---

1 $34 \times \square = 884$라고 하면 $\square = 884 \div 34 = 26$입니다.
$34 \times \square < 884$이므로 $\square < 26$입니다.
따라서 $\square$ 안에 들어갈 수 있는 자연수 중에서 가장 큰
수는 25입니다.

2 $42 \times \square = 736$이라고 하면 $\square = 736 \div 42 = 17 \cdots 22$
입니다.
$42 \times \square > 736$이고 $42 \times 17 = 714$, $42 \times 18 = 756$입니
다.
따라서 $\square$ 안에 들어갈 수 있는 자연수 중에서 가장 작은
수는 18입니다.

3 $67 \times 13 = 871$이고 $97 \times \square = 871$이라고 하면
$\square = 871 \div 97 = 8 \cdots 95$입니다.
$871 < 97 \times \square$이고 $97 \times 8 = 776$, $97 \times 9 = 873$입
니다.
따라서 $\square$ 안에 들어갈 수 있는 자연수 중에서 가장 작은
수는 9입니다.

4 어떤 수를 $\square$라고 하면 $270 \div \square = 15$입니다.
➡ $\square = 270 \div 15 = 18$
따라서 바르게 계산한 값은 $270 \times 18 = 4860$입니다.

5 어떤 수를 $\square$라고 하면 $\square \times 17 = 935$입니다.
➡ $\square = 935 \div 17 = 55$
따라서 바르게 계산하면 $55 \div 17 = 3 \cdots 4$입니다.

6 어떤 수를 $\square$라고 하면 $\square \div 52 = 16 \cdots 22$입니다.
➡ $52 \times 16 = 832$, $832 + 22 = 854$이므로 $\square = 854$
입니다.
따라서 바르게 계산하면 $854 \div 25 = 34 \cdots 4$입니다.

7 (상자에 담을 귤의 수)
$= 35 \times 160 = 160 \times 35 = 5600$(개)
(바구니에 담을 귤의 수) $= 5920 - 5600 = 320$(개)
(필요한 바구니의 수) $= 320 \div 20 = 16$(개)

8 (상자에 담을 지우개의 수)
$= 24 \times 150 = 150 \times 24 = 3600$(개)

(주머니에 담을 지우개의 수)
$= 3888 - 3600 = 288$(개)
(필요한 주머니의 수) $= 288 \div 12 = 24$(개)

9 (공책 수) $= 65 \times 12 = 780$(권)
$780 \div 50 = 15 \cdots 30$이므로 15권씩 나누어 줄 수 있고
30권이 남습니다.
따라서 남은 공책을 1권씩 더 나누어 주려면 필요한 공책
은 적어도 $50 - 30 = 20$(권)입니다.

10
$$\begin{array}{r} 4\,9\,\textcircled{\tiny{ㄱ}} \\ \times \quad 7\,0 \\ \hline 3\,\textcircled{\tiny{ㄴ}}\,5\,1\,0 \end{array}$$
· $\textcircled{\tiny{ㄱ}} \times 7$의 곱의 일의 자리 수가 1이므로 $\textcircled{\tiny{ㄱ}} = 3$입니다.
· $4 \times 7 = 28$, $28 + 6 = 34$이므로 $\textcircled{\tiny{ㄴ}} = 4$입니다.

11
$$\begin{array}{r} 2\,1\,\textcircled{\tiny{ㄱ}} \\ \times \quad \textcircled{\tiny{ㄴ}}\,3 \\ \hline 6\,4\,8 \\ 8\,6\,4 \\ \hline \textcircled{\tiny{ㄷ}}\,2\,8\,8 \end{array}$$
· $21\textcircled{\tiny{ㄱ}} \times 3 = 648$ ➡ $\textcircled{\tiny{ㄱ}} = 6$
· $216 \times \textcircled{\tiny{ㄴ}} = 864$ ➡ $\textcircled{\tiny{ㄴ}} = 4$
· $648 + 8640 = \textcircled{\tiny{ㄷ}}288$ ➡ $\textcircled{\tiny{ㄷ}} = 9$

12
$$\begin{array}{r} 3\,5\,\textcircled{\tiny{ㄱ}} \\ \times \quad \textcircled{\tiny{ㄴ}}\,6 \\ \hline 2\,1\,2\,4 \\ 2\,\textcircled{\tiny{ㄷ}}\,7\,8 \\ \hline 2\,\textcircled{\tiny{ㄹ}}\,9\,0\,4 \end{array}$$
· $35\textcircled{\tiny{ㄱ}} \times 6 = 2124$ ➡ $\textcircled{\tiny{ㄱ}} = 4$
· $354 \times \textcircled{\tiny{ㄴ}} = 2\textcircled{\tiny{ㄷ}}78$ ➡ $\textcircled{\tiny{ㄴ}} = 7$, $\textcircled{\tiny{ㄷ}} = 4$
· $2124 + 24780 = 2\textcircled{\tiny{ㄹ}}904$ ➡ $\textcircled{\tiny{ㄹ}} = 6$

13
$$\begin{array}{r} \textcircled{\tiny{ㄱ}} \quad\;\; \\ 70\,\overline{)\,5\,\textcircled{\tiny{ㄴ}}\,8} \\ 4\,9\,\textcircled{\tiny{ㄷ}} \\ \hline 3\,\textcircled{\tiny{ㄹ}} \end{array}$$
· $70 \times \textcircled{\tiny{ㄱ}} = 49\textcircled{\tiny{ㄷ}}$ ➡ $\textcircled{\tiny{ㄱ}} = 7$, $\textcircled{\tiny{ㄷ}} = 0$
· $8 - 0 = 8$ ➡ $\textcircled{\tiny{ㄹ}} = 8$
· $490 + 38 = 528$ ➡ $\textcircled{\tiny{ㄴ}} = 2$

14
$$\begin{array}{r} \textcircled{\tiny{ㄱ}}\,4 \quad\; \\ 34\,\overline{)\,8\,\textcircled{\tiny{ㄴ}}\,6} \\ 6\,8 \\ \hline 1\,3\,6 \\ 1\,3\,6 \\ \hline 0 \end{array}$$
· $8\textcircled{\tiny{ㄴ}} \div 34 = 2 \cdots \square$이므로 $\textcircled{\tiny{ㄱ}} = 2$입니다.
· $34 \times 24 = 816$이므로 $\textcircled{\tiny{ㄴ}} = 1$입니다.

15
$$\begin{array}{r} 3\,\textcircled{\tiny{ㄱ}} \quad\; \\ 2\,\textcircled{\tiny{ㄴ}}\,\overline{)\,8\,3\,\textcircled{\tiny{ㄷ}}} \\ 7\,\textcircled{\tiny{ㄹ}} \\ \hline 5\,\textcircled{\tiny{ㅁ}} \\ \textcircled{\tiny{ㅂ}}\,2 \\ \hline 5 \end{array}$$
· $5\textcircled{\tiny{ㅁ}} - \textcircled{\tiny{ㅂ}}2 = 5$이므로 $\textcircled{\tiny{ㅁ}} = 7$, $\textcircled{\tiny{ㅂ}} = 5$
· $\textcircled{\tiny{ㄷ}} = \textcircled{\tiny{ㅁ}} = 7$
· $83 - 7\textcircled{\tiny{ㄹ}} = 5$이므로 $\textcircled{\tiny{ㄹ}} = 8$
· $2\textcircled{\tiny{ㄴ}} \times 3 = 78$이므로 $\textcircled{\tiny{ㄴ}} = 6$
· $26 \times \textcircled{\tiny{ㄱ}} = 52$이므로 $\textcircled{\tiny{ㄱ}} = 2$

16 곱이 가장 크려면 두 수의 높은 자리에 큰 수를 넣어야 합니다.
$853 \times 74 = 63122, 753 \times 84 = 63252$
따라서 곱이 가장 큰 곱셈식은 $753 \times 84 = 63252$입니다.

다른 풀이
(세 자리 수)×(두 자리 수)에서
①>②>③>④>⑤>0일 때,
곱이 가장 큰 곱셈식: ②③⑤×①④
곱이 가장 작은 곱셈식: ④②①×⑤③
$8>7>5>4>3$이므로 $753 \times 84 = 63252$입니다.

17 $742 \times 63 = 46746, 642 \times 73 = 46866$
따라서 곱이 가장 큰 곱셈식은 $642 \times 73 = 46866$입니다.

다른 풀이
$7>6>4>3>2$이므로 $642 \times 73 = 46866$입니다.

18 곱이 가장 작으려면 두 수의 높은 자리에 작은 수를 넣어야 합니다.
$279 \times 46 = 12834, 269 \times 47 = 12643,$
$479 \times 26 = 12454, 469 \times 27 = 12663$
따라서 곱이 가장 작은 곱셈식은 $479 \times 26 = 12454$입니다.

다른 풀이
$9>7>6>4>2$이므로 $479 \times 26 = 12454$입니다.

19 가장 큰 세 자리 수를 가장 작은 두 자리 수로 나누면 몫이 가장 큽니다.
가장 큰 세 자리 수는 975이고, 가장 작은 두 자리 수는 23입니다.
따라서 몫이 가장 큰 나눗셈식을 만들고 계산하면
$975 \div 23 = 42 \cdots 9$입니다.

20 가장 큰 세 자리 수를 가장 작은 두 자리 수로 나누면 몫이 가장 큽니다.
가장 큰 세 자리 수는 876이고, 가장 작은 두 자리 수는 35입니다.
따라서 몫이 가장 큰 나눗셈식을 만들고 계산하면
$876 \div 35 = 25 \cdots 1$입니다.

21 가장 작은 세 자리 수를 가장 큰 두 자리 수로 나누면 몫이 가장 작습니다.
가장 작은 세 자리 수는 345이고, 가장 큰 두 자리 수는 87입니다.
따라서 몫이 가장 작은 나눗셈식을 만들고 계산하면
$345 \div 87 = 3 \cdots 84$입니다.

22 $8\square6 \div 53 = 15 \cdots \bullet$에서 ●가 가장 작을 때는 0이고, 가장 클 때는 $53 - 1 = 52$입니다.
나누어지는 수가 가장 작을 때: $53 \times 15 = 795$
나누어지는 수가 가장 클 때: $53 \times 15 = 795,$
$795 + 52 = 847$
따라서 $8\square6$은 795와 같거나 크고 847과 같거나 작으므로 □ 안에 들어갈 수 있는 수는 0, 1, 2, 3, 4입니다.

23 $3\square4 \div 36 = 9 \cdots \bullet$에서 ●가 가장 작을 때는 0이고, 가장 클 때는 $36 - 1 = 35$입니다.
나누어지는 수가 가장 작을 때: $36 \times 9 = 324$
나누어지는 수가 가장 클 때: $36 \times 9 = 324,$
$324 + 35 = 359$
따라서 $3\square4$는 324와 같거나 크고 359와 같거나 작으므로 □ 안에 들어갈 수 있는 수는 2, 3, 4, 5입니다.

24 $8\square8 \div 46 = 18 \cdots \bullet$에서 ●가 가장 작을 때는 0이고, 가장 클 때는 $46 - 1 = 45$입니다.
나누어지는 수가 가장 작을 때: $46 \times 18 = 828$
나누어지는 수가 가장 클 때: $46 \times 18 = 828,$
$828 + 45 = 873$
따라서 $8\square8$은 828과 같거나 크고 873과 같거나 작으므로 □ 안에 들어갈 수 있는 수는 2, 3, 4, 5, 6이고 이 중에서 가장 큰 수는 6입니다.

수시 평가 대비 Level ❶
95~97쪽

1 10944

2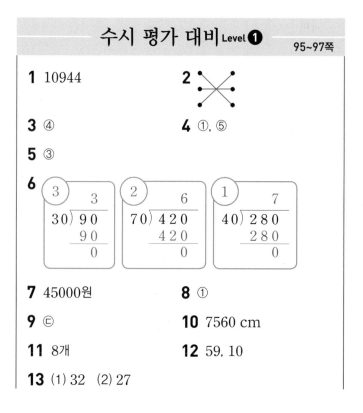

3 ④

4 ①, ⑤

5 ③

6

3		2		1	
3		6		7	

$30)\overline{90}$ $70)\overline{420}$ $40)\overline{280}$
$\quad\underline{90}$ $\quad\underline{420}$ $\quad\underline{280}$
$\quad\;\;0$ $\quad\;\;\;0$ $\quad\;\;\;0$

7 45000원

8 ①

9 ㉢

10 7560 cm

11 8개

12 59, 10

13 (1) 32　(2) 27

14 예 농장에서 달걀을 384개 생산했습니다. 이 달걀을 한 판에 24개씩 담으면 모두 몇 판이 되는지 구해 보세요. / 16판

15 612 **16** 12대

17 (위에서부터) 2, 7, 5, 2, 9, 7

18 3 **19** 10695회

20 5, 6, 7

---

2 $446 \times 50 = 22300$, $200 \times 70 = 14000$, $620 \times 30 = 18600$

3 $560 \div 80 = 7$
  ① $360 \div 60 = 6$ ② $210 \div 70 = 3$
  ③ $320 \div 40 = 8$ ④ $350 \div 50 = 7$
  ⑤ $450 \div 90 = 5$

4 (세 자리 수)÷(두 자리 수)에서 나누어지는 수의 왼쪽 두 자리 수가 나누는 수와 같거나 크면 몫은 두 자리 수입니다.
  ① $46 > 36$ ➡ 몫은 두 자리 수
  ② $25 < 42$ ➡ 몫은 한 자리 수
  ③ $80 < 81$ ➡ 몫은 한 자리 수
  ④ $38 < 54$ ➡ 몫은 한 자리 수
  ⑤ $63 > 50$ ➡ 몫은 두 자리 수

5 어떤 수를 14로 나눌 때 나머지는 14보다 작아야 하므로 나머지가 될 수 있는 가장 큰 수는 13입니다.

7 (보미의 저금통에 들어 있는 돈)
  $= 500 \times 90 = 45000$(원)

8 ① $600 \times 50 = 30000$ ② $465 \times 60 = 27900$
  ③ $743 \times 40 = 29720$ ④ $278 \times 80 = 22240$
  ⑤ $567 \times 50 = 28350$

9 ㉠ $99 \div 18 = 5 \cdots \underline{9}$
  ㉡ $54 \div 21 = 2 \cdots \underline{12}$
  ㉢ $84 \div 23 = 3 \cdots \underline{15}$

10 색 테이프 한 장의 길이는 $100 + 68 = 168$ (cm)입니다.
  따라서 색 테이프 45장을 이은 전체 길이는
  $168 \times 45 = 7560$ (cm)입니다.

11 $440 \div 55 = 8$(개)

---

12 $954 \div 16 = 59 \cdots 10$이므로 사과를 59상자까지 포장할 수 있고, 10개가 남습니다.

13 (1) $16 \times \square = 512$ ➡ $\square = 512 \div 16 = 32$
  (2) $\square \times 35 = 945$ ➡ $\square = 945 \div 35 = 27$

14 $384 \div 24 = 16$

15 $37 \times 16 = 592$, $592 + 20 = 612$

16 $525 \div 45 = 11 \cdots 30$
  525명을 버스 한 대에 45명씩 태우면 11대가 되고 30명이 남습니다.
  남은 학생 30명을 태우려면 버스 1대가 더 필요하므로 버스는 적어도 12대가 있어야 합니다.

17 · $26 \times 2 = 52$이므로 ㉢=5, ㉣=2입니다.
  · $5㉡ - 52 = 5$이므로 ㉡=7입니다.
  · $26 \times ㉠ = 52$이므로 ㉠=2이고, ㉤=9이므로 ㉥=59-52=7입니다.

18 몫이 가장 작으려면 나누어지는 수를 가장 작게, 나누는 수를 가장 크게 해야 합니다.
  수 카드로 만들 수 있는 가장 작은 세 자리 수는 346이고, 가장 큰 두 자리 수는 87이므로 몫이 가장 작은 나눗셈식은 $346 \div 87 = 3 \cdots 85$입니다.
  따라서 나올 수 있는 가장 작은 몫은 3입니다.

서술형
19 예 1월은 31일까지 있습니다.
  진우가 1월 한 달 동안 한 줄넘기는 모두
  $345 \times 31 = 10695$(회)입니다.

평가 기준	배점
1월의 날수를 알았나요?	1점
1월 한 달 동안 한 줄넘기는 모두 몇 회인지 구했나요?	4점

서술형
20 예 $3\square9 \div 32 = 11 \cdots \bullet$에서 ●가 가장 작을 때는 0이고, 가장 클 때는 $32 - 1 = 31$입니다.
  가장 작은 나누어지는 수는 $32 \times 11 = 352$이고, 가장 큰 나누어지는 수는 $32 \times 11 = 352$, $352 + 31 = 383$이므로 383입니다.
  따라서 $3\square9$는 352와 같거나 크고 383과 같거나 작으므로 □ 안에 들어갈 수 있는 수는 5, 6, 7입니다.

평가 기준	배점
가장 작은 나누어지는 수와 가장 큰 나누어지는 수를 각각 구했나요?	3점
□ 안에 들어갈 수 있는 수를 모두 구했나요?	2점

수시 평가 대비 Level ❷

98~100쪽

1 ©

2 (1) 8, 8 (2) 5, 5

3 5에 ○표

4 (1) 10920 (2) 12796

5
```
        2 1
  32) 6 8 8
       6 4
       4 8
       3 2
       1 6    확인  32×21=672, 672+16=688
```

6 ③

7
```
      4 9 3
    ×   6 4
    1 9 7 2
    2 9 5 8
    3 1 5 5 2
```

8 700

9 (○)( )

10 (위에서부터) 36 / 3, 3 / 12

11 (1) = (2) >

12
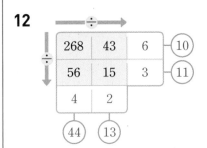

13 5자루

14 9 kg 640 g

15 577

16 49

17 (위에서부터) 5, 4, 6, 3

18 38, 1

19 11385원

20 19008

1
$160×80=12800$
$16×8=128$

2 (1) $480÷60=8$ (2) $450÷90=5$
$48÷6=8$ $45÷9=5$

3 197을 어림하면 200쯤이고, 39를 어림하면 40쯤이므로 197÷39의 몫을 어림하여 구하면 약 200÷40=5 입니다.

---

4 (1)
```
      1 5 6
    ×   7 0
    1 0 9 2 0
```
(2)
```
      4 5 7
    ×   2 8
    3 6 5 6
    9 1 4
    1 2 7 9 6
```

6 나누어지는 수의 왼쪽 두 자리 수가 나누는 수보다 작으면 몫은 한 자리 수가 됩니다.

7 64에서 6은 십의 자리 수이므로 세로셈에서 493×6을 계산할 때에는 493×60으로 생각하여 자리를 맞춰 써야 합니다.

8 ●×4=28에서 ●=7입니다. 40에는 0이 1개, 곱 28000에는 0이 3개이므로 □에는 0이 2개입니다. 따라서 □=700입니다.

9 87÷26=3…9, 224÷18=12…8
9>8이므로 나머지가 더 큰 나눗셈식은 87÷26입니다.

10 576÷16=36
       ↓×3 ↓÷3
576÷48=12
나누어지는 수는 같고 나누는 수가 3배가 되면 몫은 3으로 나눈 수가 됩니다.

11 (1) 600×40=24000, 800×30=24000
(2) 312×54=16848, 456×35=15960
➡ 16848>15960

12 268÷43=6…10, 56÷15=3…11
268÷56=4…44, 43÷15=2…13

13 120÷25=4…20이므로 연필을 25명에게 4자루씩 나누어 주면 20자루가 남습니다.
따라서 연필을 한 자루씩 더 나누어 주려면 연필은 적어도 25-20=5(자루) 더 필요합니다.

14 (사과의 무게)=350×20=7000 (g)
(토마토의 무게)=165×16=2640 (g)
(사과와 토마토의 무게의 합)
=7000+2640
=9640 (g) ➡ 9 kg 640 g

15 □가 가장 크려면 나머지가 가장 커야 합니다. 34로 나누었을 때 가장 큰 나머지는 33입니다.

□÷34=16…33

➡ 34×16=544, 544+33=577이므로 □=577입니다.

16 203을 어림하면 200쯤이므로 200×□가 10000이 되는 □를 알아보면 200×50=10000이므로 □=50입니다.

203×50=10150, 203×49=9947이므로 10000에 더 가까운 곱은 203×49=9947입니다.

따라서 □=49입니다.

17

```
      2 6 ㉠
  ×     ㉡ 3
  ─────────
      7 9 5
  1 0 ㉢ 0
  ─────────
  1 1 ㉣ 9 5
```

· 26㉠×3=795 ➡ ㉠=5
· 265×㉡=10㉢0 ➡ ㉡=4, ㉢=6
· 795+10600=11㉣95 ➡ ㉣=3

18 가장 큰 세 자리 수를 가장 작은 두 자리 수로 나누면 몫이 가장 큽니다.

가장 큰 세 자리 수는 875이고, 가장 작은 두 자리 수는 23입니다.

따라서 몫이 가장 큰 나눗셈식을 만들어 계산하면 875÷23=38…1입니다.

서술형
19 예 1헤알이 253원이므로 45헤알은

253×45=11385(원)입니다.

평가 기준	배점
45헤알이 우리나라 돈으로 얼마인지 구하는 식을 세웠나요?	2점
45헤알이 우리나라 돈으로 얼마인지 구했나요?	3점

서술형
20 예 어떤 수를 □라고 하면 528÷□=14…24입니다.

□×14=528-24, □×14=504,

□=504÷14=36

따라서 바르게 계산하면 528×36=19008입니다.

평가 기준	배점
어떤 수를 구했나요?	3점
바르게 계산한 값을 구했나요?	2점

4 평면도형의 이동

이 단원은 평면에서 점 이동하기, 구체물이나 평면도형을 밀고 뒤집고 돌리는 다양한 활동을 경험하게 됩니다. 위치와 방향을 이용하여 점의 이동을 설명하고 평면도형의 평행이동, 대칭이동, 회전이동과 같은 도형 변환의 기초 개념을 형성하는 데 목적이 있습니다. 초등학교에서는 수학적으로 정확한 평면도형의 변환을 학습하는 것이 아니라 다양한 경험을 통해 생기는 모양들을 관찰하고 직관적으로 평면도형의 변환을 이해하는 데 초점을 둡니다. 평면도형의 변환은 변환 방법을 외우는 것이 아니라 학생 스스로 이해하고 경험해 보도록 하는 데 주안점이 있기 때문에 반복 연습하는 과정을 거쳐야 합니다. 이를 통해 학생들이 평면도형의 밀기, 뒤집기, 돌리기를 한 결과를 예상하고 추론해 볼 수 있는 공간 추론 능력을 기를 수 있습니다.

STEP 1 교과개념 **1. 점의 이동** 103쪽

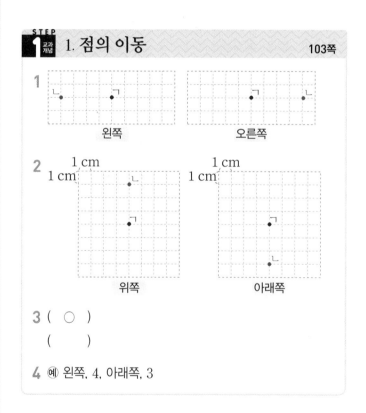

3 (○)
　(　)

4 예 왼쪽, 4, 아래쪽, 3

4 점 ㄱ을 먼저 아래쪽으로 3칸 이동한 다음 왼쪽으로 4칸 이동해도 됩니다.

STEP 1 교과개념 **2. 평면도형 밀기** 105쪽

1 변하지 않습니다에 ○표

2 (　) (○)

3

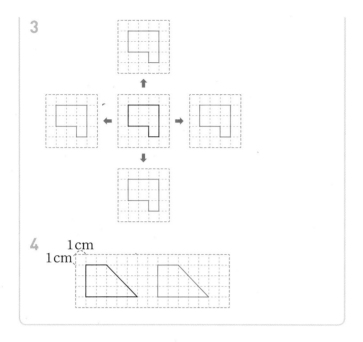

4
1cm
1cm

1 도형을 왼쪽으로 밀어도 모양은 변하지 않습니다.

2 모양 조각을 아래쪽으로 밀어도 모양은 변하지 않습니다.

3 도형을 왼쪽, 오른쪽, 위쪽, 아래쪽으로 밀어도 모양은 변하지 않습니다.

4 모눈 한 칸이 1cm이므로 사각형의 한 변을 기준으로 오른쪽으로 7칸 밉니다.

다른 풀이

모눈 한 칸이 1cm이므로 각 꼭짓점을 오른쪽으로 7칸씩 밉니다.

STEP 1 교과개념 3. 평면도형 뒤집기　107쪽

1 ① 왼쪽　② 아래쪽

2 (○)(　)

3

2 도형을 아래쪽으로 뒤집으면 도형의 위쪽과 아래쪽이 서로 바뀝니다.

3 도형을 위쪽이나 아래쪽으로 뒤집으면 도형의 위쪽과 아래쪽이 서로 바뀌고 도형을 왼쪽이나 오른쪽으로 뒤집으면 도형의 왼쪽과 오른쪽이 서로 바뀝니다.

STEP 1 교과개념 4. 평면도형 돌리기　109쪽

1 오른쪽

2 (　)(○)

3

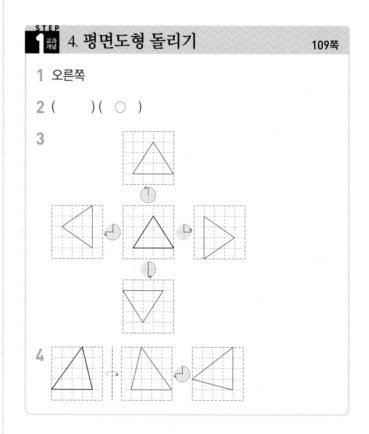

4

2 모양 조각을 시계 반대 방향으로 90°만큼 돌리면 도형의 위쪽이 왼쪽으로 이동합니다.

3 도형을 시계 방향으로 돌리면 도형의 위쪽이 오른쪽 → 아래쪽 → 왼쪽 → 위쪽으로 이동합니다.

4 도형을 오른쪽으로 뒤집으면 도형의 오른쪽과 왼쪽이 서로 바뀌고, 다시 시계 방향으로 270°만큼 돌리면 도형의 위쪽이 왼쪽으로 이동합니다.

STEP 1 교과개념 5. 평면도형을 이동하여 무늬 꾸미기　111쪽

1 (　)(　)(○)

2

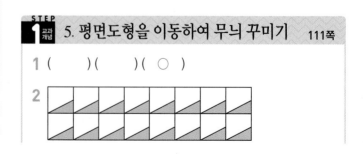

3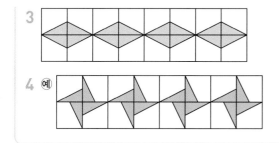

4 ⑩

1 ▮ 모양을 시계 방향으로 90°만큼 돌리는 것을 반복하여 만든 무늬입니다.

2 ◸ 모양을 오른쪽으로 미는 것을 반복하여 첫째 줄의 모양을 만들고, 그 모양을 아래쪽으로 밀어서 무늬를 만들 수 있습니다.

3 ◸ 모양을 오른쪽으로 뒤집는 것을 반복하여 첫째 줄의 모양을 만들고, 그 모양을 아래쪽으로 뒤집어서 무늬를 만들 수 있습니다.

4 ◸ 모양을 시계 방향으로 90°만큼 돌리는 것을 반복하여 모양을 만들고, 그 모양을 오른쪽으로 밀어서 무늬를 만들 수 있습니다.

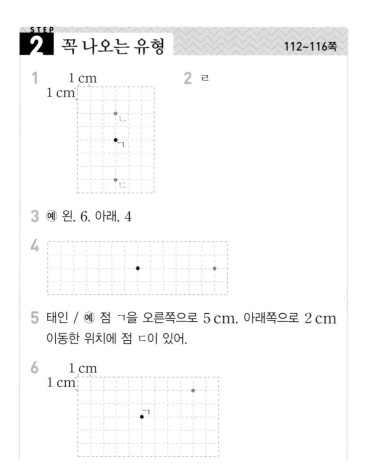

STEP 2 꼭 나오는 유형

112~116쪽

1 1 cm

2 ㄹ

3 ⑩ 왼, 6, 아래, 4

4

5 태인 / ⑩ 점 ㄱ을 오른쪽으로 5 cm, 아래쪽으로 2 cm 이동한 위치에 점 ㄷ이 있어.

6 1 cm

7 ③

8

9 1 cm
1 cm

준비 ⑩

10 아래, 6

11 ⑩ 나 도형은 가 도형을 오른쪽으로 8 cm 밀어서 이동한 도형입니다.

12 ㉢

13

14

15 ( )( )(○)

16 왼쪽 (또는 오른쪽)

17

18 ⑩ 주하가 그린 그림을 왼쪽 또는 오른쪽으로 뒤집습니다.

19 ㉢

20

21 ㉡

준비 70

22 , / 같습니다에 ○표

23 29

24 ⑩

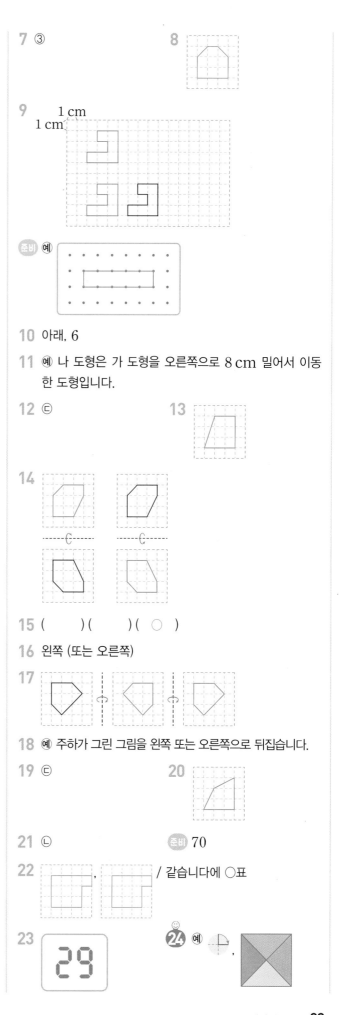

25 뒤집기, 밀기 (또는 뒤집기)

26 돌리기, 뒤집기, 밀기

27 (예) 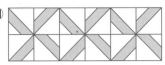 / 밀기, 돌리기에 ○표

28

29 (예) 모양을 오른쪽으로 뒤집기를 반복하여 모양을 만들고, 그 모양을 아래쪽으로 밀어서 무늬를 만들었습니다.

30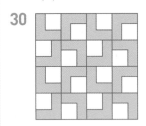

3 아래쪽으로 4 cm, 왼쪽으로 6 cm 이동해도 됩니다.

4 이동하기 전의 점의 위치는 점을 오른쪽으로 6칸 이동했을 때의 위치입니다.

6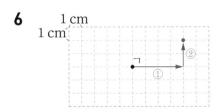

7 모양 조각을 어느 방향으로 밀어도 모양은 변하지 않습니다.

9 도형을 왼쪽으로 4 cm 밀었을 때의 도형을 그리고 그 도형을 위쪽으로 5 cm 밀었을 때의 도형을 그립니다.

서술형
11

단계	문제 해결 과정
①	어느 쪽으로 얼마만큼 이동했는지 설명했나요?

12 모양 조각을 아래쪽으로 뒤집으면 모양 조각의 위쪽과 아래쪽이 서로 바뀝니다.

13 도형을 왼쪽으로 뒤집으면 도형의 왼쪽과 오른쪽이 서로 바뀝니다.

14 도형을 위쪽으로 뒤집은 도형과 아래쪽으로 뒤집은 도형을 각각 그려 봅니다.

15 주어진 도화지를 오른쪽 또는 왼쪽으로 뒤집으면 이고, 위쪽 또는 아래쪽으로 뒤집으면 입니다.

16 모양 조각의 왼쪽과 오른쪽이 서로 바뀌었으므로 왼쪽 또는 오른쪽으로 뒤집은 것입니다.

17 도형을 오른쪽으로 2번 뒤집으면 처음 도형과 같습니다.

19 모양 조각을 시계 방향으로 90°만큼 돌리면 모양 조각의 위쪽이 오른쪽으로 이동합니다.

20 도형을 시계 반대 방향으로 180°만큼 돌리면 도형의 위쪽이 아래쪽으로, 왼쪽이 오른쪽으로 이동합니다.

21 가 조각을 시계 반대 방향으로 90°만큼 또는 시계 방향으로 270°만큼 돌려야 합니다.

22 화살표 끝이 가리키는 위치가 같으면 도형을 돌렸을 때의 도형은 서로 같습니다.

23 62 를 시계 방향으로 180°만큼 돌리면 수 카드의 위쪽 부분이 아래쪽으로 이동하므로 29 입니다.

내가 만드는 문제
27 밀기, 뒤집기, 돌리기를 이용하여 자유롭게 무늬를 만들어 봅니다.

28 보기 는 주어진 모양을 오른쪽으로 밀기(뒤집기)를 반복하여 모양을 만들고, 그 모양을 아래쪽으로 뒤집어서 무늬를 만들었습니다.

서술형
29

단계	문제 해결 과정
①	무늬를 만든 방법을 설명했나요?

30 ⌐ 모양을 시계 방향으로 90°만큼 돌리는 것을 반복하여 모양을 만들고, 그 모양을 오른쪽과 아래쪽으로 밀어서 무늬를 만들었습니다.

STEP 3 실수하기 쉬운 유형   117~120쪽

1

2
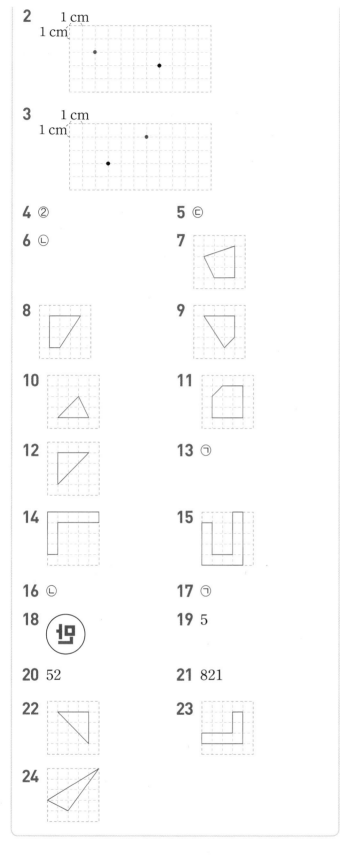

3

4 ②

5 ㉢

6 ㉡

7

8

9

10

11

12

13 ㉠

14

15

16 ㉡

17 ㉠

18 (민)

19 5

20 52

21 821

22

23

24

1 점을 오른쪽으로 4칸, 아래쪽으로 2칸 이동한 위치에 점을 그립니다.

2 점을 왼쪽으로 5 cm, 위쪽으로 1 cm 이동한 위치에 점을 그립니다.

3 점을 오른쪽으로 3 cm, 위쪽으로 2 cm 이동한 위치에 점을 그립니다.

4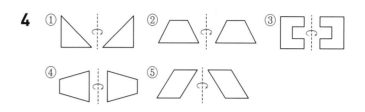
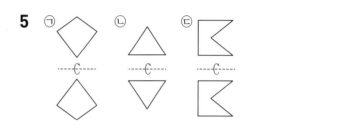

5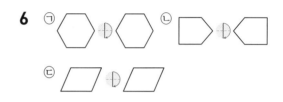

6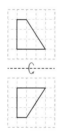

7 왼쪽으로 8번 뒤집은 도형은 처음 도형과 같습니다.

8 아래쪽으로 9번 뒤집은 도형은 아래쪽으로 1번 뒤집은 도형과 같습니다.

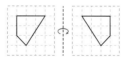

9 위쪽으로 4번 뒤집은 도형은 처음 도형과 같습니다.
오른쪽으로 3번 뒤집은 도형은 오른쪽으로 1번 뒤집은 도형과 같습니다.

10 시계 방향으로 90°만큼 8번 돌린 도형은 처음 도형과 같습니다.

11 시계 반대 방향으로 90°만큼 9번 돌린 도형은 시계 반대 방향으로 90°만큼 1번 돌린 도형과 같습니다.

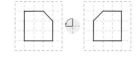

12 시계 방향으로 90°만큼 10번 돌린 도형은 시계 방향으로 90°만큼 2번 돌린 도형과 같습니다.

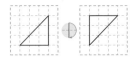

13

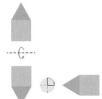

14

15

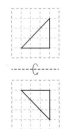

16 도장에 새긴 모양은 종이에 찍힌 모양을 오른쪽(왼쪽)으로 뒤집은 모양과 같습니다.

17 도장에 새긴 모양은 종이에 찍힌 모양을 오른쪽(왼쪽)으로 뒤집은 모양과 같습니다.

18 도장에 새긴 모양은 종이에 찍힌 모양을 오른쪽(왼쪽)으로 뒤집은 모양과 같습니다.

19 거울에 비친 모양은 오른쪽으로 뒤집은 모양과 같으므로 거울에 비친 수는 5입니다.

20 거울에 비친 모양은 아래쪽으로 뒤집은 모양과 같으므로 거울에 비친 수는 52입니다.

21 거울에 비친 모양은 왼쪽으로 뒤집은 모양과 같으므로 거울에 비친 수는 821입니다.

22 움직인 도형을 아래쪽으로 뒤집으면 처음 도형이 됩니다.

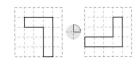

23 움직인 도형을 시계 방향으로 90°만큼 돌리면 처음 도형이 됩니다.

24 움직인 도형을 시계 반대 방향으로 180°만큼 돌리면 처음 도형이 됩니다.

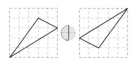

STEP 4 상위권 도전 유형

121~125쪽

1 ( ) ( ) (○)

2 ( ) (○) ( )

3 ㉢

4 (○) ( ) ( )

5 ( ) ( ) (○)

6 ㉣   **7** 위쪽 (또는 아래쪽)

8 왼쪽 (또는 오른쪽)

9 예 위쪽(아래쪽)으로 뒤집고 왼쪽(오른쪽)으로 뒤집었습니다.

10 ㉠, ㉢   **11** ㉢, ㉣

12 시계 방향으로 270°만큼 (또는 시계 반대 방향으로 90°만큼)

13   **14**

15

16 예 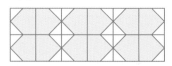 모양을 오른쪽으로 뒤집기를 반복하여 모양을 만들고, 그 모양을 아래쪽으로 밀어서 무늬를 만들었습니다. /

17 예 모양을 시계 방향으로 90°만큼 돌리는 것을 반복하여 모양을 만들고, 그 모양을 오른쪽으로 밀어서 무늬를 만들었습니다. /

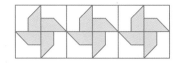

18 (예) 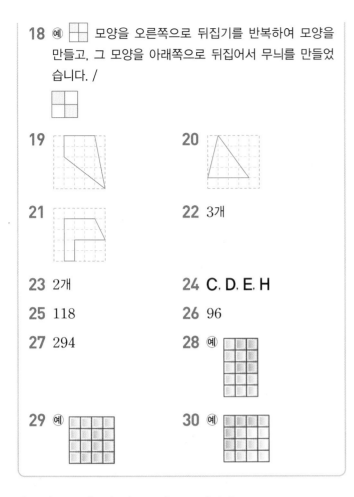 모양을 오른쪽으로 뒤집기를 반복하여 모양을 만들고, 그 모양을 아래쪽으로 뒤집어서 무늬를 만들었습니다. /

19

20

21

22 3개

23 2개

24 C, D, E, H

25 118

26 96

27 294

28 (예)

29 (예)

30 (예)

1 왼쪽 도형: 왼쪽(오른쪽)으로 뒤집기
   가운데 도형: 위쪽(아래쪽)으로 뒤집고 왼쪽(오른쪽)으로 뒤집기
   오른쪽 도형: 시계 반대 방향으로 90°만큼 돌리기

2 왼쪽 도형: 왼쪽(오른쪽)으로 뒤집기
   가운데 도형: 시계 방향으로 90°만큼 돌리기
   오른쪽 도형: 왼쪽(오른쪽)으로 뒤집고 위쪽(아래쪽)으로 뒤집기

3 ㉠ 위쪽(아래쪽)으로 뒤집기
   ㉡ 왼쪽(오른쪽)으로 뒤집고 위쪽(아래쪽)으로 뒤집기
   ㉢ 위쪽(아래쪽)으로 뒤집고 시계 반대 방향으로 90°만큼 돌리기
   ㉣ 왼쪽(오른쪽)으로 뒤집기

4 왼쪽 도형: 왼쪽(오른쪽)으로 뒤집기
   가운데 도형: 시계 방향으로 90°만큼 돌리기
   오른쪽 도형: 시계 반대 방향으로 90°만큼 돌리기

5 왼쪽 도형: 시계 방향으로 90°만큼 돌리기
   가운데 도형: 시계 방향으로 180°만큼 돌리기
   오른쪽 도형: 왼쪽(오른쪽)으로 뒤집기

6 ㉠ 시계 방향으로 360°만큼 돌리기
   ㉡ 시계 방향으로 180°만큼 돌리기
   ㉢ 시계 반대 방향으로 90°만큼 돌리기
   ㉣ 왼쪽(오른쪽)으로 뒤집고 시계 반대 방향으로 90°만큼 돌리기

7 도형의 위쪽과 아래쪽이 서로 바뀌었으므로 왼쪽 도형을 위쪽(아래쪽)으로 뒤집었습니다.

8 도형의 왼쪽과 오른쪽이 서로 바뀌었으므로 왼쪽 도형을 왼쪽(오른쪽)으로 뒤집었습니다.

10 도형의 위쪽이 오른쪽으로 이동하였으므로 도형을 시계 방향으로 90°만큼 또는 시계 반대 방향으로 270°만큼 돌렸습니다.

11 도형의 위쪽이 아래쪽으로 이동하였으므로 도형을 시계 방향으로 180°만큼 또는 시계 반대 방향으로 180°만큼 돌렸습니다.

12 도형의 위쪽이 왼쪽으로 이동하였으므로 도형을 시계 반대 방향으로 90°만큼 또는 시계 방향으로 270°만큼 돌렸습니다.

13 왼쪽으로 3번 뒤집은 도형은 왼쪽으로 1번 뒤집은 도형과 같습니다.

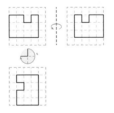

14 아래쪽으로 2번 뒤집은 도형은 처음 도형과 같습니다.
   시계 반대 방향으로 90°만큼 5번 돌린 도형은 시계 반대 방향으로 90°만큼 1번 돌린 도형과 같습니다.

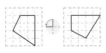

15 오른쪽으로 3번 뒤집은 도형은 오른쪽으로 1번 뒤집은 도형과 같습니다.
   시계 반대 방향으로 90°만큼 6번 돌린 도형은 시계 반대 방향으로 90°만큼 2번 돌린 도형과 같습니다.

16

17

18

19 위의 도형은 시계 방향으로 90°만큼 돌렸습니다.

20 위의 도형은 시계 반대 방향으로 90°만큼 돌렸습니다.

21 위의 도형은 오른쪽(왼쪽)으로 뒤집고 시계 방향으로 90°만큼 돌렸습니다.

22 오른쪽으로 뒤집으면 왼쪽과 오른쪽이 서로 바뀝니다.
왼쪽과 오른쪽의 모양이 같은 한글 자음을 찾으면
ㅁ, ㅂ, ㅅ으로 모두 3개입니다.

23 시계 반대 방향으로 180°만큼 돌리면 위쪽이 아래쪽으로, 오른쪽이 왼쪽으로 이동합니다.
주어진 숫자를 시계 반대 방향으로 각각 180°만큼 돌린 모양은 다음과 같습니다.

|→|, 2→2, 3→3, 4→4, 5→5, 6→9,
7→L, 8→8, 9→6

따라서 시계 반대 방향으로 180°만큼 돌렸을 때의 모양이 처음 모양과 같은 것은 |, 8로 모두 2개입니다.

24 위쪽으로 뒤집으면 위쪽과 아래쪽이 서로 바뀝니다.
위쪽과 아래쪽의 모양이 같은 알파벳을 찾으면 C, D, E, H입니다.

25 아래쪽으로 밀었을 때의 수: 92
시계 방향으로 180°만큼 돌렸을 때의 수: 26
➡ 두 수의 합: 92+26=118

26 시계 방향으로 180°만큼 돌렸을 때의 수: 519
➡ 두 수의 차: 615−519=96

27 수 카드의 수의 크기를 비교하면 0<5<8이므로 만들 수 있는 가장 작은 세 자리 수는 508입니다.

| 5 | 0 | 8 | ÷ | 8 | 0 | 2 |

➡ 두 수의 차: 802−508=294

28 직사각형을 채울 수 있는 방법은 여러 가지가 있습니다.

29 ⓔ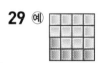

수시 평가 대비 Level **1**

126~128쪽

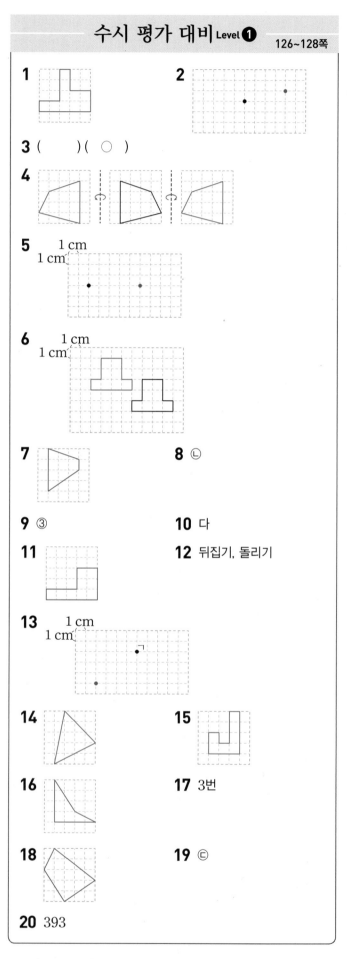

1

2

3 ( )(○)

4

5 1 cm / 1 cm

6 1 cm / 1 cm

7

8 ㉡

9 ③

10 다

11

12 뒤집기, 돌리기

13 1 cm / 1 cm

14

15

16

17 3번

18

19 ㉢

20 393

1 도형을 어느 방향으로 밀어도 모양은 변하지 않습니다.

3 도형을 위쪽으로 뒤집으면 도형의 위쪽과 아래쪽이 서로 바뀝니다.

4 도형을 왼쪽으로 뒤집은 도형과 오른쪽으로 뒤집은 도형은 같습니다.

5 점을 움직인 반대 방향으로 이동하면 처음 위치가 됩니다. 따라서 점을 오른쪽으로 5 cm 이동한 위치에 점을 표시합니다.

6 도형을 왼쪽으로 4 cm 밀고 다시 그 도형을 위쪽으로 2 cm 밀었을 때의 도형을 그립니다.

7 도형을 시계 방향으로 90°만큼 돌리면 도형의 위쪽이 오른쪽으로 이동합니다.

8 ㉠ 왼쪽 또는 오른쪽으로 뒤집었을 때의 도형
㉡ 위쪽 또는 아래쪽으로 뒤집었을 때의 도형

9 ③ 🔲 모양을 돌리기를 이용하여 만든 무늬입니다.

10 가 △┆△   나 ┗┓┆┏┛

11 도형을 시계 반대 방향으로 270°만큼 돌리면 도형의 위쪽이 오른쪽으로 이동합니다.

12 주어진 모양을 오른쪽, 아래쪽으로 뒤집기를 하여 만들 수 있고, 90°씩 돌리기를 하여 만들 수도 있습니다.

14 (도형) → 위쪽으로 뒤집기 → (도형) → 시계 방향으로 180°만큼 돌리기 → (도형)

15 (아래쪽으로 5번 뒤집었을 때의 도형)
＝(아래쪽으로 1번 뒤집었을 때의 도형)
(오른쪽으로 2번 뒤집었을 때의 도형)
＝(처음 도형)

16 거꾸로 생각하여 돌린 후의 도형을 시계 반대 방향으로 180°만큼 돌리면 돌리기 전의 도형이 됩니다.

17 왼쪽 도형의 위쪽이 왼쪽으로 이동했으므로 오른쪽 도형은 왼쪽 도형을 시계 반대 방향으로 90°만큼 돌려야 합니다.
따라서 시계 반대 방향으로 270°만큼 적어도 3번 돌려야 합니다.

다른 풀이 (시계 반대 방향으로 270°만큼 돌렸을 때의 도형)
＝(시계 방향으로 90°만큼 돌렸을 때의 도형)
왼쪽 도형을 돌려서 오른쪽 도형을 만들려면 시계 방향으로 90°만큼 적어도 3번 돌려야 합니다.

18 (도형) → 시계 방향으로 270°만큼 돌리기 → 처음 도형 → 왼쪽으로 뒤집기 → (도형)

서술형
19 예 △ 모양을 시계 방향으로 90°만큼 돌리는 것을 반복하여 모양을 만들고, 그 모양을 오른쪽과 아래쪽으로 밀어서 무늬를 만든 것입니다.
따라서 가에 들어갈 모양은 △ 모양을 시계 방향으로 180°만큼 돌렸을 때의 모양이므로 ㉢입니다.

평가 기준	배점
무늬를 만든 규칙을 찾았나요?	2점
가에 들어갈 모양을 찾아 기호를 썼나요?	3점

서술형
20 예 289 를 시계 방향으로 180°만큼 돌리면 수 카드의 위쪽이 아래쪽으로 이동하므로 682 가 됩니다.
따라서 두 수의 차는 682－289＝393입니다.

평가 기준	배점
수 카드를 시계 방향으로 180°만큼 돌렸을 때 만들어지는 수를 구했나요?	3점
두 수의 차를 구했나요?	2점

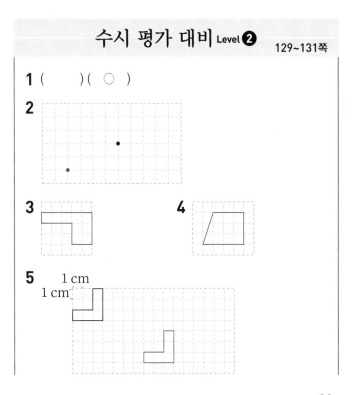

수시 평가 대비 Level ❷   129~131쪽

1 (   ) (○)

2

3   **4**

5 1 cm
1 cm

6
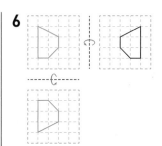

7
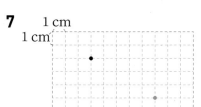

8
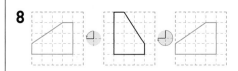

9 왼쪽 (또는 오른쪽)

10

11 가

12 ㉡

13 라

14

15

16 B에 ○표

17

18 396

19 예 ◖ 모양을 오른쪽으로 뒤집기를 반복하여 모양을 만들고, 그 모양을 아래쪽으로 뒤집어서 무늬를 만들었습니다.

20 예 시계 방향으로 180°만큼 돌렸습니다.

1 도형을 어느 방향으로 밀어도 모양은 변하지 않습니다.

3 도형을 위쪽으로 뒤집으면 도형의 위쪽과 아래쪽이 서로 바뀝니다.

4 도형을 시계 방향으로 180°만큼 돌리면 도형의 위쪽이 아래쪽으로, 왼쪽이 오른쪽으로 이동합니다.

6 도형을 뒤집는 방향에 따라 왼쪽과 오른쪽, 위쪽과 아래쪽이 서로 바뀝니다.

7 이동하기 전의 점의 위치는 점을 오른쪽으로 5 cm, 아래쪽으로 3 cm 이동했을 때의 위치입니다.

8 도형을 시계 반대 방향으로 90°만큼 돌린 도형과 시계 방향으로 270°만큼 돌린 도형은 서로 같습니다.

9 도형의 왼쪽과 오른쪽이 서로 바뀌었으므로 왼쪽 또는 오른쪽으로 뒤집은 것입니다.

11 도형을 아래쪽으로 뒤집으면 도형의 위쪽과 아래쪽이 서로 바뀌므로 위쪽과 아래쪽의 모양이 같은 도형을 찾습니다.

12 ㉠과 ㉢은 돌리기를 이용하여 만든 무늬입니다.
㉡은 뒤집기를 이용하여 만든 무늬입니다.

14 움직인 도형을 시계 반대 방향으로 90°만큼 돌리면 처음 도형이 됩니다.

16 오른쪽으로 뒤집고 시계 방향으로 180°만큼 돌렸을 때 처음 모양과 같아지려면 위쪽과 아래쪽의 모양이 서로 같아야 합니다.

17 왼쪽으로 7번 뒤집은 도형은 왼쪽으로 1번 뒤집은 도형과 같습니다. 시계 반대 방향으로 90°만큼 5번 돌린 도형은 시계 반대 방향으로 90°만큼 1번 돌린 도형과 같습니다.

18 521 을 시계 방향으로 180°만큼 돌리면 125 가 됩니다. 따라서 두 수의 차는 521-125=396입니다.

서술형 **19**

평가 기준	배점
무늬를 만든 방법을 설명했나요?	5점

서술형 **20**

평가 기준	배점
카드를 움직인 방법을 설명했나요?	5점

사고력이 반짝 132쪽

277

고대 그리스 수는 H=100, ₧=50, Δ=10, Γ=5, I=1을 나타내므로

HH₧ΔΔΓII=100+100+50+10+10+5+1+1=277입니다.

5 막대그래프

우리는 일상생활에서 텔레비전이나 신문, 인터넷 자료를 볼 때마다 다양한 통계 정보를 접하게 됩니다. 이렇게 접하는 통계 자료는 상대방을 설득하는 근거 자료로 제시되는 경우가 많습니다. 그러므로 표와 그래프로 제시된 많은 자료를 읽고 해석하는 능력과 함께 판단하고 활용하는 통계 처리 능력도 필수적으로 요구됩니다. 학생들은 3학년까지 표와 그림그래프에 대해 배웠으며 이번 단원에서는 막대그래프에 대해 학습하게 됩니다. 막대그래프는 직관적으로 비교하기에 유용한 그래프입니다. 막대그래프를 이해하고 나타내고 해석하는 과정에서 정보 처리 역량을 강화하고, 해석하고 선택하거나 결정하는 과정에서 정보를 통해 추론해 보는 능력을 신장할 수 있습니다.

STEP 1 교과개념 1. 막대그래프 알아보기   135쪽

1 ① 색깔, 학생 수   ② 1   ③ 막대그래프

2 ① 종이류   ② 캔류

1 ② 세로 눈금 5칸이 5명을 나타내므로 세로 눈금 한 칸은 1명을 나타냅니다.
   ③ 표는 조사한 자료별 수량과 합계를 알아보기 쉽습니다. 막대그래프는 수량의 많고 적음을 한눈에 비교하기 쉽습니다.

2 ① 막대의 길이가 가장 긴 재활용품은 종이류입니다.
   ② 막대의 길이가 가장 짧은 재활용품은 캔류입니다.

STEP 1 교과개념 2. 막대그래프 나타내기   137쪽

1 ① 학생 수

   ② 예

혈액형별 학생 수

2 예

좋아하는 과목별 학생 수

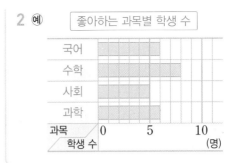

1 ② 세로 눈금 한 칸은 1명을 나타내므로 A형은 5칸, B형은 7칸, O형은 10칸, AB형은 4칸으로 나타냅니다.

2 가로 눈금 5칸이 5명을 나타내므로 가로 눈금 한 칸은 1명을 나타냅니다. 따라서 국어는 6칸, 수학은 8칸, 사회는 5칸, 과학은 6칸으로 나타냅니다.

STEP 1 교과개념 3. 막대그래프 활용하기   139쪽

1 음식물, 예 급식으로 가져온 음식 남기지 말기

2 ① 줄어들었습니다에 ○표   ② 줄어들에 ○표

1 '음식을 먹을 만큼만 가져 오기' 등 음식물 쓰레기를 줄일 수 있는 방법을 썼으면 정답입니다.

STEP 2 꼭 나오는 유형   140~144쪽

1 학생 수   2 1명

3 윷놀이   4 2명

5 지완   6 ㉢

준비 25권

7 같은 점 예 각 마을의 학생 수가 같습니다.
   다른 점 예 학생 수를 그림그래프는 그림으로, 막대그래프는 막대로 나타냈습니다.

8 포도주스, 사과주스, 망고주스, 딸기주스

9 3배   10 (1) 막대그래프 (2) 표

11 학생 수

12   가입한 동아리별 학생 수

13 예

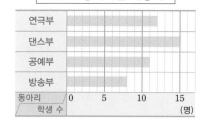

가입한 동아리별 학생 수

14 12, 8, 6, 4, 30

15 예

기르고 싶은 동물별 학생 수

16 3칸   **17** 4명

18

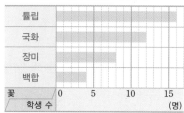

좋아하는 꽃별 학생 수

19 예

좋아하는 꽃별 학생 수

준비   요일별 학생 수

20 4명

21 가고 싶어 하는 체험 학습 장소별 학생 수

22 예

배우고 싶어 하는 운동별 학생 수

23 8명   **24** 예 수영

25 예 영화 감상, 보드게임 /
예 가장 많은 학생이 하고 싶어 하는 활동이 영화 감상이고 그 다음으로 많은 학생이 하고 싶어 하는 활동이 보드게임이기 때문입니다.

26 400 kg

27 예 2025년의 밀가루 소비량은 2023년보다 늘어날 것 같습니다.

1 막대의 길이는 좋아하는 민속놀이별 학생 수를 나타냅니다.

2 세로 눈금 5칸이 5명을 나타내므로 세로 눈금 한 칸은 5÷5=1(명)을 나타냅니다.

3 막대의 길이가 가장 긴 민속놀이는 윷놀이입니다.

4 연날리기는 세로 눈금 6칸이므로 6명, 제기차기는 세로 눈금 4칸이므로 4명입니다.
따라서 6−4=2(명) 더 많습니다.

서술형
5 예 막대의 길이는 학생들이 먹은 쿠키 수를 나타내므로 막대의 길이가 준우보다 긴 학생을 찾으면 지완입니다.

단계	문제 해결 과정
①	막대의 길이가 학생들이 먹은 쿠키 수를 나타냄을 알고 있나요?
②	준우보다 막대의 길이가 긴 학생을 찾았나요?

6 ㉠ 가장 적은 나무는 막대의 길이가 가장 짧은 단풍나무입니다.
㉡ 세로 눈금 5칸이 10그루를 나타내므로 세로 눈금 한 칸은 10÷5=2(그루)를 나타냅니다. 은행나무는 7칸이므로 2×7=14(그루)입니다.
㉢ 막대의 길이가 단풍나무(4칸)의 2배인 나무는 소나무(8칸)입니다.

준비   ▨이 2개, ▥이 5개이므로 25권입니다.

서술형
7

단계	문제 해결 과정
①	그림그래프와 막대그래프의 같은 점을 썼나요?
②	그림그래프와 막대그래프의 다른 점을 썼나요?

8 막대의 길이가 긴 것부터 차례로 쓰면 포도주스, 사과주스, 망고주스, 딸기주스입니다.

9 팔린 포도주스는 15잔, 팔린 딸기주스는 5잔이므로
$15 \div 5 = 3$(배)입니다.

10 (1) 막대그래프는 막대의 길이로 항목별 수량의 많고 적음을 한눈에 비교하기 쉽습니다.
(2) 표는 각 항목별로 조사한 수, 조사 대상의 전체 수를 알기 쉽습니다.

12 세로 눈금 한 칸이 1명을 나타내므로 연극부는 12칸, 댄스부는 15칸, 공예부는 11칸, 방송부는 8칸인 막대를 그립니다.

13 가로에는 학생 수, 세로에는 동아리를 나타내고 동아리별 학생 수에 맞게 막대를 가로로 그립니다. 조사한 내용이 잘 나타나도록 제목을 씁니다.

15 세로 눈금 한 칸이 1명을 나타내므로 강아지는 12칸, 햄스터는 8칸, 고양이는 6칸, 금붕어는 4칸인 막대를 그립니다.

16 고양이를 기르고 싶은 학생은 6명이므로 막대를
$6 \div 2 = 3$(칸)으로 그려야 합니다.

서술형
17 ㉠ 장미, 튤립, 국화를 좋아하는 학생 수의 합은
$8 + 16 + 12 = 36$(명)입니다.
따라서 백합을 좋아하는 학생은 $40 - 36 = 4$(명)입니다.

단계	문제 해결 과정
①	장미, 튤립, 국화를 좋아하는 학생 수의 합을 구했나요?
②	백합을 좋아하는 학생 수를 구했나요?

18 학생 수가 많은 꽃부터 차례로 나타내면 튤립, 국화, 장미, 백합입니다.

😊 내가 만드는 문제
19 ㉠ 가로 눈금 한 칸을 2명으로 정한다면
장미는 $8 \div 2 = 4$(칸), 백합은 $4 \div 2 = 2$(칸),
튤립은 $16 \div 2 = 8$(칸), 국화는 $12 \div 2 = 6$(칸)인 막대를 그립니다.
참고 | 가로 눈금 한 칸을 4명으로 정할 수도 있습니다.

20 박물관에 가고 싶어 하는 학생 수를 □명이라고 하면
과학관에 가고 싶어 하는 학생 수는 (□+2)명이므로
$6 + □ + 2 + □ + 10 = 22$, $□ + □ + 18 = 22$,
$□ + □ = 4$, $□ = 2$입니다.
따라서 박물관에 가고 싶어 하는 학생은 2명, 과학관에 가고 싶어 하는 학생은 4명입니다.

21 학생 수가 적은 장소부터 차례로 나타내면 박물관, 과학관, 수목원, 목장입니다.

22 세로 눈금 5칸이 5명을 나타내므로 세로 눈금 한 칸은 1명을 나타냅니다. 수영은 11칸, 골프는 8칸, 태권도는 6칸, 발레는 3칸이 되도록 막대를 그립니다.

23 수영을 배우고 싶어 하는 학생이 11명으로 가장 많고 발레를 배우고 싶어 하는 학생이 3명으로 가장 적으므로 학생 수의 차는 $11 - 3 = 8$(명)입니다.

24 가장 많은 학생이 배우고 싶은 운동은 수영이므로 수영을 가르쳐 주는 것이 좋을 것 같습니다.

서술형
25

단계	문제 해결 과정
①	학급 행사 시간에 할 활동을 정했나요?
②	그 까닭을 썼나요?

26 세로 눈금 5칸이 1000 kg을 나타내므로 세로 눈금 한 칸은 $1000 \div 5 = 200$(kg)을 나타냅니다.
2021년: 2600 kg, 2023년: 3000 kg
➡ $3000 - 2600 = 400$(kg)

27 2017년부터 2023년까지 밀가루 소비량이 점점 늘어나고 있으므로 2025년의 밀가루 소비량은 늘어날 것으로 예상됩니다.

STEP
3 실수하기 쉬운 유형
145~146쪽

1 2명
2 20회
3 2배
4 3배
5 5, 7 /

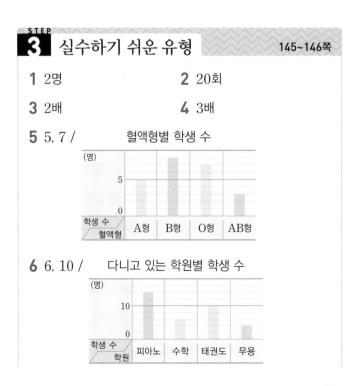

혈액형별 학생 수

6 6, 10 /
다니고 있는 학원별 학생 수

7 좋아하는 색깔별 학생 수

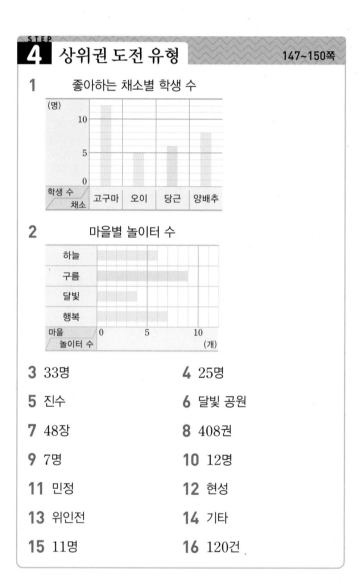

8 장래 희망별 학생 수

1 세로 눈금 5칸이 10명을 나타내므로 세로 눈금 한 칸은
$10 \div 5 = 2$(명)을 나타냅니다.

2 세로 눈금 5칸이 100회를 나타내므로 세로 눈금 한 칸은
$100 \div 5 = 20$(회)를 나타냅니다.

3 화살을 선주는 8개, 예진이는 4개 넣었으므로 선주가 넣은 화살 수는 예진이가 넣은 화살 수의 $8 \div 4 = 2$(배)입니다.

4 다 동 자전거 수는 9대, 나 동 자전거 수는 3대이므로
다 동 자전거 수는 나 동 자전거 수의 $9 \div 3 = 3$(배)입니다.

5 세로 눈금 5칸이 5명을 나타내므로 세로 눈금 한 칸은 1명을 나타냅니다.
B형은 8명이므로 8칸, AB형은 3명이므로 3칸이 되도록 막대를 그립니다. A형은 5칸이므로 5명, O형은 7칸이므로 7명입니다.

6 세로 눈금 5칸이 10명을 나타내므로 세로 눈금 한 칸은
$10 \div 5 = 2$(명)을 나타냅니다.
피아노는 14명이므로 $14 \div 2 = 7$(칸), 무용은 4명이므로 $4 \div 2 = 2$(칸)인 막대를 그립니다.
수학은 3칸이므로 $2 \times 3 = 6$(명), 태권도는 5칸이므로 $2 \times 5 = 10$(명)입니다.

7 세로 눈금 한 칸을 2명으로 하면 세로 눈금 5칸은 10명을 나타냅니다.
빨강은 $12 \div 2 = 6$(칸), 주황은 $4 \div 2 = 2$(칸), 노랑은 $10 \div 2 = 5$(칸), 파랑은 $6 \div 2 = 3$(칸)인 막대를 그립니다.

8 세로 눈금 한 칸을 4명으로 하면 세로 눈금 5칸은 20명을 나타냅니다.
연예인은 $12 \div 4 = 3$(칸), 기자는 $8 \div 4 = 2$(칸), 과학자는 $16 \div 4 = 4$(칸), 선생님은 $20 \div 4 = 5$(칸)인 막대를 그립니다.

STEP
4 상위권 도전 유형   147~150쪽

1 좋아하는 채소별 학생 수

2 마을별 놀이터 수

3 33명	**4** 25명
5 진수	**6** 달빛 공원
7 48장	**8** 408권
9 7명	**10** 12명
11 민정	**12** 현성
13 위인전	**14** 기타
15 11명	**16** 120건

1 고구마, 오이, 양배추를 좋아하는 학생은
$12 + 5 + 8 = 25$(명)입니다.
따라서 당근을 좋아하는 학생은 $31 - 25 = 6$(명)이므로 6칸이 되도록 막대를 그립니다.

2 하늘, 달빛, 행복 마을의 놀이터는 $6 + 4 + 7 = 17$(개)입니다.
따라서 구름 마을의 놀이터는 $26 - 17 = 9$(개)이므로 9칸이 되도록 막대를 그립니다.

3 받고 싶어 하는 선물별 학생 수는 학용품: 6명,
게임기: 11명, 인형: 7명, 책: 6+3=9(명)입니다.
➡ (조사한 학생 수)=6+11+7+9=33(명)

4 취미별 학생 수는 게임: 8명, 운동: 6명,
음악 감상: 8÷2=4(명), 독서: 7명입니다.
➡ (조사한 학생 수)=8+6+4+7=25(명)

5 국어와 수학의 막대 칸 수의 차가 클수록 점수의 차가 큽니다.
국어와 수학의 막대 칸 수의 차는 세정: 1칸, 수현: 0칸,
진수: 3칸, 지혁: 2칸입니다.
따라서 국어와 수학 점수의 차가 가장 큰 학생은 막대 칸
수의 차가 가장 큰 진수입니다.

6 남자와 여자의 막대 칸 수의 차가 클수록 방문객 수의 차
가 큽니다.
남자와 여자의 막대 칸 수의 차는 호수 공원: 2칸,
중앙 공원: 3칸, 해맞이 공원: 1칸, 달빛 공원: 4칸입니다.
따라서 남자 방문객과 여자 방문객 수의 차가 가장 큰 공
원은 막대 칸 수의 차가 가장 큰 달빛 공원입니다.

7 (읽은 전체 책 수)=7+8+3+6=24(권)
따라서 칭찬 붙임딱지를 적어도 24×2=48(장) 준비해
야 합니다.

8 세로 눈금 5칸이 10명을 나타내므로 세로 눈금 한 칸은
10÷5=2(명)을 나타냅니다.
1반은 11칸이므로 2×11=22(명), 2반은 13칸이므로
2×13=26(명), 3반은 14칸이므로 2×14=28(명),
4반은 13칸이므로 2×13=26(명)입니다.
(전체 학생 수)=22+26+28+26=102(명)
따라서 공책을 적어도 102×4=408(권) 준비해야 합
니다.

9 (프랑스에 가고 싶어 하는 학생 수)
=(영국에 가고 싶어 하는 학생 수)−5
=10−5=5(명)
(인도에 가고 싶어 하는 학생 수)
=28−6−10−5=7(명)

10 (정글짐을 좋아하는 학생 수)
=(시소를 좋아하는 학생 수)+4
=4+4=8(명)
(그네를 좋아하는 학생 수)=30−6−4−8=12(명)

11 두 막대그래프에서 세로 눈금 한 칸은 채린이네 모둠은 1회,
혜진이네 모둠은 2회를 나타냅니다.
외식을 채린이는 8회, 예주는 11회, 아현이는 4회, 혜진
이는 10회, 민정이는 16회, 소희는 12회 했습니다.
따라서 외식을 가장 많이 한 학생은 민정입니다.

12 두 막대그래프에서 세로 눈금 한 칸은 현성이네 모둠은 1시
간, 지훈이네 모둠은 2시간을 나타냅니다.
운동을 현성이는 5시간, 민서는 11시간, 종현이는 6시
간, 지훈이는 6시간, 수형이는 8시간, 승하는 14시간 했
습니다.
따라서 운동을 가장 적게 한 학생은 현성입니다.

13 동화책을 좋아하는 학생은 35−6−10−8=11(명)입
니다.
따라서 둘째로 많은 학생이 좋아하는 책은 위인전입니다.

14 기타를 배우고 싶어 하는 학생은
30−8−3−10=9(명)입니다.
따라서 둘째로 많은 학생이 배우고 싶어 하는 악기는 기
타입니다.

15 여름을 좋아하는 학생 수를 □명이라고 하면 가을을 좋아
하는 학생 수는 (□+4)명입니다.
10+□+□+4+7=35,
□+□=35−7−4−10=14,
□=14÷2=7
따라서 가을을 좋아하는 학생은 7+4=11(명)입니다.

16 라면 주문량을 □건이라고 하면 떡볶이 주문량은
(□+50)건입니다.
50+60+□+□+50=400,
□+□=400−50−60−50=240,
□=240÷2=120
따라서 라면 주문량은 120건입니다.

수시 평가 대비 Level ❶
151~153쪽

1 1명   **2** 햄버거

3 빵, 햄버거   **4** 23명

5 9명

6 반별 자전거를 탈 줄 아는 학생 수

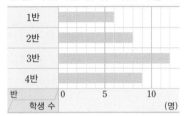

7 3반　　　　　　　　**8** 14명

9 2그루　　　　　　　**10** 동백나무

11 14그루　　　　　　**12** 6명

13 10명, 12명

14 ⑩ 좋아하는 구기 종목별 학생 수

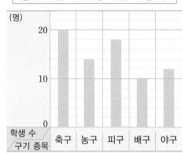

15 수요일　　　　　　　**16** 화요일

17 목요일, 80분　　　　**18** 윤주, 20분

19 새콤 과수원　　　　　**20** 200상자

---

1 세로 눈금 5칸이 5명을 나타내므로 세로 눈금 한 칸은 1명을 나타냅니다.

2 막대의 길이가 가장 긴 간식이 가장 많은 학생이 좋아하는 것이므로 햄버거입니다.

3 막대의 길이가 떡볶이보다 더 긴 간식은 빵과 햄버거입니다.

4 좋아하는 간식별 학생 수는 과자 3명, 빵 6명, 떡볶이 5명, 햄버거 9명입니다.
따라서 조사한 학생은 모두 $3+6+5+9=23$(명)입니다.

5 합계가 35명이므로 4반에서 자전거를 탈 줄 아는 학생은 $35-6-8-12=9$(명)입니다.

6 가로 눈금 한 칸은 1명을 나타냅니다.

7 1반에서 자전거를 탈 줄 아는 학생은 6명이므로 $6×2=12$(명)인 반을 찾으면 3반입니다.

8 컴퓨터가 취미인 학생은 $40-5-12-9=14$(명)이고 학생 수가 가장 많습니다.

막대그래프의 눈금은 조사한 수 중에서 가장 큰 수까지 나타낼 수 있어야 하므로 적어도 14명까지 나타낼 수 있어야 합니다.

9 가로 눈금 5칸이 10그루를 나타내므로 가로 눈금 한 칸은 $10÷5=2$(그루)를 나타냅니다.

10 막대의 길이가 10그루보다 짧은 나무는 동백나무입니다.

11 가장 많은 나무는 막대의 길이가 가장 긴 벚나무로 22그루이고, 가장 적은 나무는 막대의 길이가 가장 짧은 동백나무로 8그루입니다.
　➡ $22-8=14$(그루)

12 축구를 좋아하는 학생은 20명, 농구를 좋아하는 학생은 14명이므로 축구를 좋아하는 학생은 농구를 좋아하는 학생보다 $20-14=6$(명) 더 많습니다.

13 배구를 좋아하는 학생 수와 야구를 좋아하는 학생 수의 합은 $74-20-14-18=22$(명)입니다.
야구를 좋아하는 학생이 배구를 좋아하는 학생보다 2명 더 많으므로 배구를 좋아하는 학생은 10명, 야구를 좋아하는 학생은 12명입니다.
참고 | ㉠＋㉡＝■, ㉠－㉡＝▲일 때 ㉡은 ■－▲를 2로 나눈 수와 같습니다.

14 세로 눈금 5칸이 10명을 나타내므로 세로 눈금 한 칸은 $10÷5=2$(명)을 나타냅니다.
축구는 $20÷2=10$(칸), 농구는 $14÷2=7$(칸),
피구는 $18÷2=9$(칸), 배구는 $10÷2=5$(칸),
야구는 $12÷2=6$(칸)인 막대를 그리고 알맞은 제목을 씁니다.

15 윤주의 막대의 길이와 동욱이의 막대의 길이가 같은 요일은 수요일입니다.

16 윤주의 막대의 길이와 동욱이의 막대의 길이의 차가 가장 큰 요일은 화요일입니다.

17 세로 눈금 한 칸은 10분을 나타냅니다.
동욱이의 막대가 가장 긴 요일은 목요일이고, 이때 운동을 한 시간은 80분입니다.

18 윤주: $30+60+50+70=210$(분)
동욱: $20+40+50+80=190$(분)
따라서 운동을 한 시간은 윤주가 $210-190=20$(분) 더 많습니다.

서술형

19 ⓔ 배를 가장 많이 생산한 과수원은 막대의 길이가 가장 긴 싱싱 과수원입니다.
배를 둘째로 많이 생산한 과수원은 막대의 길이가 둘째로 긴 새콤 과수원입니다.

평가 기준	배점
배를 가장 많이 생산한 과수원을 찾았나요?	2점
배를 둘째로 많이 생산한 과수원을 찾았나요?	3점

서술형

20 ⓔ 싱싱 과수원: 70상자, 달콤 과수원: 30상자,
새콤 과수원: 60상자, 풍년 과수원: 40상자
따라서 네 과수원에서 생산한 배는 모두
$70+30+60+40=200$(상자)입니다.

평가 기준	배점
과수원별 배 생산량을 각각 구했나요?	3점
네 과수원에서 생산한 배는 모두 몇 상자인지 구했나요?	2점

수시 평가 대비 Level ❷
154~156쪽

1 산, 학생 수
2 1명
3 7명
4 막대그래프
5 10명
6 강화도
7 2명
8 2배
9 8, 5, 4, 10, 27

10 좋아하는 동물별 학생 수

11 ⓔ 좋아하는 동물별 학생 수

12 8개
13 6칸

---

14 음료수별 판매량
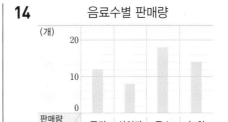

15 ⓔ 주스

16 7, 6 / 좋아하는 운동별 학생 수
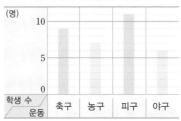

17 2반
18 4반
19 32명
20 10명

---

2 세로 눈금 5칸이 5명을 나타내므로 세로 눈금 한 칸은
$5÷5=1$(명)을 나타냅니다.

4 막대그래프는 막대의 길이로 항목별 수량의 많고 적음을 한눈에 쉽게 알 수 있습니다.

5 가로 눈금 한 칸이 1명을 나타냅니다.
제주도는 가로 눈금 10칸이므로 10명입니다.

6 가장 적은 학생이 좋아하는 여행지는 막대의 길이가 가장 짧은 강화도입니다.

7 강화도를 좋아하는 학생 수: 3명
속초를 좋아하는 학생 수: 5명
➡ $5-3=2$(명)

8 부산을 좋아하는 학생 수: 6명
강화도를 좋아하는 학생 수: 3명
따라서 부산을 좋아하는 학생 수는 강화도를 좋아하는 학생 수의 $6÷3=2$(배)입니다.

10 세로 눈금 한 칸이 1명을 나타내므로 사자는 8칸, 호랑이는 5칸, 코끼리는 4칸, 기린은 10칸이 되도록 막대를 그립니다.

12 음료수 판매량의 합계가 52개이므로 사이다의 판매량은
$52-12-18-14=8$(개)입니다.

13 콜라의 판매량은 12개이므로 막대를 12÷2=6(칸)으로 그려야 합니다.

14 세로 눈금 한 칸이 2개를 나타내므로
콜라는 12÷2=6(칸), 사이다는 8÷2=4(칸),
주스는 18÷2=9(칸), 녹차는 14÷2=7(칸)인 막대를 그립니다.

15 하루 동안 가장 많이 팔린 음료수는 주스이므로 주스를 가장 많이 준비하는 것이 좋겠습니다.

16 세로 눈금 5칸이 5명을 나타내므로 세로 눈금 한 칸은 1명을 나타냅니다.
축구는 9명이므로 9칸, 피구는 11명이므로 11칸이 되도록 막대를 그립니다. 농구는 7칸이므로 7명, 야구는 6칸이므로 6명입니다.

17 여학생을 나타내는 막대의 길이가 남학생을 나타내는 막대의 길이보다 더 긴 반은 2반입니다.

18 남학생과 여학생의 막대 칸 수의 차가 클수록 남학생 수와 여학생 수의 차가 큽니다. 남학생과 여학생의 막대 칸 수의 차는 1반: 3칸, 2반: 1칸, 3반: 3칸, 4반: 4칸입니다. 따라서 안경을 쓴 남학생 수와 여학생 수의 차가 가장 큰 반은 막대 칸 수의 차가 가장 큰 4반입니다.

서술형
19 예 세로 눈금 5칸이 10명을 나타내므로 세로 눈금 한 칸은 10÷5=2(명)을 나타냅니다.
지구 온난화는 세로 눈금 16칸이므로 2×16=32(명)입니다.

평가 기준	배점
세로 눈금 한 칸이 몇 명을 나타내는지 구했나요?	2점
지구 온난화에 관심 있는 학생은 몇 명인지 구했나요?	3점

서술형
20 예 가장 많은 학생이 관심 있는 주제는 멸종 위기 동식물로 38명이고, 가장 적은 학생이 관심 있는 주제는 미세먼지로 28명입니다.
따라서 학생 수의 차는 38-28=10(명)입니다.

평가 기준	배점
가장 많은 학생이 관심 있는 주제와 가장 적은 학생이 관심 있는 주제의 학생 수를 각각 구했나요?	3점
두 주제의 학생 수의 차는 몇 명인지 구했나요?	2점

6 규칙 찾기

수학의 많은 내용은 규칙성을 다루고 있습니다. 규칙성은 수학의 많은 아이디어를 연결하는 데 도움을 주며 수학을 다양하게 사용할 수 있는 방법을 제공합니다. 이번 단원에서는 2학년 2학기때 학습한 규칙 찾기 내용을 더 확장하여 학습하게 되며 등호(=)의 개념을 연산적 관점에서 벗어나 관계적 기호임을 이해하는 학습이 이루어집니다. 특히 수의 규칙 찾기 활동은 이후 함수적 사고를 학습하기 위한 바탕이 됩니다. 초등학생들에게 요구되는 함수적 사고란 두 양 사이의 변화에 주목하는 사고를 의미합니다. 이러한 변화의 규칙은 규칙 찾기 활동을 통한 경험이 있어야 발견할 수 있으므로 규칙 찾기 활동은 함수적 사고 학습의 바탕이 됩니다.

STEP 1 교과개념 **1. 수의 배열에서 규칙 찾기** 159쪽

1 ① 100 ② 1000

2 (위에서부터) 400, 1000, 2500

3 ① 일 ② (위에서부터) 9, 6, 5, 0

1 ① 2003부터 시작하여 오른쪽으로 백의 자리 수가 1씩 커지므로 100씩 커지는 규칙입니다.
② 6103부터 시작하여 아래쪽으로 천의 자리 수가 1씩 작아지므로 1000씩 작아지는 규칙입니다.

2 • 가로(→)는 오른쪽으로 2씩 곱하는 규칙입니다.
• 세로(↓)는 아래쪽으로 5씩 곱하는 규칙입니다.

3 ① 11×111=1221 ➡ 1, 11×112=1232 ➡ 2,
11×113=1243 ➡ 3
두 수의 곱셈의 결과에서 일의 자리 수를 씁니다.
② 13×113=1469 ➡ 9, 14×114=1596 ➡ 6,
15×115=1725 ➡ 5, 15×116=1740 ➡ 0

STEP 1 교과개념 **2. 모양의 배열에서 규칙 찾기** 161쪽

1 ① 3, 3, 3 ②

/ 13개

2 ① (왼쪽에서부터) 9 / 1+3+5+7, 16
② 1+3+5+7+9 / 25

1 ② 다섯째 식은 1＋3＋3＋3＋3이므로 다섯째에 알맞은 쌓기나무는 13개입니다.

2 ① 사각형이 1개에서 시작하여 3개, 5개, 7개, …씩 늘어납니다.
셋째: 1＋3＋5＝9
넷째: 1＋3＋5＋7＝16
② 다섯째: 1＋3＋5＋7＋9＝25

▌STEP 1 교과개념 3. 계산식의 배열에서 규칙 찾기   163쪽

1 ① ㉮ ② ㉰

2 ① ㉯ ② ㉮

1 ① ㉮에서 백의 자리 수가 똑같이 작아지는 두 수의 차는 항상 235로 일정합니다.
② ㉰에서 백의 자리 수가 1씩 작아지는 수와 1씩 커지는 두 수의 합은 항상 일정하므로 다음에 알맞은 계산식은 123＋812＝935입니다.

2 ② ㉮에서 나누어지는 수는 110씩 커지고 나누는 수는 10씩 커지면 몫이 11로 같으므로 다음에 알맞은 계산식은 660÷60＝11입니다.

▌STEP 1 교과개념 4. 등호(＝)가 있는 식 알아보기   165쪽

1 ① 4×3
② 예 / 5＋7
　0　　　　　　　　　12
③ 예 4×3＝5＋7

2 3, 커지고에 ○표 / 3, 커집니다에 ○표 / 옳은에 ○표

3 ① ○ ② × ③ × ④ ○

3 ① 15＝10＋5이므로 15＋4＝10＋5＋4입니다.
② 32에서 64로 2배가 되었으므로 8에서 16으로 2배가 되어야 합니다.
③ 42에서 40으로 2만큼 작아졌으므로 25에서 23으로 2만큼 작아져야 합니다.
④ 곱셈에서 곱하는 순서를 바꾸어 곱해도 곱은 같습니다.

▌STEP 2 꼭 나오는 유형   166~170쪽

준비 1   **1** 100

2 24, 6

3 (위에서부터) 64, 512, 256

4 1372

5

56575	56574	56573	56572	56571
46575	46574	46573	46572	46571
36575	36574	36573	36572	36571
26575	26574	26573	26572	26571

6 16570

😊7 예

1000	1100	1200	1300
2000	2100	2200	2300
3000	3100	3200	3300
4000	4100	4200	4300

8 (위에서부터) 1＋4＋4 / 5, 9

9 (1) 3, 4 (2) 15개

10 ![그림]   **11** 9개

12 (1) 1 / 2, 3 (2) 13개, 36개

13 나   **14** 163, 304

15 (1) 1＋3＋5＋7＋9＋11＝36 (2) 일곱째

16 (위에서부터) 500, 800

17 600＋900－400＝1100

😊18 예 540, 230, 770 / 530, 220, 750 / 520, 210, 730 / 예 십의 자리 수가 각각 1씩 작아지는 두 수의 합은 20씩 작아집니다.

19 나   **20** 1260

21 (1) 11111×12＝133332 (2) 여덟째

22 700014   **준비** 9 / 5

23 예 220÷11＝20 / 330÷11＝30 / 440÷11＝40

24 333333333 / 36, 12345679

25 예 13＋2＝14＋1

26 17＋6＝10＋7＋6, 48－23＝50－25, 23×5＝5×23에 ○표

정답과 풀이 **49**

27 49−24, 50÷2에 ○표 / 예 49−24=50÷2

28 (1) 13 (2) 42 (3) 6 **29** 예 3, ×, 4, 4, +, 8

30 옳지 않습니다에 ○표 /
예 50은 54로 4만큼 더 커졌고 24는 20으로 4만큼 더 작아졌으므로 두 양은 크기가 같지 않습니다.

31 예  / 예 3, 5, 7, 1

32 9, 7, 4

1
$$1101 \quad 1201 \quad 1301 \quad 1401 \quad 1501$$
$$+100 \quad +100 \quad +100 \quad +100$$

2 96부터 시작하여 오른쪽으로 2씩 나누는 규칙입니다.

3 오른쪽으로 4씩 곱하고, 아래쪽으로 2씩 곱하는 규칙입니다.

4
$$1572 \quad 1472, 1272 \quad 1172$$
$$-100 \quad -100$$
100씩 작아지는 수이므로 1472 다음에 1372가 와야 합니다.

5 56574부터 시작하여 ＼ 방향으로 10001씩 작아지는 규칙이므로 56574, 46573, 36572, 26571에 색칠합니다.

6 56574부터 시작하여 ＼ 방향으로 10001씩 작아지므로 ■에 알맞은 수는 26571보다 10001만큼 더 작은 수인 16570입니다.

내가 만드는 문제
7 예 가로(→) 방향으로 100씩 커집니다. 세로(↓) 방향으로 1000씩 커집니다. ＼ 방향으로 1100씩 커집니다.

8 사각형이 ＼, ／, ＼, ／ 방향으로 각각 1개씩 모두 4개씩 늘어납니다.

9 (2) 다섯째는 넷째보다 모형이 5개 늘어난 모양입니다.
➡ 1+2+3+4+5=15(개)

10 파란색 사각형을 중심으로 시계 방향으로 돌아가며 노란색 사각형이 1개씩 늘어납니다.

서술형
11 예 구슬이 3개, 5개, 7개, ...로 2개씩 늘어납니다.
따라서 넷째에 알맞은 모양에서 구슬은 7+2=9(개)입니다.

단계	문제 해결 과정
①	규칙을 찾았나요?
②	넷째에 알맞은 모양에서 구슬은 몇 개인지 구했나요?

12 (2) 여섯째에 알맞은 모양에서 빨간색 사각형은 9+2+2=13(개)이고 파란색 사각형은 6×6=36(개)입니다.

14 100씩 작아지는 수에서 10씩 커지는 수를 빼면 계산 결과는 110씩 작아집니다.

15 (1) 1부터 시작하는 홀수를 차례로 2개, 3개, 4개, ... 더 하면 계산 결과는 더한 홀수의 수를 2번 곱한 값과 같습니다.
(2) 여섯째: 1+3+5+7+9+11+13=49
일곱째: 1+3+5+7+9+11+13+15=64

16 100씩 커지는 두 수의 합은 200씩 커집니다.

서술형
17 예 100씩 커지는 두 수의 합에서 100씩 커지는 수를 빼면 계산 결과는 100씩 커집니다.
따라서 셋째 계산식은 600+900−400=1100입니다.

단계	문제 해결 과정
①	규칙을 찾았나요?
②	셋째 계산식을 썼나요?

20 210씩 커지는 수를 1씩 커지는 수로 나누면 몫은 210으로 일정합니다.

21 (1) 곱해지는 수의 1이 1개씩 늘어나면 계산 결과의 3도 1개씩 늘어납니다.
(2) 계산 결과의 3이 7개이므로 여덟째 곱셈식입니다.

22 곱하는 수의 가운데 수 0이 1개씩 늘어나면 계산 결과의 가운데 수 0도 1개씩 늘어납니다.

23 220÷20=11, 330÷30=11, 440÷40=11도 정답입니다.

24 나누어지는 수와 나누는 수가 각각 일정하게 커지면 몫은 일정합니다.

27 34+16=50, 49−24=25, 3×8=24, 63÷3=21, 87−47=40, 50÷2=25이므로 계산 결과가 같은 식은 49−24와 50÷2입니다.

28 (1) 37에서 39로 2만큼 더 커졌으므로 15에서 13으로 2만큼 더 작아져야 크기가 같아집니다.
(2) 8에서 4로 반이 되었으므로 21에서 42로 2배가 되어야 크기가 같아집니다.
(3) 22에서 66으로 3배가 되었으므로 2에서 6으로 3배가 되어야 크기가 같아집니다.

29 등호(=)의 양쪽에 같은 크기를 만들어 식을 완성해 봅니다.

31 빨간색 카드에 그려져 있는 원이 파란색 카드에 그려진 원보다 4개 더 적으므로 빨간색 카드에 원을 파란색 카드보다 4개 더 많이 그립니다.

32 ・46＋■＝40＋15: 46에서 40으로 6만큼 더 작아졌으므로 ■에서 15로 6만큼 더 커진 것입니다.
➡ ■＝9

・39－17＝29－●: 39에서 29로 10만큼 더 작아졌으므로 17에서 ●로 10만큼 더 작아져야 합니다.
➡ ●＝7

・8×11＝♥×22: 11에서 22로 2배가 되었으므로 8에서 ♥로 반이 줄어야 합니다.
➡ ♥＝4

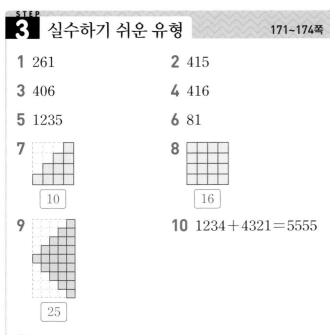

STEP 3 실수하기 쉬운 유형 171~174쪽

1 261 **2** 415

3 406 **4** 416

5 1235 **6** 81

7 [도형 10] **8** [도형 16]

9 [도형 25] **10** 1234＋4321＝5555

11 5×1000008＝5000040

12 78×777777＝60666606

13 20개 **14** 15개

15 49개 **16** 123454321

17 111110888889 **18** 21

19 23＋8＝30＋1, 23＋9＝30＋2

20 40＋1＝34＋7, 40＋2＝34＋8, 40＋3＝34＋9

21 38－1＝45－8, 38－2＝45－9

22 15묶음 **23** 40상자

24 20봉지

1 가로(→) 방향은 오른쪽으로 2씩 커집니다.
따라서 ■에 알맞은 수는 261입니다.

2 가로(→) 방향은 오른쪽으로 5씩 작아집니다.
따라서 ■에 알맞은 수는 415입니다.

3 가로(→) 방향은 오른쪽으로 10, 20, 30, ...씩 커집니다.
따라서 ■에 알맞은 수는 366보다 40만큼 더 큰 수이므로 366＋40＝406입니다.

4 13부터 시작하여 오른쪽으로 2씩 곱하는 규칙입니다.
➡ 208×2＝416

5 1025부터 시작하여 오른쪽으로 10, 20, 30, ...씩 커지는 규칙입니다.
➡ 1175＋60＝1235

6 729부터 시작하여 오른쪽으로 3씩 나누는 규칙입니다.
➡ 243÷3＝81

7 사각형이 오른쪽으로 2개, 3개, ...씩 늘어납니다.
넷째 모양은 셋째 모양에서 사각형이 오른쪽으로 4개 더 늘어난 모양입니다.
➡ 6＋4＝10

8 사각형이 가로와 세로에 각각 1개씩 늘어나며 정사각형 모양이 됩니다. 넷째 모양은 가로와 세로에 사각형이 각각 4개씩인 정사각형 모양입니다. ➡ 4×4＝16

9 사각형이 오른쪽으로 3개, 5개, 7개, ...씩 늘어납니다.
다섯째 모양은 넷째 모양에서 사각형이 9개 늘어난 모양입니다. ➡ 16＋9＝25

10 1, 12, 123, ...과 같이 자리 수가 1개씩 늘어나는 수에 1, 21, 321, ...과 같이 자리 수가 1개씩 늘어나는 수를 더하면 2, 33, 444, ...와 같은 계산 결과가 나옵니다.

11 곱하는 수의 가운데 수 0이 1개씩 늘어나면 계산 결과의 가운데 수 0도 1개씩 늘어납니다.

12 78에 7이 1개씩 늘어나는 수를 곱하면 계산 결과의 가운데 수 6도 1개씩 늘어납니다.

13 사각형이 2개에서 시작하여 아래쪽으로 3개, 4개, 5개, ...씩 늘어납니다. 따라서 다섯째에 알맞은 모양에서 사각형은 넷째 모양보다 6개 늘어난 14＋6＝20(개)입니다.

14 사각형이 5개에서 시작하여 왼쪽으로 2개씩 늘어납니다.
따라서 여섯째에 알맞은 모양에서 사각형은
11＋2＋2＝15(개)입니다.

15 삼각형이 1개에서 시작하여 아래쪽으로 3개, 5개, 7개,
…씩 늘어납니다.
따라서 일곱째에 알맞은 모양에서 삼각형은
16＋9＋11＋13＝49(개)입니다.

16 11111은 1이 5개이므로 계산 결과는 가운데 수가 5입
니다. 따라서 11111×11111＝123454321입니다.

17 곱해지는 수와 곱하는 수의 3이 1개씩 늘어나면 계산 결
과의 1과 8이 1개씩 늘어납니다. 333333은 3이 6개이
므로 계산 결과는 1이 5개, 8이 5개인 111110888889
입니다.

18 나누어지는 수는 111의 1배, 2배, 3배, 4배가 되고 나
누는 수는 37로 일정할 때 몫은 3의 1배, 2배, 3배, 4배
가 됩니다.
따라서 777은 111의 7배이므로 777÷37의 계산 결과
는 3의 7배인 21입니다.

19 더해지는 수가 23에서 30으로 7만큼 더 커졌으므로
더하는 수는 7만큼 더 작아져야 합니다.
따라서 □ 안에 들어갈 수 있는 수는 8과 1, 9와 2입니다.

20 더해지는 수가 40에서 34로 6만큼 더 작아졌으므로 더하
는 수는 6만큼 더 커져야 합니다.
따라서 □ 안에 들어갈 수 있는 수는 1과 7, 2와 8, 3과 9
입니다.

21 빼지는 수가 38에서 45로 7만큼 더 커졌으므로 빼는 수도
7만큼 더 커져야 합니다.
따라서 □ 안에 들어갈 수 있는 수는 1과 8, 2와 9입니다.

22 파란색 응원봉의 수: 20×30
빨간색 응원봉의 수: $40 \times \square$ ⇒ $20 \times 30 = 40 \times \square$

20에서 40으로 2배가 되었으므로 30에서 15로 반이 되
어야 크기가 같아집니다.
따라서 빨간색 응원봉을 15묶음 준비해야 합니다.

23 고기만두의 수: 8×20
김치만두의 수: $4 \times \square$ ⇒ $8 \times 20 = 4 \times \square$

8에서 4로 반이 되었으므로 20에서 40으로 2배가 되어
야 크기가 같아집니다.
따라서 김치만두는 40상자가 됩니다.

24 한 봉지에 담은 사탕 수: $120 \div 40$
한 봉지에 담은 초콜릿 수: $60 \div \square$

⇒ $120 \div 40 = 60 \div \square$
120에서 60으로 반이 되었으므로 40에서 20으로 반이
되어야 크기가 같아집니다.
따라서 초콜릿은 20봉지가 됩니다.

STEP 4 상위권 도전 유형 175~177쪽

1 3108, 5208	**2** 300, 450
3 270, 80	**4** $8547 \times 65 = 555555$
5 $7654321 \times 9 = 68888889$	
6 $99999999 \times 5 = 499999995$	
7 11, 15	**8** 21, 29
9 21, 35	**10** 4, 7, 10
11 6, 11, 16 / 31개	**12** 1, 5, 12, 22 / 35개
13 16개	**14** 6개
15 24개	**16** 2, 5, 8
17 14, 9	
18 예 13＋3, 15＋1 / 13＋3＝15＋1	

1 오른쪽으로 1000씩 커집니다.
1108-2108-3108이므로 ■＝3108이고,
3208-4208-5208이므로 ●＝5208입니다.

2 오른쪽으로 2씩 나눕니다.
1200-600-300이므로 ■＝300이고,
1800-900-450이므로 ●＝450입니다.

3 $180 \times 2 = 360$, $120 \times 2 = 240$이므로 아래쪽으로
2씩 곱합니다. ⇒ ■$\times 2 = 540$, ■$= 270$
$540 \div 3 = 180$, $360 \div 3 = 120$이므로 오른쪽으로
3씩 나눕니다. ⇒ ●$= 240 \div 3 = 80$

4 8547에 13씩 커지는 수를 곱하면 계산 결과는 111111
씩 커집니다. 555555는 5가 반복되는 수이므로 다섯째
곱셈식입니다. ⇒ $8547 \times 65 = 555555$

5 21, 321, 4321, ...과 같이 자리 수가 1개씩 늘어나는 수에 9를 곱하면 계산 결과의 첫째 수는 1씩 커지고 가운데 수 8은 1개씩 늘어납니다.
68888889는 첫째 수가 6이므로 여섯째 곱셈식이고, 곱해지는 수는 7부터 시작하는 수 7654321입니다.

6 곱해지는 수의 9가 1개씩 늘어나면 계산 결과의 9도 1개씩 늘어납니다. 계산 결과의 9가 7개이므로 여덟째 곱셈식입니다. 여덟째 곱셈식에서 곱해지는 수는 9가 8개이므로 $99999999 \times 5 = 499999995$입니다.

7

1부터 시작하여 ╱ 방향에 놓인 수는 1, 2, 4, 7이므로 1, 2, 3, ...씩 커집니다. ➡ ■ $= 7 + 4 = 11$
1부터 시작하여 ╲ 방향에 놓인 수는 1, 3, 6, 10이므로 2, 3, 4, ...씩 커집니다. ➡ ● $= 10 + 5 = 15$

8

1부터 시작하여 ╱ 방향에 놓인 수는 1, 3, 7, 13이므로 2, 4, 6, ...씩 커집니다. ➡ ■ $= 13 + 8 = 21$
1부터 시작하여 ╲ 방향에 놓인 수는 1, 5, 11, 19이므로 4, 6, 8, ...씩 커집니다. ➡ ● $= 19 + 10 = 29$

9 양끝은 1이고 바로 윗줄의 양쪽에 있는 수를 더하여 아랫줄의 가운데에 쓰는 규칙입니다.
➡ ■ $= 6 + 15 = 21$, ● $= 20 + 15 = 35$

10 수수깡으로 만든 사각형의 수가 1개씩 늘어날수록 수수깡의 수가 4개에서 시작하여 3개씩 늘어납니다.

11 면봉으로 만든 도형의 수가 1개씩 늘어날수록 면봉의 수가 6개에서 시작하여 5개씩 늘어납니다. 따라서 여섯째에 알맞은 모양에서 면봉은 $16 + 5 + 5 + 5 = 31$(개)입니다.

12 도형의 수가 1개씩 늘어날수록 점의 수가 1개에서 시작하여 4개, 7개, 10개, ... 늘어납니다.
따라서 다섯째에 알맞은 모양에서 점은 $22 + 13 = 35$(개)입니다.

13 초록색 사각형은 5개, 8개, 11개, 14개, ...로 3개씩 늘어나므로 여섯째에는 $14 + 3 + 3 = 20$(개)입니다. 노란색 사각형은 (1×1)개, (2×2)개, (3×3)개, (4×4)개, ...이므로 여섯째에는 $6 \times 6 = 36$(개)입니다.
따라서 사각형 수의 차는 $36 - 20 = 16$(개)입니다.

14 검은색 바둑돌은 첫째에 1개가 놓이고 그 이후 홀수 째에 5개, 9개, ...가 더 놓이므로 여섯째에는 $1 + 5 + 9 = 15$(개)입니다.
흰색 바둑돌은 짝수 째에 3개, 7개, ...가 더 놓이므로 여섯째에는 $3 + 7 + 11 = 21$(개)입니다.
따라서 바둑돌 수의 차는 $21 - 15 = 6$(개)입니다.

15 빨간색 구슬은 (2×2)개, (3×3)개, (4×4)개, ...이므로 다섯째에는 $6 \times 6 = 36$(개)입니다.
파란색 구슬은 (1×4)개, (3×4)개, (6×4)개, ...이므로 다섯째에는 $15 \times 4 = 60$(개)입니다.
따라서 구슬 수의 차는 $60 - 36 = 24$(개)입니다.

16 가로로 놓인 세 수의 합은 가운데 수에 3을 곱한 값과 같습니다.

17 ╲ 방향과 ╱ 방향의 두 수의 합은 같습니다.

18 덧셈, 뺄셈, 곱셈, 나눗셈을 이용하여 계산 결과가 16이 되는 식을 2개 쓰고, 두 식을 등호(=)의 양쪽에 써서 하나의 식으로 나타냅니다.

수시 평가 대비 Level ❶
178~180쪽

1 1000 **2** 11000

3 7170, 9170 **4** 1, 1, 200

5 (1) ○ (2) ○ (3) ×

6 $1 + 2 + 3 + 4 + 5 + 4 + 3 + 2 + 1 = 25$

7

8 예 분홍색 사각형을 중심으로 시계 방향으로 돌리기 하며 파란색 사각형이 1개씩 늘어납니다.

9 예 $45 - 18 = 3 \times 9$ / 예 $96 \div 4 = 13 + 11$

10 108

11 / 13

12 $54-27=47-20$

13 $8\times100006=800048$

14 $1111\times1111=1234321$

15 $1111111\times1111111=1234567654321$

16 400, 1150

17 1001

18 7, 8, 9

19 21개

20 10540

3 4170부터 시작하여 오른쪽으로 1000씩 커집니다.

4 빼지는 수가 작아지고, 빼는 수가 커지면 차는 작아집니다.

5 (1) 43에서 40으로 3만큼 더 작아지고 16에서 19로 3만큼 더 커졌으므로 두 양의 크기가 같습니다.
(2) 45가 90으로 2배가 되고 3이 6으로 2배가 되었으므로 두 양의 크기가 같습니다.
(3) 16이 32로 2배가 되었으므로 4가 2로 반이 되어야 두 양의 크기가 같아집니다.

6 넷째 덧셈식의 한가운데 수는 5이고 계산 결과는 $5\times5=25$입니다.

9 $45-18=27$, $96\div4=24$, $13+11=24$, $3\times9=27$이므로 크기가 같은 두 양은 $45-18$과 3×9, $96\div4$와 $13+11$입니다.

10 4부터 시작하여 오른쪽으로 3씩 곱하는 규칙입니다.
➡ $36\times3=108$

11 색칠한 칸이 위쪽, 아래쪽, 왼쪽, 오른쪽으로 각각 1칸씩 모두 4칸씩 늘어나는 규칙입니다.

12 54에서 47로 7만큼 더 작아졌으므로 27에서 7만큼 더 작아져야 두 양의 크기가 같아집니다.
따라서 ▨ 안의 수는 20이 되어야 합니다.

13 곱하는 수의 가운데 수 0이 1개씩 늘어나면 계산 결과의 가운데 수 0도 1개씩 늘어나는 규칙입니다.

14 1이 1개씩 늘어나는 수를 두 번 곱한 결과는 1, 121, 12321, ...로 자리 수가 2개씩 늘어납니다.

15 계산 결과가 1234567654321이 되는 계산식은 일곱째입니다.

16 2로 나눈 수가 오른쪽에 있습니다.
▨$=800\div2=400$, ●$=2300\div2=1150$

17 보기 는 130부터 시작하여 100, 200, 300, ...씩 커지는 규칙입니다.
$401-501-701-\underline{1001}$
$+100 \quad +200 \quad +300$
따라서 ㉠에 알맞은 수는 1001입니다.

18 연속한 세 수의 합은 (가운데 수)$\times3$과 같습니다.
연속한 세 수 중 가운데 수를 □라고 하면 $□\times3=24$, $□=8$이므로 구하는 연속한 세 수는 7, 8, 9입니다.

서술형
19 예 바둑돌의 수는 1개에서 시작하여 2개, 3개, 4개, ...씩 늘어나는 규칙입니다.
따라서 여섯째에 놓이는 바둑돌은
$1+2+3+4+5+6=21$(개)입니다.

평가 기준	배점
바둑돌의 배열에서 바둑돌의 수의 규칙을 찾았나요?	2점
여섯째에 놓이는 바둑돌은 몇 개인지 구했나요?	3점

서술형
20 예 50544부터 ↘ 방향으로 10001씩 작아지는 규칙입니다.
따라서 ▨에 알맞은 수는 20541보다 10001만큼 더 작은 수인 10540입니다.

평가 기준	배점
수 배열표에서 수의 규칙을 찾았나요?	2점
▨에 알맞은 수를 구했나요?	3점

수시 평가 대비 Level ❷
181~183쪽

1 (위에서부터) 1304, 1405, 1503, 1606

2 예 1602부터 시작하여 오른쪽으로 1씩 커집니다.

3 48

4 ㉡

5 / 예 $25+25=25\times2$ / 예 $5\times6=90\div3$

6 (위에서부터) 200, 400, 1400

7 9개

8 $120\times16=1920$

9 $80+2+2$, 42×2에 ○표

10 $2+4+6+8+10+12+14=56$

11 예 $403+304=404+303$

12 (위에서부터) 5, 1600, 1500, 400, 2400

13 3033, 5135

14 $7070\div10=707$

15 21개

16 예 30, 9 / 21, 18

17 12, 20

18 1개

19 $9999\times8889=88881111$

20 42개

---

3 768부터 시작하여 오른쪽으로 4씩 나누는 규칙입니다.

4 ㉠ 십의 자리 수가 1씩 작아지는 수에서 십의 자리 수가 1씩 커지는 수를 빼면 계산 결과는 20씩 작아집니다.

6 더하는 두 수가 각각 100, 200, 300, …씩 커지면 그 합은 200, 400, 600, …씩 커집니다.

7 사각형이 1개, 3개, 5개, 7개, …로 2개씩 늘어나므로 다섯째에는 $7+2=9$(개)입니다.

8 곱해지는 수는 30의 1배, 2배, 3배, …가 되고 곱하는 수는 4의 1배, 2배, 3배, …가 되면 계산 결과는 120의 1배, 4배, 9배, …가 됩니다.
따라서 빈칸에 알맞은 식은 $120\times16=1920$입니다.

9 $80-4=76$, $80+2+2=84$, $42\times2=84$, $96-8=88$

10 2부터 시작하는 짝수를 3개, 4개, 5개, … 더하면 계산 결과는 8, 10, 12, … 커집니다.

11 ↘ 방향과 ↗ 방향에 있는 두 수를 각각 더하면 계산 결과가 서로 같습니다.

12 세로줄과 가로줄이 만나는 칸에 두 수의 곱을 쓰는 규칙입니다.

13 오른쪽으로 1001씩 커집니다.
$1031-2032-3033$이므로 ■$=3033$이고,
$3133-4134-5135$이므로 ●$=5135$입니다.

14 1010씩 커지는 수를 10으로 나누면 계산 결과는 101씩 커집니다.
계산 결과가 707인 나눗셈식은 일곱째 나눗셈식이므로 $7070\div10=707$입니다.

---

15 1층: 1개, 2층: 3개, 3층: 6개
한 층 늘어날 때마다 종이컵이 2개, 3개, 4개, …씩 늘어납니다. 따라서 6층으로 쌓으려면 종이컵이 $6+4+5+6=21$(개) 필요합니다.

16 더해지는 수가 ■만큼 더 커지면 더하는 수는 ■만큼 더 작아지고, 더해지는 수가 ■만큼 더 작아지면 더하는 수는 ■만큼 더 커집니다.

17 양끝은 2이고 바로 윗줄의 양쪽에 있는 수를 더하여 아랫줄의 가운데에 쓰는 규칙입니다.
➡ ■$=6+6=12$, ●$=8+12=20$

18 검은색 바둑돌은 4개, 8개, 12개, 16개, …로 4개씩 늘어나므로 여섯째에는 $16+4+4=24$(개)입니다.
흰색 바둑돌은 둘째부터 (1×1)개, (2×2)개, (3×3)개, …이므로 여섯째에는 $5\times5=25$(개)입니다.
따라서 바둑돌 수의 차는 $25-24=1$(개)입니다.

^{서술형}
19 예 곱해지는 수는 9가 1개씩 늘어나고 곱하는 수는 8이 1개씩 늘어나면 계산 결과의 8과 1이 1개씩 늘어납니다.
따라서 셋째 곱셈식은 $9999\times8889=88881111$입니다.

평가 기준	배점
계산식의 배열에서 규칙을 찾았나요?	2점
셋째에 알맞은 계산식을 구했나요?	3점

^{서술형}
20 예 구슬이 (1×2)개, (2×3)개, (3×4)개, (4×5)개, … 입니다.
따라서 여섯째에 알맞은 모양에서 구슬은 $6\times7=42$(개)입니다.

평가 기준	배점
모양의 배열에서 규칙을 찾았나요?	2점
여섯째에 알맞은 모양에서 구슬은 몇 개인지 구했나요?	3점

💡 **사고력이 반짝**　　184쪽

시계 방향으로 색칠된 ◯ 모양이 1개씩 늘어납니다.

수시 평가 자료집 정답과 풀이

1 큰 수

1 ⑤	**2** 58293	
3 630|5261, 육백삼십만 오천이백육십일		
4 4100|6850|5735		
5 600|0000|0000(또는 600억)		
6 사천삼백칠십구조 오천칠십억 사백이십만 구십일		
7 3485, 7512, 2980		
8 100|0000씩(또는 100만씩)		
9 7738700, 7838700, 7938700		
10 (1) > (2) <	**11** 6개	**12** 96354
13 7625조	**14** 544조	**15** 7, 8, 9
16 ㉡, ㉠, ㉢	**17** <	
18 600|0000(또는 600만)	**19** 7	
20 857|4310		

1 ⑤ 100을 1000배 하면 100000입니다.

2 10000이 5개이면 50000, 1000이 8개이면 8000,
100이 2개이면 200, 10이 9개이면 90, 1이 3개이면 3
이므로 58293입니다.

3 630\|5261 ➡ 육백삼십만 오천이백육십일
       만

4 4100억 6850만 5735 ➡ 4100\|6850\|5735

5 3679\|2108\|4754 ➡ 백억의 자리 숫자이므로
     억   만
               600\|0000\|0000을 나타냅니다.

6 4379\|5070\|0420\|0091
   조   억   만
➡ 4379조 5070억 420만 91
➡ 사천삼백칠십구조 오천칠십억 사백이십만 구십일

7 3485\|7512\|2980\|0000
   조   억   만
➡ 3485조 7512억 2980만
➡ 조가 3485개, 억이 7512개, 만이 2980개인 수

8 백만의 자리 수가 1씩 커지므로 100만씩 뛰어 세었습니다.

9 십만의 자리 수가 1씩 커지므로 10만씩 뛰어 세었습니다.

10 (1) $\underset{\text{7자리 수}}{3075471}$ > $\underset{\text{6자리 수}}{705935}$

(2) 6374억 0̲530만 < 6374억 1̲062만
          └── 0 < 1 ──┘

11 팔천구백억 이천구만 십사
➡ 8900억 2009만 14 ➡ 8900\|2009\|0014(6개)

12 6749̲3 ➡ 90, 189̲34 ➡ 900
9̲6354 ➡ 90000, 5̲9762 ➡ 9000

13 10조씩 뛰어 세면 십조의 자리 수가 1씩 커집니다.
➡ 7585조 — 7595조 — 7605조 — 7615조 — 7625조입
니다.

14 556조 — 536조 = 20조를 10칸으로 나누었으므로 눈금
한 칸은 20조 ÷ 10 = 2조를 나타냅니다.
㉠은 536조에서 2조씩 4번 뛰어 센 수이므로
536조 — 538조 — 540조 — 542조 — 544조입니다.

15 342□7329 > 34268576에서 십만의 자리 수까지 같
고 천의 자리 수를 비교하면 7 < 8이므로 □ > 6입니다.
따라서 □ 안에 들어갈 수 있는 수는 7, 8, 9입니다.

16 ㉡은 11자리 수, ㉠과 ㉢은 12자리 수이므로 ㉡이 가장
작습니다. ㉠과 ㉢의 크기를 비교하면
731609527329 < 731630546354이므로 ㉢이 가장
           └── 0 < 3 ──┘
큽니다.
따라서 작은 수부터 차례로 기호를 쓰면 ㉡, ㉠, ㉢입니다.

17 □ 안에 0을 넣어도 82048706 < 82□72075입니다.

18 어떤 수의 1000배는 어떤 수에 0을 3개 더 붙인 것과 같
으므로 8\|2364\|8905\|0000은 82\|3648\|9050의 1000
배입니다. 따라서 어떤 수는 82\|3648\|9050이므로 어떤
수에서 숫자 6이 나타내는 값은 600\|0000입니다.

서술형
19 예 9581\|2640\|0000에서 백억의 자리 숫자는 5이고, 천
만의 자리 숫자는 2입니다.
따라서 두 숫자의 합은 5 + 2 = 7입니다.

평가 기준	배점(5점)
백억의 자리 숫자와 천만의 자리 숫자를 각각 구했나요?	4점
두 숫자의 합을 구했나요?	1점

20 예) 십만의 자리 수가 5인 일곱 자리 수는
　　□5□□□□□이므로 남은 수를 큰 수부터 높은 자
　　리에 차례로 씁니다. 따라서 십만의 자리 수가 5인 가
　　장 큰 수는 857|4310입니다.

평가 기준	배점(5점)
십만의 자리 수가 5인 일곱 자리 수를 나타냈나요?	2점
십만의 자리 수가 5인 가장 큰 수를 구했나요?	3점

다시 점검하는 **수시 평가 대비** Level ❷

5~7쪽

1 1000, 100

2 3263억 675만, 삼천이백육십삼억 육백칠십오만

3 1078|0021, 천칠십팔만 이십일

4 억, 8|0000|0000(또는 8억)　　**5** 4개

6 ①　　**7** 지혜　　**8** ④

9 352|2800　　**10** 530억, 5조 3000억

11 ㉠　　**12** ㉡　　**13** 74590원

14 1000배　　**15** 9조 7800억

16 5개　　**17** 230 km　　**18** ㉣

19 3억 5000만　　**20** 현아

2 3263|0675|0000
　　　　억　　　만

3 만이 1078개, 일이 21개인 수
　　➡ 1078만 21
　　➡ 1078|0021

4 608|4722|6000
　　　억　　　만

5 오천사백이만 천
　　➡ 5402만 1000 ➡ 5402|1000(4개)

6 ① 9<u>4</u>507 ➡ 9　　② <u>7</u>0764 ➡ 7
　　③ <u>6</u>5045 ➡ 6　　④ 2<u>8</u>391 ➡ 2
　　⑤ 1<u>8</u>753 ➡ 1

7 두 수의 크기를 비교하면
　　준수: 659<u>8</u>4273 > 659<u>4</u>9451
　　　　　　└── 8>4 ──┘
　　지혜: 257억 <u>6</u>07만 > 257억 <u>0</u>98만
　　　　　　　　└── 6>0 ──┘
　　따라서 바르게 비교한 사람은 지혜입니다.

8 ① 656|<u>4</u>127 ➡ 5　　② 385<u>3</u>|0189 ➡ 5
　　③ 475<u>1</u>|6402 ➡ 5　　④ 267<u>5</u>|1096 ➡ 7
　　⑤ 765<u>3</u>|9820 ➡ 5

9 만의 자리 수가 1씩 커지므로 10000씩 뛰어 세었습니다.
　　3472800－3482800－3492800－3502800
　　－3512800－3522800

10 10배 한 수는 끝자리에 0을 1개 붙인 것과 같습니다.

11 ㉠ 6273|4891|0423|4709 ➡ 7
　　㉡ 82<u>5</u>7|0521|6750|4693 ➡ 5

12 ㉠ 억이 621개, 만이 7948개인 수
　　　➡ 621억 7948만
　　㉡ 육백이십일억 칠천구십사만 팔천
　　　➡ 621억 7094만 8000
　　백만의 자리 수를 비교하면 9>0이므로 더 작은 수는 ㉡
　　입니다.

13 10000원짜리 지폐가 7장이면 70000원, 1000원짜리
　　지폐가 4장이면 4000원, 100원짜리 동전이 5개이면
　　500원, 10원짜리 동전이 9개이면 90원이므로 저금통에
　　들어 있는 돈은 모두
　　70000＋4000＋500＋90＝74590(원)입니다.

14 ㉠은 십억의 자리 숫자이므로 60|0000|0000을 나타내
　　고, ㉡은 백만의 자리 숫자이므로 600|0000을 나타냅니
　　다. 60|0000|0000은 600|0000보다 0이 3개 더 많으
　　므로 ㉠이 나타내는 값은 ㉡이 나타내는 값의 1000배입
　　니다.

15 9조 7300억－9조 7400억－9조 7500억
　　－9조 7600억－9조 7700억－9조 7800억

16 자리 수와 십억의 자리 수가 각각 같고 천만의 자리 수를 비교하면 5>1이므로 4<□입니다.
따라서 □ 안에 들어갈 수 있는 수는 5, 6, 7, 8, 9로 모두 5개입니다.

17 1000 0000권의 두께는 1권의 두께의 1000 0000배이므로 23 mm에 0을 7개 붙여 주면
2 3000 0000 mm입니다.
2 3000 0000 mm=2300 0000 cm
=23 0000 m
=230 km

18 자리 수가 모두 같으므로 높은 자리 수부터 비교합니다.
㉣의 □ 안에 가장 작은 수 0을 넣고 ㉠, ㉡, ㉢의 □ 안에 각각 가장 큰 수 9를 넣어도 ㉣이 가장 크므로 가장 큰 수는 ㉣입니다.

서술형
19 ⑩ 어떤 수는 7억 5000만에서 거꾸로 4000만씩 10번 뛰어 센 수입니다. 4000만씩 10번 뛰어 센 수는 4억씩 1번 뛰어 센 수와 같습니다.
7억 5000만에서 거꾸로 4억 뛰어 세면 3억 5000만입니다.

평가 기준	배점(5점)
어떤 수를 구하는 방법을 알았나요?	2점
어떤 수를 구했나요?	3점

서술형
20 ⑩ 현아가 만들 수 있는 가장 큰 수는 97420이고, 승현이가 만들 수 있는 가장 큰 수는 76510입니다.
97420>76510이므로 더 큰 수를 만들 수 있는 사람은 현아입니다.

평가 기준	배점(5점)
현아와 승현이가 만들 수 있는 가장 큰 수를 각각 구했나요?	4점
누가 더 큰 수를 만들 수 있는지 구했나요?	1점

2 각도

1 ②	**2** 125°	**3** 115°
4 ⑩ 35°, 35°	**5** 75	**6** (1) 120 (2) 85
7 4개	**8** 205°, 75°	**9** 160
10 ㉡	**11** 170°	**12** 75
13 55°	**14** 35°	**15** ㉡
16 15°	**17** 60°	**18** 720°
19 4개	**20** 140°	

1 각의 두 변이 적게 벌어질수록 작은 각입니다.

2 각의 한 변이 안쪽 눈금 0에 맞춰져 있으므로 각도기의 안쪽 눈금을 읽으면 125°입니다.

3 각도기의 중심을 각의 꼭짓점에 맞추고 각도기의 밑금을 각의 한 변에 맞춘 후 다른 변이 만나는 눈금을 읽습니다.

4 30°보다 조금 더 크므로 약 35°로 어림할 수 있습니다. 각도기로 재어 보면 35°입니다.

5 □°=120°-45°=75°

6 (1) 85+35=120
➡ 85°+35°=120°
(2) 110-25=85
➡ 110°-25°=85°

7

둔각은 직각보다 크고 180°보다 작은 각입니다.

8 합: 140°+65°=205°
차: 140°-65°=75°

9 □°-55°=105°
➡ □°=105°+55°=160°

10 예각은 0°보다 크고 직각보다 작은 각이므로 ㉡입니다.

11 각도기를 사용하여 재어 보면 다음과 같습니다.

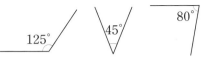

가장 큰 각은 125°, 가장 작은 각은 45°이므로 두 각도의 합은 125°+45°=170°입니다.

12 삼각형의 세 각의 크기의 합은 180°이므로
□°=180°-70°-35°=75°입니다.

13 사각형의 네 각의 크기의 합은 360°이므로
(각 ㄴㄷㄹ)=360°-105°-65°-135°=55°입니다.

14 ㉠+90°+55°=180°이므로
㉠=180°-90°-55°=35°입니다.

15 세 각의 크기의 합이 180°가 아닌 것을 찾아봅니다.
㉠ 60°+30°+90°=180°
㉡ 45°+65°+60°=170°
㉢ 55°+75°+50°=180°

16

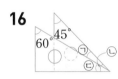

㉡=180°-45°-90°=45°
㉢=180°-60°-90°=30°
㉠=㉡-㉢=45°-30°=15°

17

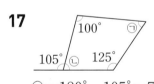

㉡=180°-105°=75°
㉠=360°-100°-75°-125°=60°

18

도형은 사각형 2개로 나눌 수 있습니다.
따라서 360°×2=720°입니다.

서술형
19 예

예각: ㉠, ㉡, ㉢, ㉣, ㉤, ㉡+㉢, ㉢+㉣, ㉣+㉤
➡ 8개
둔각: ㉠+㉡+㉢, ㉡+㉢+㉣, ㉠+㉡+㉢+㉣,
㉡+㉢+㉣+㉤ ➡ 4개
따라서 예각은 둔각보다 8-4=4(개) 더 많습니다.

평가 기준	배점(5점)
예각과 둔각의 수를 각각 구했나요?	4점
예각과 둔각의 수의 차를 구했나요?	1점

서술형
20 예 삼각형의 세 각의 크기의 합은 180°이므로
㉠=180°-55°-65°=60°입니다.
사각형의 네 각의 크기의 합은 360°이므로
㉡=360°-80°-110°-90°=80°입니다.
따라서 ㉠+㉡=60°+80°=140°입니다.

평가 기준	배점(5점)
㉠과 ㉡의 각도를 각각 구했나요?	4점
㉠과 ㉡의 각도의 합을 구했나요?	1점

다시 점검하는 **수시 평가 대비** Level ❷ 11~13쪽

1 ㉡, ㉠, ㉢	**2** 45°	**3** ③, ④
4 예 40°, 40°	**5** ①, ②	**6** 3개
7 100°	**8** 145°	**9** 연우
10 ㉠, ㉢, ㉡, ㉣	**11** 115	**12** 70
13 115°	**14** 90°	**15** 8개
16 15	**17** 60°	**18** 130°
19 25°	**20** 35°	

1 긴바늘과 짧은바늘이 이루는 작은 쪽의 각이 시계의 숫자 눈금 몇 칸인지 세어 보면 정확하게 알 수 있습니다.
㉠ 3칸 ㉡ 5칸 ㉢ 2칸 반 ➡ ㉡>㉠>㉢

3 둔각은 직각보다 크고 180°보다 작은 각입니다.

5 점 ㄱ과 ①, ②를 이으면 둔각, ③을 이으면 직각, ④, ⑤를 이으면 예각이 됩니다.

6 예각은 0°보다 크고 직각보다 작은 각이므로 15°, 85°, 40°로 모두 3개입니다.

7 (각 ㄱㄴㄷ)=(각 ㄹㄴㄷ)−(각 ㄹㄴㄱ)
　　　　　　=140°−40°=100°

8 85°<150°<230°
따라서 가장 큰 각과 가장 작은 각의 각도의 차는
230°−85°=145°입니다.

9 각도기로 재어 보면 115°입니다.
실제 각도와 어림한 각도의 차를 구해 보면
연우: 120°−115°=5°, 민하: 115°−105°=10°입니다.
따라서 실제 각도와 더 가깝게 어림한 사람은 연우입니다.

10 ㉠ 35°+75°=110°　　㉡ 60°+90°=150°
㉢ 180°−60°=120°　　㉣ 215°−20°=195°
➡ ㉠<㉢<㉡<㉣

11 삼각형의 세 각의 크기의 합은 180°이므로
□°=180°−30°−35°=115°입니다.

12 사각형의 네 각의 크기의 합은 360°이므로
□°=360°−125°−80°−85°=70°입니다.

13 삼각형의 세 각의 크기의 합은 180°이므로
㉠+㉡+65°=180°, ㉠+㉡=180°−65°=115°입니다.

14 작은 각의 크기는 180°÷6=30°이므로
(각 ㄴㅇㅁ)=30°×3=90°입니다.

15

작은 각 1개짜리: ㉠, ㉡, ㉢, ㉣, ㉤ ➡ 5개
작은 각 2개짜리: ㉠+㉡, ㉢+㉣, ㉣+㉤ ➡ 3개
따라서 찾을 수 있는 크고 작은 예각은 모두
5+3=8(개)입니다.

16

㉠=180°−45°−90°=45°
㉡=180°−30°−90°=60°
□°=㉡−㉠=60°−45°=15°

17

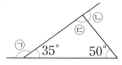

㉠=180°−35°=145°
㉢=180°−35°−50°=95°
㉡=180°−95°=85°
➡ ㉠−㉡=145°−85°=60°

18 (각 ㄱㄹㄷ)=180°−135°=45°
사각형의 네 각의 크기의 합은 360°이므로
(각 ㄱㄴㄷ)=360°−95°−90°−45°=130°입니다.

_{서술형}
19 ㉖ 두 각의 크기를 재어 보면 각각 100°, 75°입니다.
따라서 각도의 차는 100°−75°=25°입니다.

평가 기준	배점(5점)
두 각의 크기를 바르게 재었나요?	2점
각도의 차를 구했나요?	3점

_{서술형}
20 ㉖

삼각형의 세 각의 크기의 합은 180°이므로
㉡=180°−75°−30°=75°입니다.
사각형의 네 각의 크기의 합은 360°이므로
㉢=360°−75°−90°−125°=70°입니다.
한 직선이 이루는 각도는 180°이므로
㉠=180°−75°−70°=35°입니다.

평가 기준	배점(5점)
㉡과 ㉢의 각도를 구했나요?	3점
㉠의 각도를 구했나요?	2점

3 곱셈과 나눗셈

1 ②　　　　　**2** 15000에 ○표

3 21199　　　**4** 2, 12　　　**5** ①, ③

6
$$\begin{array}{r} 1\,5 \\ 18\,\overline{)2\,8\,4} \\ \underline{1\,8} \\ 1\,0\,4 \\ \underline{9\,0} \\ 1\,4 \end{array}$$
확인 $18 \times 15 = 270$,
　　　$270 + 14 = 284$

7 48400

8
$$\begin{array}{r} 2\,2 \\ 36\,\overline{)8\,1\,6} \\ \underline{7\,2} \\ 9\,6 \\ \underline{7\,2} \\ 2\,4 \end{array}$$

9

80	34	2	(12)
53	21	2	(11)
1	1		

(27) (13)

10 34000원

11 7095개　　**12** ㉡　　**13** ㉢, ㉡, ㉠

14 9개　　　　**15** 18　　**16** 23400

17 814　　　　**18** (위에서부터) 1 / 5 / 6, 2 / 8 / 7

19 9350원　　**20** 519

---

2 497을 어림하면 500쯤이므로 497×30을 어림하여 구하면 약 $500 \times 30 = 15000$입니다.

5 (세 자리 수)÷(두 자리 수)에서 나누어지는 수의 왼쪽 두 자리 수가 나누는 수보다 크거나 같으면 몫은 두 자리 수입니다.
① $57 > 26$ ➡ 몫은 두 자리 수
③ $57 > 40$ ➡ 몫은 두 자리 수

7 $278 \times 80 = 22240$
　　$654 \times 40 = 26160$ ➡ $22240 + 26160 = 48400$

---

8 나머지가 나누는 수보다 크므로 몫을 1만큼 더 크게 하여 계산합니다.

9 $80 \div 34 = 2 \cdots 12$, $53 \div 21 = 2 \cdots 11$
　　$80 \div 53 = 1 \cdots 27$, $34 \div 21 = 1 \cdots 13$

10 $850 \times 40 = 34000$(원)

11 $165 \times 43 = 7095$(개)

12 ㉠ $628 \div 39 = 16 \cdots 4$
　　㉡ $962 \div 52 = 18 \cdots \underline{26}$

13 ㉠ $216 \times 93 = 20088$
　　㉡ $512 \times 47 = 24064$
　　㉢ $308 \times 87 = 26796$
따라서 곱이 큰 것부터 차례로 쓰면 ㉢, ㉡, ㉠입니다.

14 $879 \div 15 = 58 \cdots 9$이므로 남은 배는 9개입니다.

15 $837 \div 48 = 17 \cdots 21$이므로 □ 안에 들어갈 수 있는 수 중에서 가장 작은 자연수는 $17 + 1 = 18$입니다.

16 만들 수 있는 가장 큰 세 자리 수는 975이고 가장 작은 두 자리 수는 24입니다. ➡ $975 \times 24 = 23400$

17 어떤 수를 □라고 하면 □÷21=38⋯16입니다.
　　$21 \times 38 = 798$, $798 + 16 = 814$이므로 어떤 수는 814입니다.

18
$$\begin{array}{r} 2\,㉠ \\ 31\,\overline{)6\,㉡\,8} \\ \underline{㉢\,㉣} \\ 3\,㉤ \\ \underline{3\,1} \\ ㉥ \end{array}$$
・$31 \times 2 = 62$이므로 ㉢=6, ㉣=2입니다.
・$6㉡ - 62 = 3$이므로 ㉡=5입니다.
・$31 \times ㉠ = 31$이므로 ㉠=1입니다.
・㉤=8이므로 ㉥=38-31=7입니다.

서술형
19 예 $550 \times 17 = 9350$(원)이므로 9350원을 내야 합니다.

평가 기준	배점(5점)
식을 바르게 세웠나요?	2점
얼마를 내야 하는지 구했나요?	3점

서술형
20 예 □가 가장 크려면 나머지가 가장 커야 합니다.
　　26으로 나누었을 때 가장 큰 나머지는 25입니다.
　　□÷26=19⋯25이므로 $26 \times 19 = 494$,
　　$494 + 25 = 519$에서 □=519입니다.

평가 기준	배점(5점)
□가 가장 큰 경우의 나머지를 구했나요?	2점
□ 안에 들어갈 수 있는 가장 큰 수를 구했나요?	3점

다시 점검하는 수시 평가 대비 Level ❷ 17~19쪽

1 30000 / 30000 / 30000

2 8에 ○표

3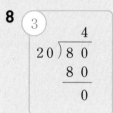

4 ③

5
$$\begin{array}{r} 726 \\ \times\ \ 68 \\ \hline 5808 \\ 4356\ \ \\ \hline 49368 \end{array}$$

6 33360 / 13300

7 35000원

8
③
$$\begin{array}{r} 4 \\ 20\overline{)80} \\ 80 \\ \hline 0 \end{array}$$
②
$$\begin{array}{r} 6 \\ 60\overline{)360} \\ 360 \\ \hline 0 \end{array}$$
①
$$\begin{array}{r} 8 \\ 40\overline{)320} \\ 320 \\ \hline 0 \end{array}$$

9 >

10 ㉠

11 43628

12 ②

13 420

14 16대

15 ㉢

16 35844

17 3, 1

18 50

19 12710번

20 15자루

2 315를 어림하면 320쯤이고, 38을 어림하면 40쯤이므로 315÷38을 어림하여 구하면 약 320÷40=8입니다.

3 558×40=22320, 328×50=16400, 670×60=40200

4 350÷70=5
① 420÷60=7   ② 270÷90=3
③ 450÷90=5   ④ 400÷50=8
⑤ 350÷50=7

6 417×80=33360, 532×25=13300

7 (수진이의 돼지 저금통에 들어 있는 돈)
=500×70=35000(원)

9 459÷27=17, 896÷56=16
➡ 17>16

10 ㉠ 89÷17=5…4
㉡ 65÷23=2…19
㉢ 94÷33=2…28

11 가장 큰 수는 839이고 가장 작은 수는 52이므로
839×52=43628입니다.

12 (세 자리 수)÷(두 자리 수)에서 나누어지는 수의 왼쪽 두 자리 수가 나누는 수보다 작으면 몫은 한 자리 수입니다.
② 43<44

13 27×15=405, 405+15=420 ➡ □=420

14 605÷39=15…20
605명을 39명씩 태우면 15대에 타고 20명이 남습니다. 남은 20명을 태우려면 버스 1대가 더 필요하므로 버스는 적어도 15+1=16(대)가 있어야 합니다.

15 ㉠ 267×42=11214
㉡ 431×21=9051
㉢ 357×36=12852

16 어떤 수를 □라고 하면 잘못 계산한 식은
□÷85=7…23입니다.
85×7=595, 595+23=618이므로 □=618입니다. 따라서 바르게 계산하면 618×58=35844입니다.

17 어떤 수를 59로 나누었을 때 나머지가 될 수 있는 수 중에서 가장 큰 수는 58입니다. 58을 19로 나누면
58÷19=3…1이므로 몫은 3, 나머지는 1입니다.

18 나누어지는 수를 가장 크게, 나누는 수를 가장 작게 합니다. 만들 수 있는 가장 큰 세 자리 수는 864이고 가장 작은 두 자리 수는 23이므로 864÷23=37…13입니다.
따라서 몫과 나머지의 합은 37+13=50입니다.

서술형
19 예 3월은 31일까지 있습니다.
따라서 미애가 3월 한 달 동안 한 줄넘기는 모두
410×31=12710(번)입니다.

평가 기준	배점(5점)
3월의 날수를 알았나요?	2점
3월 한 달 동안 한 줄넘기는 모두 몇 번인지 구했나요?	3점

서술형
20 예 369÷32=11…17이므로 11자루씩 나누어 줄 수 있고 17자루가 남습니다.
따라서 연필은 적어도 32-17=15(자루) 더 필요합니다.

평가 기준	배점(5점)
나누어 주고 남은 연필의 수를 구했나요?	3점
더 필요한 연필의 수를 구했나요?	2점

1 38600 / 삼만 팔천육백

2 (1) 13080 (2) 10620 (3) 16620 (4) 21346

3
```
        8      확인  92×8=736,
  92)749            736+13=749
     736
      13
```

4 50°

5 10억씩

6 71°

7 100

8 1조 2082억

9 ⓒ, ⓔ, ㉠

10 13개, 12 cm

11 118°

12 ⓒ

13 620

14 10 0000배

15 ⓒ, ㉣

16 188°

17 ⓒ, ㉠, ⓔ

18 19

19 9 8675 4321

20 36, 11

1
```
10000이 3개 → 30000
1000이 8개 →  8000
100이 6개  →   600
              38600 → 삼만 팔천육백
```

3 (2)
```
      708
   ×   15
     3540
     708
   10620
```
(4)
```
      821
   ×   26
     4926
    1642
   21346
```

4 각도기의 중심을 각의 꼭짓점에 맞추고, 각도기의 밑금을 각의 한 변에 맞춘 후 다른 한 변이 만나는 눈금을 읽습니다.

5 십억의 자리 수가 1씩 커지므로 10억씩 뛰어 세었습니다.

6 삼각형의 세 각의 크기의 합은 180°이므로
㉠+ⓒ+109°=180°입니다.
따라서 ㉠+ⓒ=180°−109°=71°입니다.

7 ⑩ 사각형의 네 각의 크기의 합은 360°이므로
☐°=360°−78°−130°−52°=100°입니다.
따라서 ☐ 안에 알맞은 수는 100입니다.

평가 기준	배점(5점)
사각형의 네 각의 크기의 합이 360°임을 알고 있나요?	2점
☐ 안에 알맞은 수를 구했나요?	3점

---

8 ⑩ 7082억에서 1000억씩 5번 뛰어 세면
7082억−8082억−9082억−1조 82억
−1조 1082억−1조 2082억입니다.
따라서 구하는 수는 1조 2082억입니다.

평가 기준	배점(5점)
7082억에서 1000억씩 5번 뛰어 세었나요?	3점
7082억에서 1000억씩 5번 뛰어 세면 얼마인지 구했나요?	2점

9 ⑩ ㉠ 213×60=12780
ⓒ 37×401=401×37=14837
ⓔ 598×22=13156
따라서 ⓒ>ⓔ>㉠입니다.

평가 기준	배점(5점)
㉠, ⓒ, ⓔ을 각각 계산했나요?	3점
곱이 큰 것부터 차례로 기호를 썼나요?	2점

10 ⑩ 519÷39=13…12이므로 색 테이프 519 cm로 리본을 13개 만들 수 있고, 남는 색 테이프의 길이는 12 cm입니다.

평가 기준	배점(5점)
나눗셈식을 쓰고 몫과 나머지를 구했나요?	3점
만들 수 있는 리본의 수와 남는 색 테이프의 길이를 구했나요?	2점

11 한 직선이 이루는 각도는 180°이므로
25°+㉠+37°=180°,
㉠=180°−25°−37°=118°

12 ㉠ 815 3204 ⟹ 800 0000
ⓒ 6 8423 7796 ⟹ 8000 0000
ⓔ 1978 3450 ⟹ 8 0000
㉣ 345 0789 2131 ⟹ 80 0000

13 16×38=608, 608+12=620이므로
☐ 안에 알맞은 수는 620입니다.

14 ⑩ ㉠은 십억의 자리 숫자이므로 30 0000 0000을 나타내고 ⓒ은 만의 자리 숫자이므로 3 0000을 나타냅니다. 30 0000 0000은 3 0000보다 0이 5개 더 많으므로 ㉠이 나타내는 값은 ⓒ이 나타내는 값의 10 0000배입니다.

평가 기준	배점(5점)
㉠, ⓒ이 나타내는 값을 각각 구했나요?	3점
㉠이 나타내는 값은 ⓒ이 나타내는 값의 몇 배인지 구했나요?	2점

15 ㉠   ⓒ   ⓔ   ㉣
둔각   예각   둔각   예각

16 예 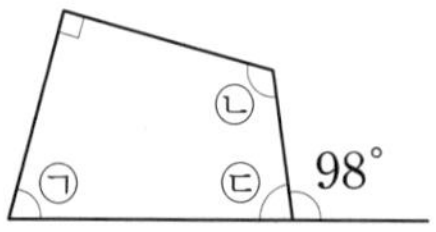

한 직선이 이루는 각도는 180°이므로
㉢=180°−98°=82°입니다.
사각형의 네 각의 크기의 합은 360°이므로
㉠+㉡=360°−90°−82°=188°입니다.

평가 기준	배점(5점)
㉢의 각도를 구했나요?	2점
㉠과 ㉡의 각도의 합을 구했나요?	3점

17 예 ㉠ 5001|0060 ➡ 5개
㉡ 8004|2377|0000 ➡ 6개
㉢ 993|0000 ➡ 4개
따라서 0의 개수가 많은 것부터 차례로 기호를 쓰면 ㉡, ㉠, ㉢입니다.

평가 기준	배점(5점)
㉠, ㉡, ㉢의 0의 개수를 각각 구했나요?	4점
0의 개수가 많은 것부터 차례로 기호를 썼나요?	1점

18 예 42×□=817이라고 하면
817÷42=19…19입니다.
따라서 □ 안에 들어갈 수 있는 수 중에서 가장 큰 자연수는 19입니다.

평가 기준	배점(5점)
817÷42를 계산했나요?	3점
□ 안에 들어갈 수 있는 수 중에서 가장 큰 자연수를 구했나요?	2점

19 예 십만의 자리 수가 7인 아홉 자리 수는
□□□7□□□□□입니다.
따라서 높은 자리부터 큰 수를 차례로 쓰면 구하는 수는 9|8675|4321입니다.

평가 기준	배점(5점)
십만의 자리 수가 7인 아홉 자리 수를 나타냈나요?	2점
십만의 자리 수가 7인 가장 큰 수를 구했나요?	3점

20 예 나누어지는 수가 클수록, 나누는 수가 작을수록 몫이 큽니다.
따라서 만들 수 있는 가장 큰 세 자리 수는 875, 가장 작은 두 자리 수는 24이므로 875÷24=36…11에서 몫은 36, 나머지는 11입니다.

평가 기준	배점(5점)
가장 큰 세 자리 수와 가장 작은 두 자리 수를 만들었나요?	3점
몫이 가장 큰 나눗셈식을 만들어 몫과 나머지를 구했나요?	2점

4 평면도형의 이동

다시 점검하는 수시 평가 대비 Level 1

24~26쪽

1 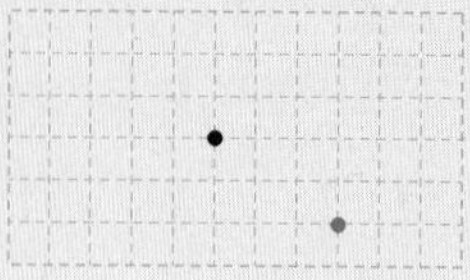

2 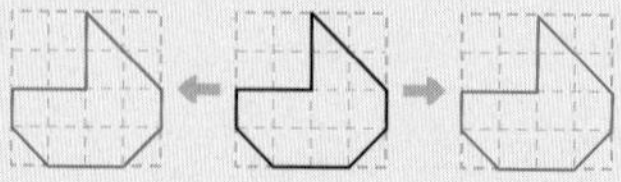

3 (　　)(○)

4 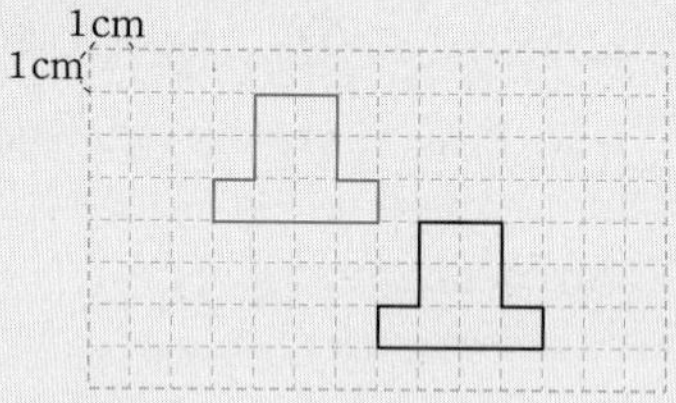

5 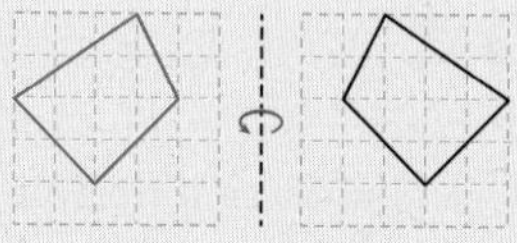

6 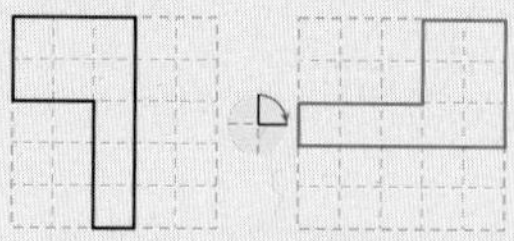

7 예 왼쪽, 5, 위쪽, 3

8 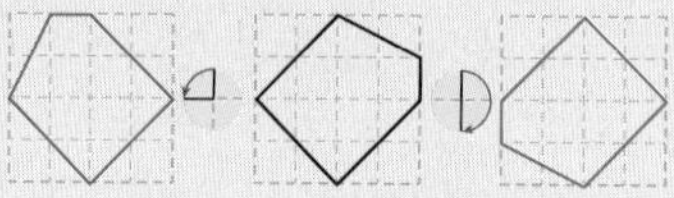

9 나

10 ③

11 예 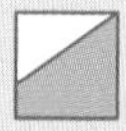

12 4개

13 예  모양을 오른쪽으로 뒤집기를 반복하여 첫 줄의 모양을 만들고 그 모양을 아래쪽으로 뒤집어서 무늬를 만들었습니다.

14 예 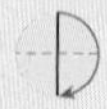

15 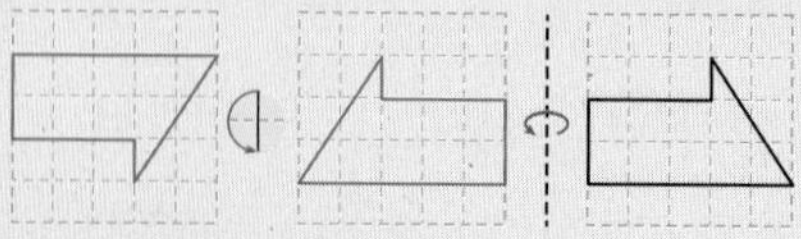

16 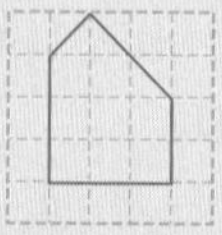

17 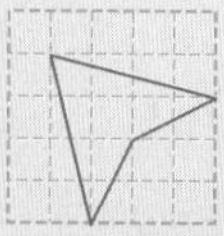

18 ㉢

19 ㉡

20 300

2 도형을 어느 방향으로 밀어도 모양은 변하지 않습니다.

3 도형을 아래쪽으로 뒤집으면 도형의 위쪽과 아래쪽이 서로 바뀝니다.

5 도형을 왼쪽으로 뒤집으면 도형의 오른쪽과 왼쪽이 서로 바뀝니다.

6 도형을 시계 방향으로 90°만큼 돌리면 도형의 위쪽이 오른쪽으로 이동합니다.

7 위쪽으로 3 cm, 왼쪽으로 5 cm 이동해도 됩니다.

9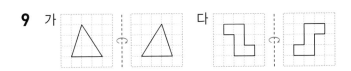

10 ③ 왼쪽 또는 오른쪽으로 뒤집은 도형입니다.

11 ◪ , ◩ , ◺ 도 답이 될 수 있습니다.

12 도형을 위쪽으로 뒤집으면 도형의 위쪽과 아래쪽이 서로 바뀝니다. 따라서 주어진 자음 중 위쪽과 아래쪽이 같은 것을 모두 찾으면 ㄷ, ㅁ, ㅌ, ㅍ으로 모두 4개입니다.

14 도형의 위쪽이 아래쪽으로, 오른쪽이 왼쪽으로 이동했으므로 시계 방향으로 180°(또는 시계 반대 방향으로 180°)만큼 돌린 것입니다.

16 (시계 방향으로 90°만큼 5번 돌렸을 때의 도형)
= (시계 방향으로 90°만큼 1번 돌렸을 때의 도형)

17 왼쪽 도형을 오른쪽으로 뒤집었으므로 오른쪽 도형을 왼쪽으로 뒤집으면 처음 도형이 됩니다.

18 ㉠, ㉡ 처음 도형과 같습니다.
㉢ 아래쪽으로 한 번 뒤집었을 때의 도형과 같습니다.

19 예 ◣ 모양을 시계 방향으로 90°만큼 돌려 가며 이어 붙인 것입니다.
따라서 가에 들어갈 모양은 시계 방향으로 180°만큼 돌렸을 때의 모양인 ㉡입니다.

평가 기준	배점(5점)
모양을 움직이는 규칙을 찾았나요?	2점
가에 들어갈 모양을 찾았나요?	3점

20 예 오른쪽으로 뒤집었을 때 생기는 수는 581이고 시계 반대 방향으로 180°만큼 돌렸을 때 생기는 수는 281입니다. 따라서 두 수의 차는 581−281=300입니다.

평가 기준	배점(5점)
오른쪽으로 뒤집었을 때 생기는 수를 구했나요?	2점
시계 반대 방향으로 180°만큼 돌렸을 때 생기는 수를 구했나요?	2점
두 수의 차를 구했나요?	1점

다시 점검하는 **수시 평가 대비** Level ❷ 27~29쪽

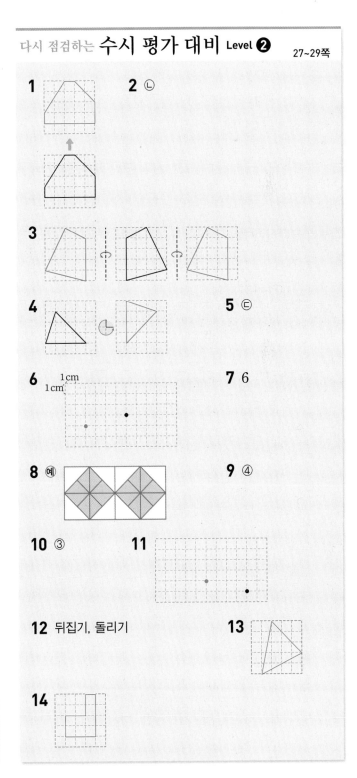

12 뒤집기, 돌리기

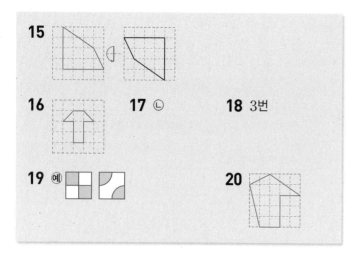

15

16

17 ㉡

18 3번

19 예

20

2 도형을 여러 번 밀어도 모양은 변하지 않습니다.

3 도형을 왼쪽으로 뒤집은 도형과 오른쪽으로 뒤집은 도형
은 서로 같습니다.

4 도형을 시계 반대 방향으로 270°만큼 돌린 도형은 시계
방향으로 90°만큼 돌린 도형과 같습니다.

5 ㉠ 왼쪽(오른쪽)으로 뒤집기
㉡ 위쪽(아래쪽)으로 뒤집기

6 이동하기 전 점의 위치는 아래쪽으로 1 cm, 왼쪽으로
4 cm 이동한 위치입니다.

7

아래쪽으로
뒤집기

오른쪽으로
뒤집기

8 주어진 모양을 시계 방향으로 90°만큼 돌려 가며 이어
붙여서 완성합니다.

9 원은 도형의 왼쪽, 오른쪽, 위쪽, 아래쪽이 모두 같으므
로 움직인 모양이 모두 같습니다.

10 또는 모양을 돌려 가며 이어 붙여서 만든 무
늬입니다.

12 주어진 모양을 오른쪽(왼쪽), 위쪽(아래쪽)으로 뒤집기 하여
만들 수 있고, 90°씩 돌리기 하여 만들 수도 있습니다.

13

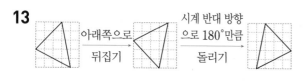

아래쪽으로
뒤집기

시계 반대 방향
으로 180°만큼
돌리기

14 (아래쪽으로 3번 뒤집었을 때의 도형)
＝(아래쪽으로 1번 뒤집었을 때의 도형)
(오른쪽으로 4번 뒤집었을 때의 도형)＝(처음 도형)

15 시계 반대 방향으로 180°만큼 돌리기 전의 도형은 거꾸
로 시계 방향으로 180°만큼 돌린 도형입니다.

16 아래쪽으로 7번 뒤집은 도형은 아래쪽으로 한 번 뒤집은
도형과 같습니다.
따라서 처음 도형은 오른쪽 도형을 위쪽으로 한 번 뒤집
은 도형입니다.

17

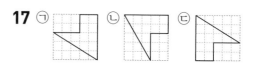

18 도형의 위쪽이 왼쪽으로 이동했으므로 오른쪽 도형은 왼
쪽 도형을 시계 반대 방향으로 90°만큼(시계 방향으로
270°만큼) 돌린 도형입니다.
따라서 시계 반대 방향으로 270°만큼(시계 방향으로
90°만큼) 적어도 3번 돌려야 합니다.

서술형
19 예 와 모양을 시계 방향으로 90°만큼 돌려 가
며 이어 붙여서 만든 무늬입니다.

평가 기준	배점(5점)
두 가지 모양을 그렸나요?	2점
어떤 방법을 이용하여 만든 것인지 설명했나요?	3점

서술형
20 예 잘못 움직인 도형을 아래쪽으로 뒤집으면 처음 도형이
됩니다.
따라서 바르게 움직인 도형은 처음 도형을 왼쪽으로
뒤집기 하여 그립니다.

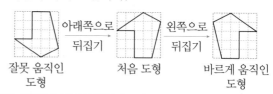

아래쪽으로
뒤집기

왼쪽으로
뒤집기

잘못 움직인
도형

처음 도형

바르게 움직인
도형

평가 기준	배점(5점)
처음 도형을 그렸나요?	3점
바르게 움직인 도형을 그렸나요?	2점

5 막대그래프

1 1명   **2** 3명

3 주스   **4** 콜라, 주스

5 6, 8, 4, 5, 23

6 좋아하는 민속놀이별 학생 수

7 막대그래프   **8** 12명

9 10명

10 반별 자전거를 탈 줄 아는 학생 수

11 4반

12 예 음식별 판매량

13 18그릇   **14** 예 짜장면

15 11일, 70분   **16** 10일

17 9일   **18** 주희, 20분

19 나 과수원   **20** 1900통

---

1 세로 눈금 5칸이 5명을 나타내므로 세로 눈금 한 칸은 1명을 나타냅니다.

3 막대의 길이가 가장 긴 음료수는 주스입니다.

4 막대의 길이가 우유보다 더 긴 것은 콜라와 주스입니다.

7 항목별 수량의 많고 적음을 비교하기에 더 편리한 것은 막대그래프입니다.

8 요리사가 장래 희망인 학생은 $36-7-8-9=12$(명)입니다. 막대그래프의 눈금은 조사한 수 중에서 가장 큰 수까지 나타낼 수 있어야 하므로 적어도 12명까지 나타낼 수 있어야 합니다.

9 합계가 56명이므로 3반에서 자전거를 탈 줄 아는 학생은 $56-10-12-24=10$(명)입니다.
참고 | 합계를 이용하여 3반에서 자전거를 탈 줄 아는 학생 수를 구합니다.

10 3반의 막대의 길이가 10명이 되도록 그립니다.

11 2반에서 자전거를 탈 줄 아는 학생이 12명이므로 $12\times2=24$(명)인 반은 4반입니다.

12 가로 눈금 5칸이 10그릇을 나타내므로 가로 눈금 한 칸은 $10\div5=2$(그릇)을 나타냅니다.
짜장면은 $28\div2=14$(칸), 짬뽕은 $20\div2=10$(칸), 볶음밥은 $18\div2=9$(칸), 탕수육은 $10\div2=5$(칸)이 되도록 막대를 그립니다.

13 가장 많이 팔린 음식은 짜장면으로 28그릇이고, 가장 적게 팔린 음식은 탕수육으로 10그릇입니다.
따라서 음식 수의 차는 $28-10=18$(그릇)입니다.

14 짜장면이 가장 많이 팔렸으므로 짜장면 재료를 가장 많이 준비하는 것이 좋겠습니다.

15 세로 눈금 5칸이 50분을 나타내므로 세로 눈금 한 칸은 $50\div5=10$(분)을 나타냅니다.
동욱이의 막대가 가장 긴 날은 11일이고, 이때 공부한 시간은 70분입니다.

16 막대의 길이가 같은 날은 10일입니다.

17 막대의 길이의 차가 가장 큰 날은 9일입니다.

18 주희: $30+60+50+60=200$(분)
동욱: $20+40+50+70=180$(분)
따라서 주희가 $200-180=20$(분) 더 많이 공부했습니다.

서술형
19 예 막대의 길이가 가장 짧은 것을 찾아야 합니다.
따라서 수박을 가장 적게 생산한 과수원은 나 과수원입니다.

평가 기준	배점(5점)
막대의 길이가 가장 짧은 것이 가장 적게 생산한 과수원임을 알았나요?	3점
수박을 가장 적게 생산한 과수원을 찾았나요?	2점

서술형
20 예 가 과수원: 400통, 나 과수원: 300통,
다 과수원: 500통, 라 과수원: 700통
따라서 네 과수원에서 생산한 수박은 모두
400＋300＋500＋700＝1900(통)입니다.

평가 기준	배점(5점)
각 과수원별 생산량을 구했나요?	3점
네 과수원에서 생산한 수박은 모두 몇 통인지 구했나요?	2점

다시 점검하는 **수시 평가 대비** Level ❷
33~35쪽

1 1명

2

배우고 싶어 하는 운동별 학생 수

3 수영 **4** 표

5 2권 **6** 위인전, 24권

7 2배

8

좋아하는 색깔별 학생 수

9 빨강 **10** 노랑, 보라

11 빨강, 파랑 **12** 과수원 / 감나무 수

13 20그루 **14** 햇살 과수원

15 40그루 **16** 10명 / 7명

17 예 [좋아하는 간식별 학생 수]

18 예 탕후루 **19** 16명

20 8명

---

1 세로 눈금 5칸이 5명을 나타내므로 세로 눈금 한 칸은 1명을 나타냅니다.

2 발레는 5칸, 골프는 3칸이 되도록 막대를 그립니다.

3 막대의 길이가 가장 긴 운동은 수영입니다.

4 표에서 합계를 보면 조사한 전체 학생 수를 쉽게 알 수 있습니다.

5 세로 눈금 5칸이 10권을 나타내므로 세로 눈금 한 칸은 $10÷5＝2$(권)을 나타냅니다.

6 막대의 길이가 가장 긴 것은 위인전이고 막대의 길이가 12칸이므로 $12×2＝24$(권)입니다.

7 동화책은 16권이고 영어책은 8권이므로 동화책 수는 영어책 수의 $16÷8＝2$(배)입니다.

8 가로 눈금 5칸이 5명을 나타내므로 가로 눈금 한 칸은 1명을 나타냅니다.

9 막대의 길이가 둘째로 긴 색깔은 빨강입니다.

10 막대의 길이가 같은 색깔은 노랑과 보라입니다.

11 막대의 길이가 보라보다 길고 초록보다 짧은 색깔은 빨강과 파랑입니다.

13 세로 눈금 5칸이 100그루를 나타내므로 세로 눈금 한 칸은 $100 \div 5 = 20$(그루)를 나타냅니다.

14 막대의 길이가 100그루보다 짧은 과수원은 햇살 과수원입니다.

15 싱싱 과수원의 감나무는 140그루이고, 푸른 과수원의 감나무는 180그루입니다.
➡ $180 - 140 = 40$(그루)

16 탕후루와 마카롱을 좋아하는 학생은
$30 - 6 - 3 - 4 = 17$(명)이고 탕후루를 좋아하는 학생이 마카롱을 좋아하는 학생보다 3명 더 많으므로 탕후루를 좋아하는 학생은 10명, 마카롱을 좋아하는 학생은 7명입니다.

18 탕후루를 좋아하는 학생들이 가장 많으므로 탕후루를 준비하는 것이 좋겠습니다.

_{서술형}
19 ㉾ 세로 눈금 5칸이 10명을 나타내므로 세로 눈금 한 칸은 $10 \div 5 = 2$(명)을 나타냅니다. 3반은 세로 눈금 8칸이므로 $8 \times 2 = 16$(명)입니다.

평가 기준	배점(5점)
세로 눈금 한 칸의 크기를 구했나요?	2점
3반의 안경을 쓴 학생 수를 구했나요?	3점

_{서술형}
20 ㉾ 안경을 쓴 학생 수가 가장 많은 반은 4반이고 세로 눈금 11칸이므로 $11 \times 2 = 22$(명)입니다.
안경을 쓴 학생 수가 가장 적은 반은 2반이고 세로 눈금 7칸이므로 $7 \times 2 = 14$(명)입니다.
따라서 학생 수의 차는 $22 - 14 = 8$(명)입니다.

평가 기준	배점(5점)
학생 수가 가장 많은 반과 가장 적은 반의 학생 수를 각각 구했나요?	4점
학생 수가 가장 많은 반과 가장 적은 반의 학생 수의 차를 구했나요?	1점

6 규칙 찾기

1 1000   **2** 11000

3 4160, 2160   **4** ㉠

5 ㉾ $9 + 11 = 5 \times 4$ **6** 405

7 ㉾ 모형의 수가 1개부터 시작하여 2개, 3개, 4개, ...씩 늘어납니다.

8 15개   **9** (1) 20 (2) 48

10 200, 300, 800 /
㉾ 더하는 두 수가 각각 100씩 커지면 합은 200씩 커집니다.

11 $8 \div 2 \div 2 \div 2 = 1$

12 800 / 1350

13 (위에서부터) $1 + 3 + 5$, $1 + 3 + 5 + 7$ / 9, 16

14 $1 + 3 + 5 + 7 + 9$, 25

15 1401

16 $111 \times 111 = 12321$

17 $111111 \times 111111 = 12345654321$

18 2 / 4   **19** $70 - 43 = 67 - 40$

20 20540

3 7160부터 시작하여 오른쪽으로 1000씩 작아집니다.

5 $9 + 11 = 20$, $3 \times 6 = 18$, $21 - 4 = 17$, $5 \times 4 = 20$이므로 크기가 같은 두 양은 $9 + 11$과 5×4입니다.
➡ $9 + 11 = 5 \times 4$

6 5부터 시작하여 3씩 곱하는 규칙입니다.

8

(모형의 수)$= 1 + 2 + 3 + 4 + 5 = 15$(개)

9 (1) 더해지는 수가 53에서 50으로 3만큼 작아졌으므로 더하는 수는 17에서 20으로 3만큼 커져야 두 양의 크기가 같아집니다.

(2) 나누는 수가 4에서 8로 2배가 되었으므로 나누어지는 수도 24에서 48로 2배가 되어야 두 양의 크기가 같아집니다.

12 3200부터 시작하여 오른쪽으로 2씩 나누는 규칙입니다.
➡ $1600 \div 2 = 800$
5400부터 시작하여 오른쪽으로 2씩 나누는 규칙입니다.
➡ $2700 \div 2 = 1350$

15 보기 는 230부터 시작하여 100, 200, 300, …씩 커지는 규칙입니다.
$801 - 901 - 1101 - 1401$
따라서 ㉠에 알맞은 수는 1401입니다.

16 계산 결과가 차례로 1, 121, 12321, …로 단계가 올라갈수록 자리 수가 2개씩 늘어나는 규칙입니다.

18 두 수의 곱셈 결과의 일의 자리 수를 쓰는 규칙입니다.
$403 \times 4 = 1612$ ➡ 2
$404 \times 6 = 2424$ ➡ 4

서술형
19 예 빼지는 수가 70에서 67로 3만큼 작아졌으므로 빼는 수도 43에서 40으로 3만큼 작아져야 두 양의 크기가 같아집니다.
따라서 옳은 식은 $70 - 43 = 67 - 40$입니다.

평가 기준	배점(5점)
옳은 식을 만드는 방법을 알고 있나요?	3점
■ 안의 수를 바르게 고쳐 옳은 식을 만들었나요?	2점

서술형
20 예 60544부터 시작하여 ＼ 방향으로 10001씩 작아지는 규칙입니다.
따라서 ■에 알맞은 수는 30541보다 10001만큼 더 작은 수인 20540입니다.

평가 기준	배점(5점)
수 배열표에서 규칙을 찾았나요?	2점
■에 알맞은 수를 구했나요?	3점

다시 점검하는 **수시 평가 대비** Level ❷
39~41쪽

1 101   **2** 1000

3

1004	1105	1206	1307	1408
2004	2105	2206	2307	2408
3004	3105	3206	3307	3408
4004	4105	4206	4307	4408
5004	5105	5206	5307	5408

4 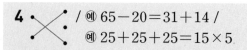 / 예 $65 - 20 = 31 + 14$ /
예 $25 + 25 + 25 = 15 \times 5$.

5 ㉡, ㉢   **6** 1320, 1410

7 $1 + 2 + 3 + 4 + 5 + 4 + 3 + 2 + 1 = 25$

8 여섯째   **9**
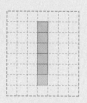

10 예 분홍색 사각형을 중심으로 시계 반대 방향으로 돌리기 하여 사각형이 1개씩 늘어나는 규칙입니다.

11 $8 \times 1000006 = 8000048$

12 480 / 7040

13 예 500에서 10씩 작아지는 수를 빼면 계산 결과는 10씩 커집니다.

14 $500 - 220 = 280$

15  / 10

16 $555555555 \div 45 = 12345679$

17 15 / 6   **18** $15 + 16 + 17 = 48$

19 5356   **20** 21개

4 $65 - 20 = 45$, $25 + 25 + 25 = 75$
$15 \times 5 = 75$, $70 \div 2 = 35$, $31 + 14 = 45$
따라서 크기가 같은 두 양은 $65 - 20$과 $31 + 14$, $25 + 25 + 25$와 15×5입니다.

5 ㉠ 더해지는 수가 27에서 30으로 3만큼 커졌으므로 더하는 수는 32에서 29로 3만큼 작아져야 두 양의 크기가 같아집니다.
㉣ 나누어지는 수가 40에서 80으로 2배가 되었으므로 나누는 수도 4에서 8로 2배가 되어야 두 양의 크기가 같아집니다.

6 1260부터 시작하여 10, 20, 30, …씩 커지는 규칙입니다.

7 1부터 ■까지 켜졌다가 1까지 작아지는 수를 더하면 계산 결과는 ■를 2번 곱한 값과 같습니다.

8 $7 \times 7 = 49$이므로 여섯째 덧셈식입니다.

11 곱하는 수의 가운데 수 0이 1개씩 늘어나면 계산 결과의 가운데 0의 수도 1개씩 늘어나는 규칙입니다.

12 120부터 시작하여 오른쪽으로 2씩 곱하는 규칙입니다.
➡ $240 \times 2 = 480$
880부터 시작하여 오른쪽으로 2씩 곱하는 규칙입니다.
➡ $3520 \times 2 = 7040$

15 왼쪽, 오른쪽, 아래쪽으로 각각 색칠된 칸이 1개씩 늘어나는 규칙입니다.

16 나누어지는 수가 111111111씩 커지고 나누는 수가 9씩 커지면 그 몫은 모두 12345679로 같습니다.

17

각 줄의 처음과 끝에 1을 쓰고 위 칸의 두 수의 합을 아래 칸의 가운데에 써넣는 규칙입니다.
■ $= 5 + 10 = 15$
● $= 5 + 1 = 6$

18 연속된 세 수를 더하면 계산 결과는 가운데 수에 3을 곱한 값입니다.
연속된 세 수의 가운데 수를 □라고 하면 □$\times 3 = 48$, □$=16$이므로 계산 결과가 48인 덧셈식은
$15 + 16 + 17 = 48$입니다.

19 예 보기 는 2470부터 시작하여 1000씩 커지는 규칙입니다.
$1356 - 2356 - 3356 - 4356 - 5356$
따라서 ㉠에 알맞은 수는 5356입니다.

평가 기준	배점(5점)
보기의 수의 배열에서 규칙을 찾았나요?	2점
㉠에 알맞은 수를 구했나요?	3점

20 예 구슬의 수가 1개부터 시작하여 2개, 3개, 4개, …씩 늘어나는 규칙입니다.
따라서 여섯째에 알맞은 모양에서 구슬은
$1 + 2 + 3 + 4 + 5 + 6 = 21$(개)입니다.

평가 기준	배점(5점)
구슬의 배열에서 규칙을 찾았나요?	2점
여섯째에 알맞은 모양에서 구슬은 몇 개인지 구했나요?	3점

서술형 50% 단원 평가
42~45쪽

1
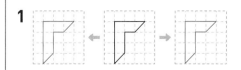

2 (1) 86 (2) 12   **3** ①, ④

4 6명   **5** 축구   **6** 배구, 수영

7 예 오른쪽으로 5씩 커지고, 아래쪽으로 100씩 작아지는 규칙입니다.
/ (위에서부터) 625 / 535 / 420

8 예 삼각형이 아래쪽으로 5개, 7개, …씩 늘어납니다.

9 예
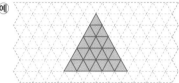

10
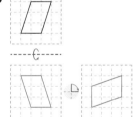

11 예 곱하는 수의 가운데 수 0이 1개씩 늘어나면 계산 결과의 가운데 0의 수도 1개씩 늘어나는 규칙입니다.
/ $3 \times 100007 = 300021$

12

13 7일

14
날씨별 날수

15 ③   **16** 13781   **17** 80점

18 30점   **19** 30

20 $99999 \times 5 = 499995$

1 도형을 여러 방향으로 밀어도 모양은 변하지 않습니다.

2 (1) 빼는 수가 38에서 40으로 2만큼 커졌으므로 빼지는 수도 84에서 86으로 2만큼 커져야 두 양의 크기가 같아집니다.

(2) 곱해지는 수가 24에서 12로 반이 되었으므로 곱하는 수는 6에서 12로 2배가 되어야 두 양의 크기가 같아집니다.

3 🕐만큼 돌린 도형과 🕐만큼 돌린 도형은 같습니다.

4 세로 눈금 한 칸이 1명을 나타내므로 배구를 좋아하는 학생은 6칸으로 6명입니다.

5 가장 많은 학생이 좋아하는 운동은 막대의 길이가 가장 긴 축구입니다.

6 예 야구보다 더 적은 학생들이 좋아하는 운동은 막대의 길이가 야구보다 더 짧습니다.
따라서 야구보다 막대의 길이가 더 짧은 운동은 배구, 수영입니다.

평가 기준	배점(5점)
야구보다 더 적은 학생들이 좋아하는 운동은 막대의 길이가 야구보다 더 짧음을 알았나요?	3점
야구보다 막대의 길이가 더 짧은 운동을 모두 구했나요?	2점

7

평가 기준	배점(5점)
수의 배열에서 규칙을 찾았나요?	3점
빈칸에 알맞은 수를 써넣었나요?	2점

8

평가 기준	배점(5점)
삼각형의 배열에서 규칙을 찾았나요?	5점

11

평가 기준	배점(5점)
곱셈식의 배열에서 규칙을 찾았나요?	3점
□ 안에 알맞은 식을 구했나요?	2점

13 예 합계가 31일이므로 눈이 온 날수는
$31-11-9-4=7$(일)입니다.

평가 기준	배점(5점)
문제에 알맞은 식을 세웠나요?	2점
눈이 온 날수를 구했나요?	3점

14 가로 눈금 한 칸은 1일을 나타내므로 맑음은 11칸, 흐림은 9칸, 비는 4칸, 눈은 7칸이 되도록 막대를 그립니다.

15 아래쪽으로 뒤집으면 위쪽과 아래쪽이 서로 바뀌므로 위쪽과 아래쪽이 같은 도형을 찾습니다.

16 예 43787부터 시작하여 ↘ 방향으로 10002씩 작아지는 규칙입니다.
따라서 ◆에 알맞은 수는 23783보다 10002만큼 더 작은 수인 13781입니다.

평가 기준	배점(5점)
수 배열에서 규칙을 찾았나요?	2점
◆에 알맞은 수를 구했나요?	3점

17 예 세로 눈금 5칸이 25점을 나타내므로 세로 눈금 한 칸은 $25÷5=5$(점)을 나타냅니다.
사회는 세로 눈금 16칸이므로 $5×16=80$(점)입니다.

평가 기준	배점(5점)
세로 눈금 한 칸이 몇 점을 나타내는지 구했나요?	2점
사회 점수를 구했나요?	3점

18 예 점수가 가장 높은 과목은 영어로 $5×20=100$(점)이고, 점수가 가장 낮은 과목은 과학으로 $5×14=70$(점)입니다.
따라서 점수의 차는 $100-70=30$(점)입니다.

평가 기준	배점(5점)
점수가 가장 높은 과목과 가장 낮은 과목의 점수를 각각 구했나요?	3점
두 과목의 점수의 차를 구했나요?	2점

19 예 오른쪽으로 뒤집었을 때 생기는 수는 128이고 시계 방향으로 180°만큼 돌렸을 때 생기는 수는 158입니다.
따라서 두 수의 차는 $158-128=30$입니다.

평가 기준	배점(5점)
오른쪽으로 뒤집었을 때 생기는 수를 구했나요?	2점
시계 방향으로 180°만큼 돌렸을 때 생기는 수를 구했나요?	2점
두 수의 차를 구했나요?	1점

20 예 9가 1개씩 늘어나는 수에 5를 곱하면 계산 결과의 9도 1개씩 늘어납니다.
따라서 다섯째 곱셈식은 $99999×5=499995$입니다.

평가 기준	배점(5점)
곱셈식의 배열에서 규칙을 찾았나요?	2점
다섯째 곱셈식을 구했나요?	3점

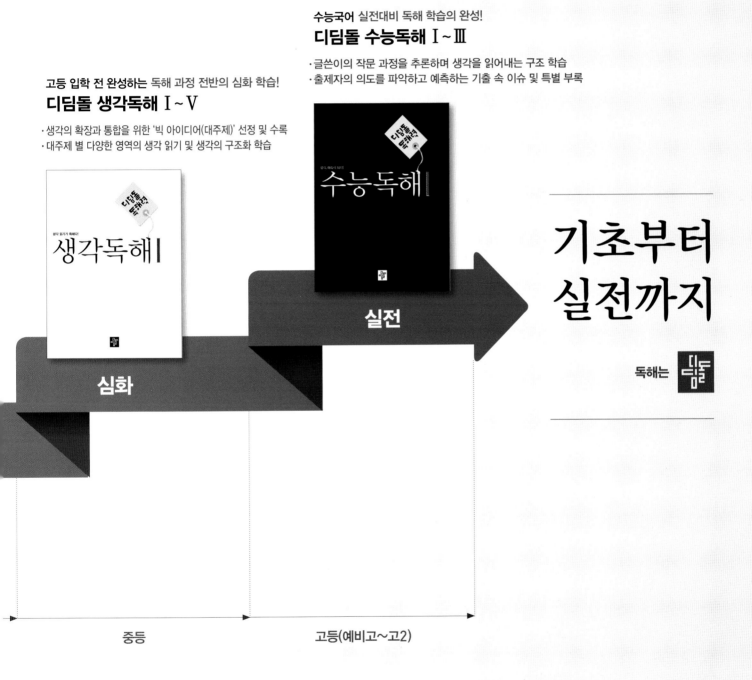

고등 입학 전 완성하는 독해 과정 전반의 심화 학습!
디딤돌 생각독해 I ~ V

· 생각의 확장과 통합을 위한 '빅 아이디어(대주제)' 선정 및 수록
· 대주제 별 다양한 영역의 생각 읽기 및 생각의 구조화 학습

수능국어 실전대비 독해 학습의 완성!
디딤돌 수능독해 I ~ III

· 글쓴이의 작문 과정을 추론하며 생각을 읽어내는 구조 학습
· 출제자의 의도를 파악하고 예측하는 기출 속 이슈 및 특별 부록

생각독해 I

수능독해

기초부터 실전까지

독해는 디딤돌

심화

실전

중등

고등(예비고~고2)

다음에는 뭐 풀지?

최상위로 가는
'맞춤 학습 플랜'

STEP
4
Book

다음에 공부할 책을 고르기 어려우시다면, 현재 성취도를 먼저 체크해 보세요.
최상위로 가는 맞춤 학습 플랜만 있다면 내 실력에 꼭 맞는 교재를 선택할 수 있어요!
단계에 따라 내 실력을 진단해 보고, 다음 학습도 야무지게 준비해 봐요!

첫 번째, 단원평가의 맞힌 문제 수 또는 점수를 모두 더해 보세요.

단원		맞힌 문제 수　　OR　　점수 (문항당 5점)
1단원	1회	
	2회	
2단원	1회	
	2회	
3단원	1회	
	2회	
4단원	1회	
	2회	
5단원	1회	
	2회	
6단원	1회	
	2회	
합계		

※ 단원평가는 각 단원의 마지막 코너에 있는 20문항 문제지입니다.